第 6 章

第 7 章

第 8 章

8.5 实例：母婴产品年度促销设计 / 175

8.6 实例：女鞋新品发布预告设计 / 177

第 9 章

9.2 实例：以店庆为主题的收藏区设计与详解 / 183

9.3 实例：收藏区添加大量优惠券信息与详解 / 187

9.4 实例：将收藏与侧边栏进行结合 / 191

9.6 实例：热情风格的收藏区设计 / 195

9.5 实例：将收藏与欢迎模块进行结合 / 193

第 10 章

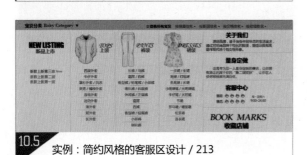

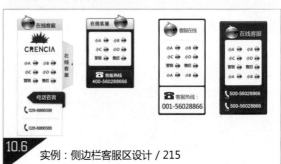

第 11 章

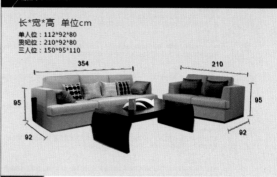

荷叶边绿色女童上装
鲜亮精神的配色
好看又不浮夸，用来做搭配最有效果
很好穿搭的一款女童上装
棉线交错混织的
触感很舒服，亲肤不刺
绕几圈打个结或者随意披着，就很好看

宝贝信息
PRODUCT SHOW

品　牌：　DFHFSDS
面　料：　100%棉　双层棉

参　数：　厚薄指数
较透　偏薄　适中　偏厚　加厚

质感指数
软　偏软　适中　偏硬　硬

弹力指数
无弹　微弹　适中　弹力　超弹

长度指数
超短　短款　适中　中长　长款

模特展示
PRODUCT SHOW

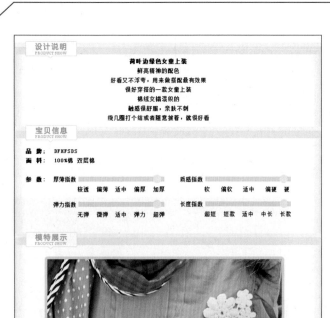

搭配推荐
PRODUCT SHOW

购物须知
PRODUCT SHOW

 联系我们
如有任何问题，请用旺旺联系我们，工作电话：13181FFFF0052

 实物拍摄
产品图片均为专业摄影师100%实物拍摄，并有专业设计师根据产品校正产品图片颜色，但是由于拍摄光线、角度和显示器对比度不同，会有些许色差存在哦！

 关于尺寸
产品尺寸都是手工测量，请亲们购买时仔细对比尺寸，由于每个人的测量方法不同和量具不同，有些许误差是正常现象，但我们保证误差在1-3CM之间，请放心购买！

 关于发货
我们郑重承诺，所有现货的宝贝，付款后48小时内发货，默认快递申通或圆通，不到的区域转EMS、顺丰，请联系客服补差价。

 关于掉色
深色衣服表面都有一层浮色，建议亲们第一次用盐水浸泡清洗，并且在以后的洗涤过程中不要用碱水或是洗衣粉浸泡时间过长，都可以有效防止掉色的哦！

 关于气味
本店美鞋和包包订货量巨大，由厂方直接包装出货，部分款式难免有少许气味，属于正常现象，在空气流通处放置一段时间即可消除，对气味敏感的亲们请慎重哦！

 关于掉毛掉绒
新出厂的衣服，尤其是深色衣服/毛衣等毛类绒类面料，上面会有一些浮毛毛绒，这属正常现象，建议亲在洗涤时不要和其他衣服浸泡在一起哦！

11.4　实例：清爽风格的宝贝描述设计 / 231

No.1
肩部四层压褶结合泡泡袖设计，更加强调肩部线条，宽松清丽的肩部线条好像中世纪贵族的服饰设计，映射出复古的优雅味道。

No.2
腰部透用蝴蝶结及镶嵌宝石的金属链条装饰，更加的修身，将女性的优美线条，展现的淋漓尽致。

No.3
隐形式拉链的设计，既方便又不影响整体的美观，更能影显女性的小蛮腰。

No.4
360°的超大裙摆，裙摆选用双层网纱+双层亮片镶嵌网纱结合，蓬松裙摆楚楚生姿，展现女人优雅趣美的好气质。

11.5　实例：甜美风格的宝贝描述设计 / 233

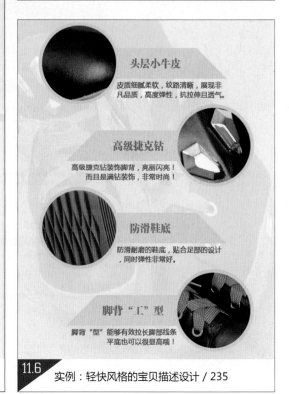

头层小牛皮
皮质细腻柔软，纹路清晰，展现非凡品质，高度弹性，抗拉伸且透气。

高级捷克钻
高级捷克钻装饰脚背，亮丽闪亮！而且是满钻装饰，非常时尚！

防滑鞋底
防滑耐磨的鞋底，贴合足部的设计，同时弹性非常好。

脚背"工"型
脚背"工"型能够有效拉长脚部线条，平底也可以很显高哦！

11.6　实例：轻快风格的宝贝描述设计 / 235

第 12 章

12.1 实例：复古色调的女性服装店铺装修设计与详解 238

12.2 实例：清新风格的女装店铺装修设计 / 247

第 13 章

12.3 实例：粉色调的儿童服装店铺装修设计 / 250

13.1 实例：怀旧色调的户外背包店铺装修设计与详解 / 254

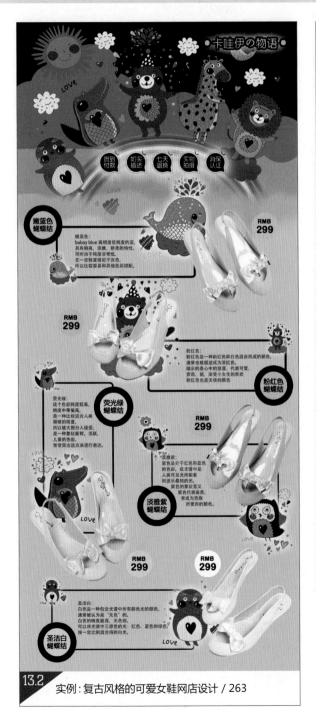

14.1 实例：暗红色调民族风首饰店铺装修设计与详解 270

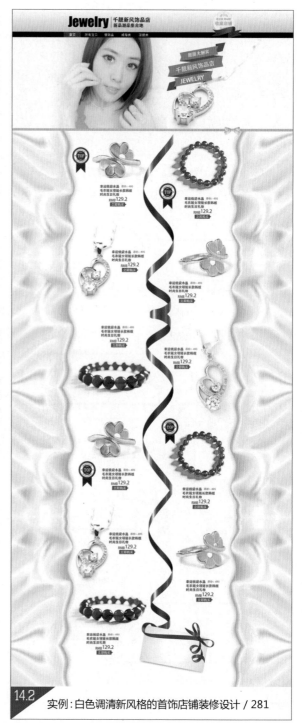

14.2 实例：白色调清新风格的首饰店铺装修设计 / 281

第 15 章

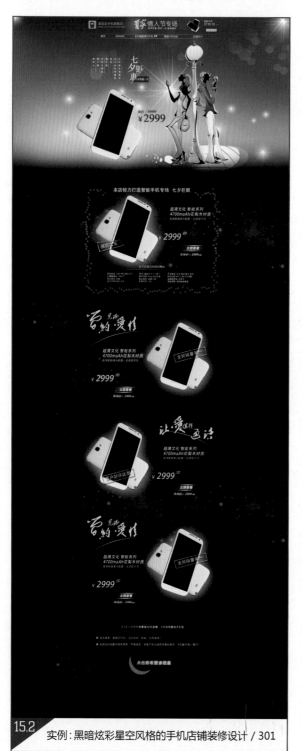

15.2 实例：黑暗炫彩星空风格的手机店铺装修设计 / 301

15.3 实例：多彩靓丽风格的数码店铺装修设计 / 304

第 16 章

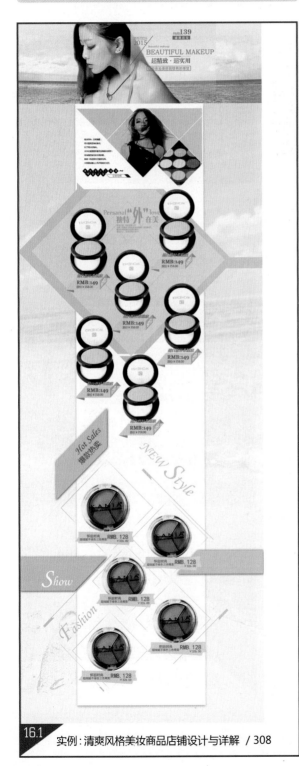

16.1　实例：清爽风格美妆商品店铺设计与详解 / 308

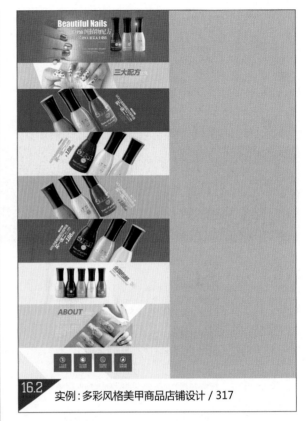

16.2　实例：多彩风格美甲商品店铺设计 / 317

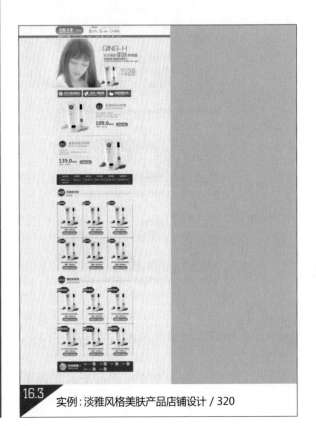

16.3　实例：淡雅风格美肤产品店铺设计 / 320

第 17 章

第 **18** 章

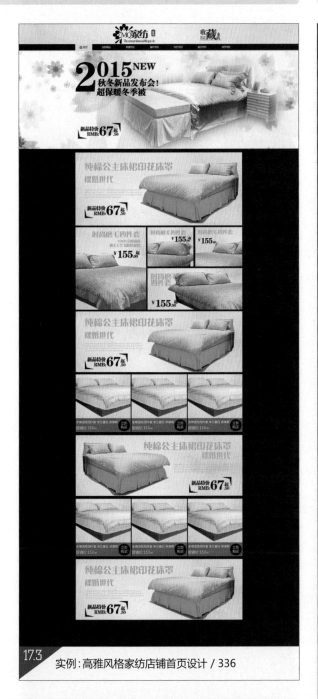

17.3　实例：高雅风格家纺店铺首页设计 / 336

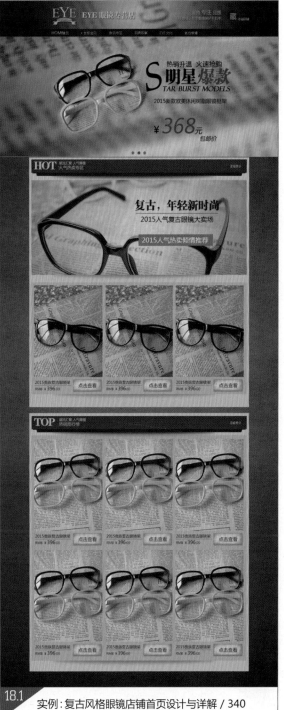

18.1　实例：复古风格眼镜店铺首页设计与详解 / 340

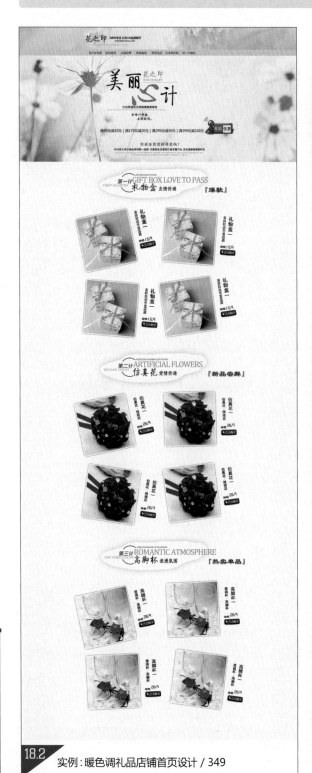

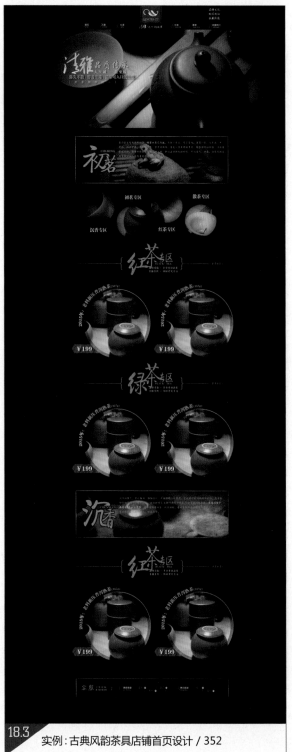

18.2 实例：暖色调礼品店铺首页设计 / 349

18.3 实例：古典风韵茶具店铺首页设计 / 352

Photoshop+Dreamweaver+美图秀秀

淘宝天猫网店设计

创锐设计 编著

从入门到精通

店铺装修 | 广告海报 | 修图修片 | 架构布局 | 配色应用 | 设计模版

人民邮电出版社

北 京

图书在版编目（CIP）数据

淘宝天猫网店设计从入门到精通：店铺装修、广告海报、修图修片、架构布局、配色应用、设计模版／创锐设计编著. -- 北京：人民邮电出版社，2015.5（2019.7重印）
ISBN 978-7-115-38197-2

Ⅰ. ①淘… Ⅱ. ①创… Ⅲ. ①电子商务－网页制作工具 Ⅳ. ①F713.36②TP393.409.2

中国版本图书馆CIP数据核字(2015)第012090号

内 容 提 要

本书精心安排了 18 个章节，以及导读和附录的内容。全书主要介绍了网店装修的概念和装修前的准备工作、六大核心区域的装修设计要点、不同类型商品店铺网店首页的装修设计等众多内容。其中第一篇（第 1 章～第 5 章）：从网店装修的概念、照片拍摄、视觉营销三要素、装修基础软件和 Photoshop 软件基础出发，讲解了网店装修前的准备工作；第二篇（第 6 章～第 11 章）：从网店的店招、导航、欢迎模块、收藏区、客服区和详情页面这六个核心的装修区域出发，介绍了网店装修中各个区域装修的要点和技巧；第三篇（第 12 章～第 18 章）：介绍服装、鞋包、饰品、数码手机、护肤彩妆、家居家纺和小商品这七种不同类型商品店铺的装修技巧，通过不同装修风格的案例来对具体的装修页面进行讲解。书中涵盖内容丰富，不仅有网店装修的技巧，还有与网店装修相关的配色、布局等知识，讲解浅显易懂，案例操作及实用性强，配合清晰、简洁的图文排版方式，使读者的学习变得更为轻松。

本书附带下载资源，包括书中案例的源文件和 7 个典型案例的视频教学录像。扫描封底"资源下载"二维码，即可获得下载方法，如需资源下载技术支持，请致函 szys@ptpress.com.cn。

本书适合想要在网上开店创业的读者，同时也适合专业的网店装修美工。本书并没有运用过多的专业术语，而是采用通俗易懂的文字、清晰形象的图片，便于读者理解和阅读，从而帮助读者快速掌握网店的装修技能和技巧。

◆ 编　著　创锐设计
　　责任编辑　张丹丹
　　责任印制　程彦红

◆ 人民邮电出版社出版发行　　北京市丰台区成寿寺路 11 号
　　邮编　100164　电子邮件　315@ptpress.com.cn
　　网址　http://www.ptpress.com.cn
　　雅迪云印（天津）科技有限公司印刷

◆ 开本：787×1092　1/16
　　印张：22.75　　　　　　　　彩插：8
　　字数：630 千字　　　　　　 2015 年 5 月第 1 版
　　印数：27 001 – 28 800 册　　2019 年 7 月天津第14次印刷

定价：79.00 元
读者服务热线：(010)81055410　印装质量热线：(010)81055316
反盗版热线：(010)81055315
广告经营许可证：京东工商广登字 20170147 号

写在前面的话

当今的网购已经完全融入了人们的生活中，我们接触到的网店千千万万。店家都想让自己的店铺脱颖而出，赢得顾客的喜爱，因此，装修店铺是必不可少的，没有装修过的店铺想要仅仅依靠物美价廉的商品留住买家的心是很困难的。但是怎样才能树立自己店铺的风格？怎样将店铺的各个区域装修得尽善尽美？怎样快速进行店铺装修设计呢？这些问题都可以在本书中找到答案，本书深入剖析了网上店铺装修各个区域设计的特点和技巧，使读者不仅能轻松掌握具体的操作方法，还可以做到举一反三，融会贯通。书中包含了多个案例，可以成为店铺装修学习的资料，也是装修中能够实际应用到店铺的模板，此外，书中还对7种不同类型的店铺进行详细的分析与说明，帮助读者更好地建立起设计理念，轻松地装修好自己的店铺。

本书内容精练

五项前期准备工作（第1章～第5章）：从网店装修的概念、照片拍摄、视觉营销三要素、装修基础软件和Photoshop软件基础出发，讲解网店装修前的准备工作。

六大核心装修区域（第6章～第11章）：从网店的店招、导航、欢迎模块、收藏区、客服区和详情页面这六个核心的装修区域出发，介绍网店装修中各个区域装修的要点和技巧。

七种类型店铺装修（第12章～第18章）：介绍服装、鞋包、饰品、数码手机、护肤彩妆、家居家纺和小商品这七种不同类型商品店铺的装修技巧，通过不同装修风格的案例来对具体的装修页面进行讲解。

本书特色

简单易学：针对网店店家或者网店美工，本书涵盖了网店装修各个方面的内容，如拍摄、布局、配色、修片等，深入浅出，简单易学，让读者一看就懂。

内容丰富：在全面掌握网店装修技巧的同时，针对网店装修中的六大核心区域对装修技巧和设计进行讲解，逐步完成店铺装修，从零到专迅速提高，并囊括了七种不同类型商品的首页装修案例，从多角度讲解网店装修的设计技能。

举一反三：书中每个案例均配有相应的源文件，同时利用"案例扩展配色"来对案例设计中的配色进行轻松更改，使读者不仅能轻松掌握具体的操作方法，还可以做到举一反三，融会贯通。

全程图解：本书全程图解剖析，版式美观大方、新鲜时尚，利用图示标注对重点知识进行图示说明，让读者能够轻松阅读，提升学习和网店装修的兴趣。

尽管作者在编写过程中力求准确、完善，但是书中难免会存在疏漏之处，恳请广大读者批评指正。

编者
2015年1月

导读

01 本书怎么读？

本书针对网店视觉装修设计的技术要点，再结合商品图片的处理及设计操作，全方位对网店装修的各个视觉设计要点进行了介绍，让我们先来对书中的主要体例结构进行大致的了解，让读者在学习的过程中快速、轻松地掌握网店装修的编辑和操作技术。

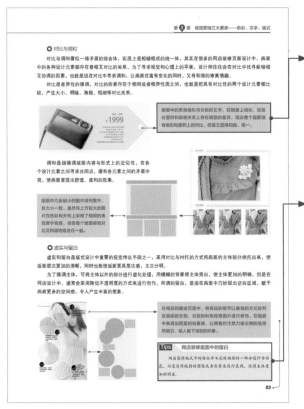

重要的图示标注

书中基础部分通过图文并茂的方式进行讲解，对于重要的信息，通过图示标注的方式对其进行解释和说明，帮助读者更好地理解知识点。

及时的知识补充和说明

在本书的基础部分，包含了多个TIPS，对重要的信息进行补充和说明，以加深读者对于知识点的理解和认识。

源文件

本书"下载资源"中收录了所有操作案例的最终效果文件，包含了制作的过程和设置，读者可以将其用于练习和当作模板使用。

设计赏析

对案例中的设计要点、设计思路进行讲解，分析案例设计中每个元素的应用原因和目的，帮助读者提高设计和创意的能力。

版式布局分析

图文并茂地对案例中的文字、图片和其他元素的布局进行分析。

案例配色解析

对案例中使用的色彩进行提炼，便于读者理解和参考。

概括性标题

提炼出在该环节中装修图片所发生的主要改变，帮助读者快速理解装修图片的制作流程，提高阅读的效率，缩短阅读的时间。

提炼出大致制作过程

对相应环节中图片的设计和制作进行概述，大致介绍装修图片在这个步骤中所使用的工具、命令等，对读者的阅读起着提示作用。

步骤制作标题

将该步骤中重点操作的内容作为步骤的标题，让读者对步骤内容更加一目了然。

详尽的步骤讲解

清晰的制作步骤，将设计的操作图示与文字叙述进行一一对应，让读者在学习处理照片的同时更直观、有效地掌握操作的过程。

重要操作点提示

在案例详细讲解步骤中，对软件的知识点和处理技法进行了提炼，帮助读者快速深入地掌握更多关于软件的应用知识。

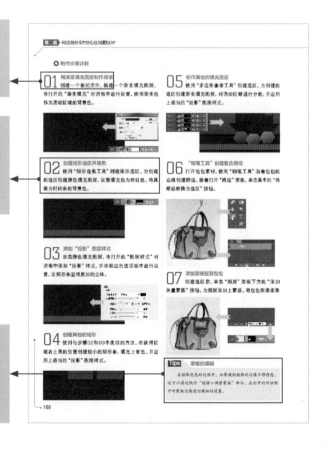

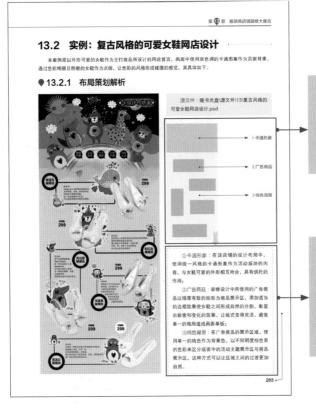

案例布局图

通过不同的色块对店铺装修图片中的文字、图片等元素的布局进行简化，让读者直观地观察到图片的版式局部，并对特别区域进行标注。

布局策划解析

根据案例布局图中标注的几个重要位置，对案例的布局进行深度的解析，说明这样设计的原因，给读者提供设计师的思维方式，帮助读者提升店铺装修布局的能力。

分析案例主色调

对案例中使用的色彩进行分析，说明这样配色的原因和目的。

案例配色

对案例中使用的色彩进行提炼，通过详细的色彩值进行标注。

案例配色扩展

"案例配色扩展"中对案例中的局部色彩进行更改，同时配上这样更改的原因和好处。

扩展配色

"扩展配色"中对案例扩展配色后的画面进行色彩提炼。

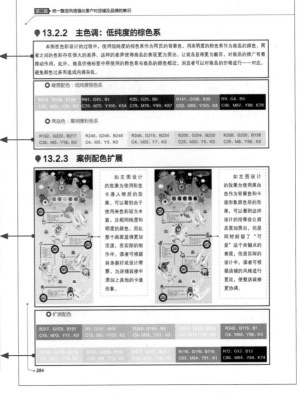

02 五个步骤搞定网店装修 ......

　　本书中包含了多个案例，利用这些案例的源文件，通过对其中的内容进行替换，再进行一系列的操作，即可实现店铺装修，接下来我们对如何使用本书中的案例进行店铺装修进行讲解，只需轻松的五个步骤，即可实现花样绚丽的装修效果。

● 第一步：替换源文件中的图片和文本信息

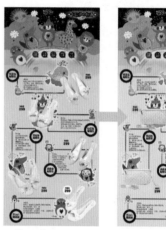
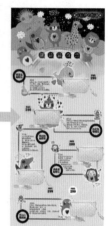

　　从本书中选择一个喜欢的，或者是符合店铺风格的实例文件，将其源文件在Photoshop中打开，寻找到相关的商品图片图层，以及案例中的文本图层，将自己店铺中的商品图片添加到其中，按照本书中介绍的方法，根据实际情况把商品抠选出来，并适当调整商品的色彩和明度，替换源文件中的商品图片。最后根据替换后商品的特点和性质来对源文件中的文字信息进行更改。

　　完成替换源文件中图片和文字信息的操作后，对编辑后的文件进行存储，将其保存为JPEG格式，以备后续使用。

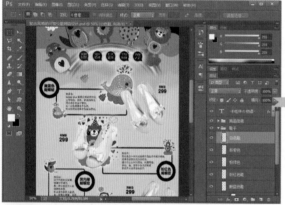

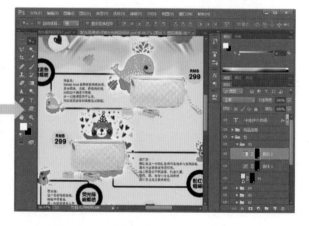

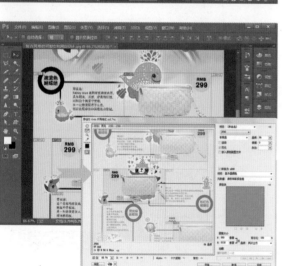

● 第二步：在Photoshop中制作切片并优化处理

　　将编辑和存储后的JPEG格式的图片在Photoshop中打开，使用"切片工具"将图片中需要添加链接的位置进行切片分割，完成切片操作后，通过"存储为Web所用格式"命令对切片进行优化处理，把文件存储为HTML文件，将会得到一个文件夹和一个网页文件，即HTML格式的文件。

🔘 第三步：将切片处理后的图片上传到网络空间

在切片优化后得到的images文件夹中可以看到若干个图片。将这些所有的图片都上传到网络的空间相册中，以便后续进行链接和制作代码时使用。

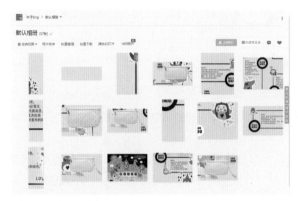

🔘 第四步：在Dreamweaver中添加链接并制作代码

将切片优化处理后得到的HTML文件在Dreamweaver中打开，通过鼠标单击，即可看到"设计"视图中的图片是由一张张图片组成的，选择不同的图片，在"属性"面板中将该图片的网络地址复制到Src文本框中，替换完成后，图片会变成灰色的图标，切换到"代码"视图中，可以看到图片全部转换为了相应的代码。

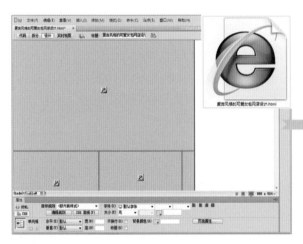

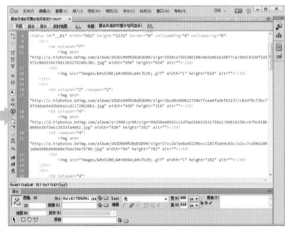

🔘 第五步：复制代码到店铺装修指定区域

进入卖家店铺装修的后台，将制作后的代码复制到相应的模块编辑区域中，对装修后的结果进行"发布"操作，再次进入店铺时，可以看到店铺装修的效果与第一步骤中Photoshop中设计的效果一致。

目录
CONTENTS

第一篇 网店装修前的准备工作

第 **1** 章
对店铺装修进行初步了解

1.1 什么是网店装修

　　网店装修是店铺运营中的重要一环,店铺设计的好坏,直接影响顾客对于店铺的最初印象,首页、详情页面设计得美观丰富,顾客才会有兴趣继续了解产品,被详情的描述打动了,才会产生购买欲望并下单。网店装修实际上就是通过整体的设计,将网店中各个区域的图像进行美化,利用链接的方式对网页中的信息进行扩展,其具体如下。

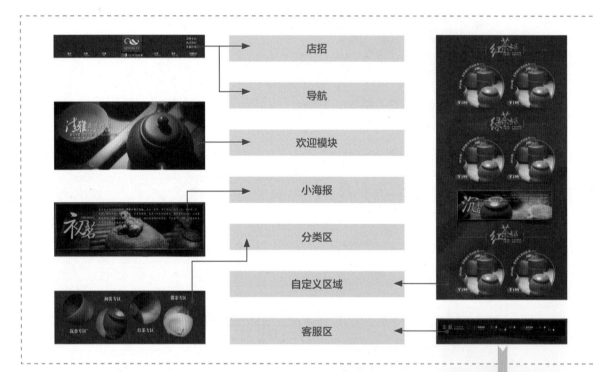

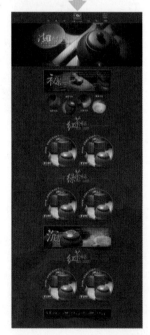

　　如图所示可以看到,在网络店铺中,网商对店铺中的某些模块位置进行了初步的规划,店家只需对每个模块进行精致的设计与美化,让单一的页面呈现出丰富的视觉效果,就是对网络店铺进行装修。网店是通过一个个单独的网页组合起来的,且每个商品都有一个单独的详情页面,这些页面都是需要美化与修饰的,需要加入大量的图片和文字信息,通过让顾客掌握这些信息来达成交易,而网店的装修就是对店铺中商品的图片、文字等内容进行艺术化的设计与编排,使其体现出美的视觉效果。

　　网络上的店铺装修不做的话,也可以照样销售商品,因为很多网商平台的店铺有自己默认的、简单的装修,这些模块照样可以销售商品,那么有的人会发出这样的疑问,既然可以卖东西,那还费尽力气去装修店铺干什么呢?

　　那是因为网络购物有它的特殊性。在实体店铺中,消费者可以用五官去感知商品的特点以及店铺的档次,通过眼睛看、嘴巴尝、手摸、鼻子闻和聆听等方式来实现对商品的了解,但是在网上购物的话,买家就只能通过眼睛去看卖家发布出来的图片和文字,从这些文字和图片中才能感受到产品的特性。那么如何让我们的店铺能够在众多店铺中,吸引买家的眼球,此时,合理且美观的店铺装修就显得尤为重要了。

1.2 网店装修的意义

网店装修对于网络上的店家来说一直是个热门话题，在网店装修的意义、目标和内容上一直存在着众多的观点，然而不论是一个实体店面，还是一个网络店铺，它们作为一个交易进行的场所，其装修的核心是促进交易的进行，而我们不妨从形象设计、空间使用率以及购物体验来探寻网店的装修的意义。

1.2.1 获取店铺信息

网络店铺的装修设计可以起到一个品牌识别的作用，对于实体店铺来说，形象设计能使外在形象保持长期发展，为商店塑造更加完美的形象，加深消费者对企业的印象。同样，建立一个网络店铺，也需要设定出自己店铺的名称、独具特色的Logo和区别于其他店铺的色彩和装修视觉风格。

如下图所示的网店首页的装修图片中，我们可以提取出很多重要信息——店铺的名称、Logo、店铺配色风格、销售的商品等。

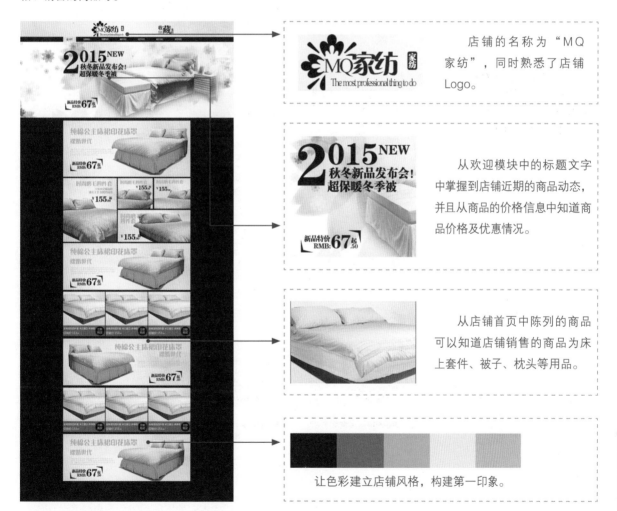

店铺的名称为"MQ家纺"，同时熟悉了店铺Logo。

从欢迎模块中的标题文字中掌握到店铺近期的商品动态，并且从商品的价格信息中知道商品价格及优惠情况。

从店铺首页中陈列的商品可以知道店铺销售的商品为床上套件、被子、枕头等用品。

让色彩建立店铺风格，构建第一印象。

网络店铺中的Logo和整体的店铺风格，一方面作为一个网络品牌容易让消费者感知，从而产生心理上的认同感；另一方面，也作为一个企业的CI识别系统，让店铺区别于其他竞争对手。

● 1.2.2　直观掌握更多的商品信息

在网店装修的页面中，主页中我们能够获取的信息有限，鉴于网店营销的特点，网商都对单个商品的展现提供了单独的平台，即商品详情页面。

商品详情页面的装修成功与否，直接影响到商品的销售和转换率，顾客往往是因为直观的、权威的信息而产生购买的欲望，所以必要的、有效地、丰富的商品信息的组合和编排，能够加深顾客对于商品的了解程度，如下图所示分别为两组不同的网店装修效果，一组是以平铺直述的方式呈现商品的信息，而另外一组则通过图片合理的处理和简要的文字说明来表现，通过对比可以发现后者更能打动消费者。

平铺直述的描述　　　　　　　　　　　　　　　经过设计的尺码显示

平铺尺寸			
S:	肩宽34	胸围92	袖长56	衣长70
M:	肩宽35	胸围94	袖长57	衣长71
L:	肩宽36	胸围96	袖长57	衣长73
XL:	肩宽37	胸围98	袖长59	衣长73
XXL:	肩宽38	胸围102	袖长59	衣长74

标准尺码对照表（实际情况因个人脚型而异）

尺码数	34	35	36	37	38	39	40
脚长cm	21.6-22	22.1-22.5	22.6-23	23.1-23.5	23.6-24	24.1-24.5	24.6-25
脚围cm	20.5	21	21.5	22	22.5	23	23.5

黑色拼皮的设计，使得YY更加精致
单排拉链，亲们穿脱很是方便哦
设计更加精巧的是前面的口袋是可以脱卸的哟
宽松的款式，穿在身上那是相当的舒服啊

宝贝信息
PRODUCT PHOTO

品 名：　BFHFSDS
面 料：　100%棉 双层棉

参 数：　厚薄指数　　　　　　　　　　　质感指数
　　　　较透　偏薄　适中　偏厚　加厚　　　软　偏软　适中　偏硬　硬

　　　　弹力指数　　　　　　　　　　　长度指数
　　　　无弹　微弹　适中　弹力　超弹　　　超短　短款　适中　中长　长款

通过对商品的详情页面进行装修，使顾客更直观、明了地掌握商品信息，可以决定顾客是否购买该商品。如下图所示可以从设计的商品详情页面中了解到衣服的材质、透气性等无法触摸的信息。

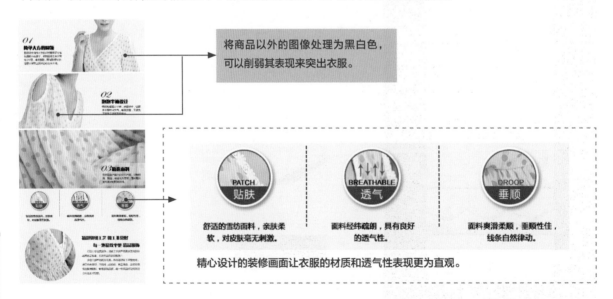

将商品以外的图像处理为黑白色，可以削弱其表现来突出衣服。

PATCH 贴肤
舒适的亚纺面料，亲肤柔软，对皮肤毫无刺激。

BREATHABLE 透气
面料经纬疏朗，具有良好的透气性。

DROOP 垂顺
面料爽滑柔顺，垂顺性佳，线条自然律动。

精心设计的装修画面让衣服的材质和透气性表现更为直观。

对于网络购物的消费者来说，其花费在购物上的时间是计入其购物成本当中的。因而我们需要像实体店铺一样来增加一个虚拟网店空间的利用率和用户的有效接触，要完成这两个目的，我们需要一方面提升网店空间的使用率，让单一的网店容纳更多的产品信息，通过装修设计来缩短顾客对于信息的理解；另一方面则需要在产品之间的关联和产品分类的优化上下工夫，从而给予消费者最大的选购空间。

1.3 店铺装修与转化率的关系

网店的转化率，就是所有到达网络店铺并产生购买行为的人数和所有到达你的店铺的人数的比率。网络店铺的转化率提升了，其店铺的生意也会更上一层楼。那么，有哪些因素影响网店转化率呢？我们通过下图所示来进行介绍。

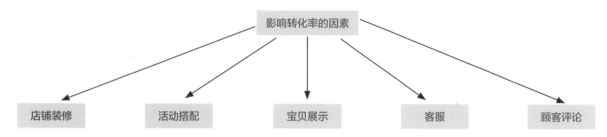

从上图中可以看到，其中的"店铺装修"、"活动搭配"和"宝贝展示"都可以通过设计装修图片来实现，可见网店装修能够直接对网店的转化率产生影响。

店铺装修，在电子商务里已经成为一个不可缺少的环节，从电子商务核心三要素来说，即流量、转化率、客单价，店铺装修是给这三个环节增砖加瓦的流程。很多店主，还停留在无限制地去想办法要流量的阶段，无疑，流量是重要的，但是如果流量进来了，没有转化，那一切都没有意义。把店铺比作一个人，产品是核心，相当于人的心脏。每个买家进来在店铺浏览，增加页面访问深度这个路径，就好比人的血液。人的骨骼就相当于店铺的框架，人好看不好看，才是店铺装修。要把除了内脏以外的其他环节都梳理好，将店铺装修提升为视觉营销，才能提升店铺的销售量。

在进行装修和推广的过程中，我们还要注意以下问题，其中"活动页面"中信息可以通过店铺装修来完成，由此可见店铺装修与店铺转化率之间的紧密关系。

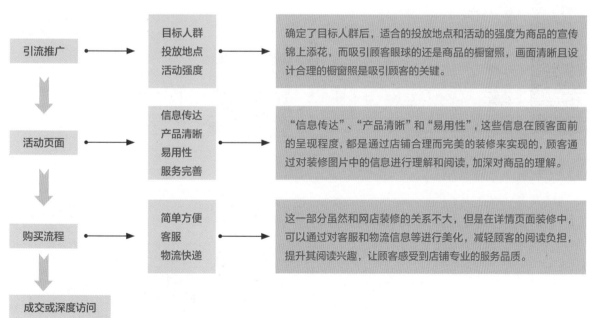

店铺首页装修不可轻视，这直接影响到店铺的跳出率，就是影响到店铺的交易量，所以，有必要从各方面考虑店铺的装修。好的装修不但能够提升店铺的档次，还可以让顾客感受到在此店铺购物能够有良好的保障。

1.4 常见电商平台及其配色

常见的电商包括淘宝、京东、当当网等,在这些电商下都有很多的个体商家,我们通过观察可以看到这些电商的网页装修各有特点,但是都是以红色调为主,接下来对其进行详细的介绍。

1.4.1 淘宝与天猫

阿里巴巴是电商平台中最大的,也是市场占有量最大的,它旗下包含了淘宝网、天猫等,但是从它们的网页中我们可以看到淘宝网的色调为橘红色,天猫的色调为大红色,具体如下图所示,它们通过细微的差异来体现不同的特点,接下来我们对它们各自的配色和装修进行分析。

橘红色调为主的淘宝网色彩鲜艳醒目,给人一种积极乐观的感觉,富有很强的视觉冲击力。在淘宝网的商家店铺中,大部分区域的线框和按钮的色彩均为橘红色,能够传递出温暖、幸福和甜蜜的感受,拉近店家与顾客的距离。

大红色调为主的天猫商城给人视觉上强烈的震撼,通过与黑色进行搭配,能够体现出一定的品质感,与天猫商城的商家性质一致,此外,这样的配色能够给观者一定程度上的振奋之感。

1.4.2 唯品会

唯品网是一家做特卖的网站,销售的商品均为注册品牌商品,并且针对的客户主要是女性消费者,因此在色彩上更倾向于女性喜爱的玫红色,其网站首页如右图所示。

玫红色为主的唯品会网页配色的效果,可以突显出典雅和明快的感受,能够制造出热门而活泼的效果,更容易被女性顾客接受。

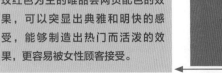

唯品会中使用的玫红色，又称为玫瑰色，而玫瑰是美丽和浪漫的化身，与唯品会推崇精致优雅的生活理念、倡导时尚唯美的生活格调思想一致，能够有效地表现出该电商的特点。

1.4.3　京东

京东是中国最大的自营式电商企业，它的Logo为一只名为Joy的金属狗，是京东官方的吉祥物。京东商城官方对金属狗吉祥物的诠释是对主人忠诚，拥有正直的品行和快捷的奔跑速度。下图所示为京东的首页显示效果，在其中可以看到其配色。

京东的主色调为大红色，与天猫的配色类似，都是通过暖色调来表现热情、胜利和欣欣向荣的视觉氛围，能够为顾客营造出愉悦的购物氛围。

京东的Logo主要以金属色的狗与大红色为主，表现出忠诚、热情和朝气蓬勃的情感，与网页中的配色高度一致。

1.4.4　当当网

当当网是综合性网上购物中心，它网页的配色来源与其他电商的相同，都是与Logo的配色一致，其主要使用了绿色与橘红色，这两种色彩互补，并且纯度较高，给人以强烈的视觉冲击力，有活泼、愉悦的视觉感受，具体配色和界面如下图所示。

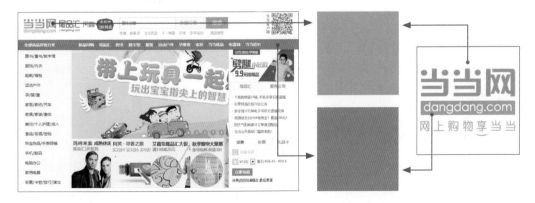

在进行网店装修之前，如果是以品牌销售为主的商家，那么遵循品牌的风格装修店铺即可，而小的店家可以根据不同电商的特点来进行思考，结合自身店铺的特点来进行装修，力求给顾客呈现出最满意的效果。

1.5 如何确定装修的风格

无论是实体店还是网店，装修的好坏、是否能吸引顾客的眼球、是否能突出产品特色，都是至关重要的。网店装修风格的确定，涉及了整体运营的思考，确定装修风格之前，需要认真思考一下自己所销售的产品，最突出的是哪一点。如果产品年轻化，在装修上就要突出青春活力的特点；如果是主打高档路线，在装修上就要给人一种高贵华丽的感觉等。而对于店面的风格设定，需要每个店家认真地去思考，接下来从三个方面入手，对如何确定网店装修的风格进行讲解。

1.5.1 网店整体色调的选择

什么是色调，色调指的是店面的总体表现，是网店装修大致的色彩效果，是一种一目了然的感觉。不同颜色的网店装修画面都带有同一色彩倾向，这样的色彩现象就是色调。色调的表现在于给人一种整体的感觉，或突出青春活力，或突出专业销售，或突出童真活泼等。

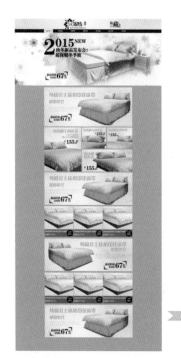

网店装修的色调如何进行选择和确定呢，我们可以从店铺中销售的商品的色彩入手，也可以根据店铺装修确定的关键词入手，例如确定网店装修的风格为男装时尚，那么我们就可以选择黑色、灰色等一些纯度和明度较低的色彩来对装修的图片进行配色。

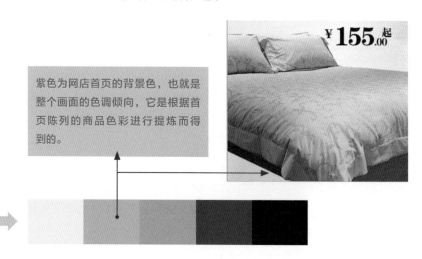

紫色为网店首页的背景色，也就是整个画面的色调倾向，它是根据首页陈列的商品色彩进行提炼而得到的。

通过前面的描述，我们知道色调的表现方式主要体现在颜色的选择上，而对于自己的店面，应该选择哪种颜色才能真正体现出自己产品的特点、营销的特色呢，这些问题需要店家或者设计师进行慎重的考虑和选择，因为不同的色调有着不同的情感和意义，可以根据店铺的营销风格，去搭配认为应该选择的店面整体色调。

1.5.2 详情页面橱窗照的设计

很多时候我们进入一个店铺，都是通过对单个商品感兴趣而进入店铺的，而单个商品在众多搜索出来的商品中是以主图的形式，也就是橱窗照的形式进行展示的。

宝贝主图是用来展现产品最真实的一面，而不是用来罗列店铺的所有活动。但是，部分店家为了将店铺中的信息尽可能多地传递出去，将橱窗照的作用理解错误，在橱窗照除了商品图像以外的空隙里添加了"最后一天"、"只剩300双啦"、"满百包邮"等众多的信息，主次不分，给买家一种凌乱的感觉，不能体现出网店的专业性。而最重要的一点就是在店面首页上，呈现出来的效果是不统一的，这直接影响到店面的整体美观，从而间接影响了客户在店面的停留时间。

使用明亮的、色调和谐的溶图作为橱窗照的背景，将抠取的商品与背景合并在一个画面中，添加上简单的文字和价格，通过色彩上的搭配体现出淡雅的感觉，表现出一定的品质感，让顾客能够一眼看到商品的外形和相关的信息。

在橱窗照上只需突出自己产品或是营销的一个点就行了，不要加太多无谓的信息，顾客买东西，是冲着产品去的，不是冲着"仅此一天啦"，"最后一天啦"这些附属的信息去逛店铺的，当然，要设置限时购等促销，可以在商品详情页面中进行设计，但是在体现商品形象的橱窗照中，尽量不要添加此类信息。

● 1.5.3　网店中各个模块的合理布局

网店装修的过程中，各个模块的布局也是影响装修风格的一个重要因素，各个模块的搭配要统一、简洁。已经给自己的店面做出装修风格设定后，模块之间的相互搭配和组合也是至关重要的，无序的模块叠加，只会给广大买家一个凌乱的感觉，出现这样的情况，将很难把这些流量最大化地转化成购买量。

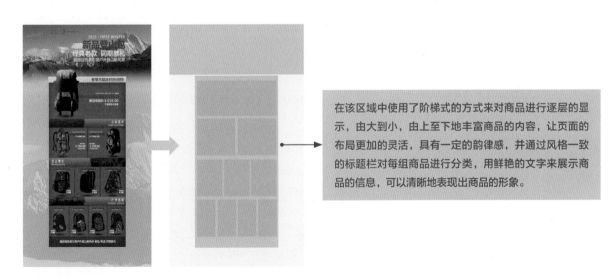

在该区域中使用了阶梯式的方式来对商品进行逐层的显示，由大到小，由上至下地丰富商品的内容，让页面的布局更加的灵活，具有一定的韵律感，并通过风格一致的标题栏对每组商品进行分类，用鲜艳的文字来展示商品的信息，可以清晰地表现出商品的形象。

整体布局协调、简洁大方的店面可让广大买家在店铺浏览的时间延长。而对于如何搭配才最好，可以去对比一下那些很成功的、较大店家的装修布局，从中借鉴一点经验。总体上来讲，模块的整合要简洁明了，突出重点，形成一种视觉冲击即可，这就是常常所说的视觉营销。

1.6　网店装修中的误区

在网上可以看到很多卖家的店铺装修得非常漂亮，有些卖家甚至找专业人士装修店铺。面对形形色色的店铺装修行动，稍不小心就进入了装修的误区，下面介绍网店装修过程中常见的误区。

◉ 图片过多过大

在有些店铺的首页装修页面中，店标、公告及栏目分类等，全部都使用图片，而且这些图片非常大。虽然图片多了，店铺一般会更美观，但却使买家浏览的速度变得非常慢，这导致店铺的栏目半天都看不到，或者是重要的公告也看不到，这样就会让买家失去等待的耐心，从而造成顾客的流失。

◉ 动画过多

将店铺布置得像动画片一样闪闪发光，能闪的地方都让它闪出来，例如店标、公告、宝贝分类，甚至宝贝的图片、浮动图片等。动画固然可以吸引顾客的视线，但是使用过多的动画会占用大量的宽带空间，网页下载速度更慢，而且使用这么多的动画，浏览者看起来会很累，不能突出重点，容易造成顾客视觉上的疲劳，不能对商品产生应有的兴趣。

◉ 店铺装修的色彩搭配太多

有些卖家把店铺的色彩搭配得鲜艳华丽，把界面做得五彩缤纷。色彩总的运用原则应该是"总体协调，局部对比"，也就说网店页面的整体色彩效果应该是和谐的，只有局部的、小范围的地方可以有一些强烈的色彩对比。在色彩的运用上，可以根据网店的需要，分别采用不同的主色调。店铺的产品风格、图片的基本色调、公告的字体颜色最好与店铺的整体风格对应，这样做出来的整体效果和谐统一，不会让人感觉很乱。

◉ 页面布局设计过于复杂

店铺装修布局设计切忌繁杂，不要把店铺设计成门户类网站。虽然把店铺做成大网站看上去比较有气势，使人感觉店铺很有实力，但却影响了买家的使用，不合理或者复杂的布局设计会让人眼花缭乱。所以，不是所有可装修的地方都要装修或者必须装修，局部区域不装修反而效果更好。总而言之，要让买家进入店铺首页或者商品详情页面以后，就能够较顺利地找到自己所要的商品信息，就能够快捷地看清商品的详情。

◉ 商品图片水印尺寸不合理

商家为了避免盗图的情况出现，通常都会在商品图片上添加水印，但是如果不能准确地把握好水印的大小，就会削弱商品的表现，形成喧宾夺主的情况。网店中的商品图片一般宽度不超过700像素，水印大小一般是小的矩形，建议长度在150像素以内，高度在50像素以内。如果图片水印是长条水印或者其他的外形，可以在Photoshop中修改图片水印的大小。

◉ 详情页面中过多的模特图片

有的店家认为顾客喜欢模特图片对商品进行展示，因为模特图片可以真实地反应出商品的大小、外观等，让商品的表现更加真实，但是殊不知在详情页面中使用过多的模特图片会让详情页面中的信息过载，给顾客造成信息重复的假象。一个商品只要能从几个重要的方位展示即可，因此在设计详情页面时，要注意把握住信息表现的节奏，切记因为投顾客的喜好而加大某个方面信息的表现，而导致不能获得最佳的效果，设计中任何的信息都要适可而止。

第 **2** 章

做好准备让装修有条不紊
——前期工作

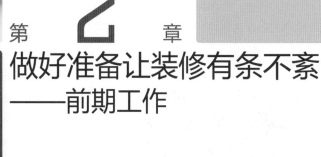

2.1 拍摄宝贝图片

在视觉营销的时代通过图片的方式向顾客们展示自己的宝贝，绝对是一件很重要的工作。此章节主要在摄影器材的选择、拍摄准备工作、拍摄商品原则及后期原则上来提升读者的拍片能力。

● 2.1.1 摄影器材的选择

随着数码产品技术的不断进步，现在的部分卡片机和手机也能拍出令人满意的照片，微单也在和单反抢风头。店家最好根据实际情况和需求来选择最适合自己的摄影器材，以达到节省开支、物尽其用的效果。

◎ 成像设备

卡片机：如今的卡片机跟过去的便携家用相机天差地别，单从像素上来说，提高了数倍。与此同时，更有防抖、光学变焦和较为人性化的对焦辅助等功能，能够满足大多数人的拍照需求。若用于拍商品的话，相机的防抖功能必须要有，另外一定要考究相机的弱光及强光环境下的成像质量和降噪功能。其次是相机的对焦速度，这会让你在拍摄宝贝细节的时候省不少事儿。

单反相机：选择单反的理由不仅是因为单反的像素普遍高于普通DC，更因为单反的可控性强，能够按照自己的需要来拍摄满意的图片。无论从对焦速度、连拍速度及相机的反应速度上，单反都更具优势，同时，单反也能更换镜头，以适应不同的拍摄环境和拍摄对象。

手机：并不是任何手机都能用于宝贝的拍摄。首先有效像素要在500万以上，其次是必须要带防抖功能，最后要考虑手机是否具有光学变焦、相对可控的闪光灯及比较理想的图片色彩还原。总之，你需要一款功能不亚于当今卡片机的拍照手机来拍摄宝贝。

微单：微单相比于手机和卡片机来说，最大的优势是可更换镜头，更专业，身材也比单反小，可以说是结合了卡片机和单反的优势。

○ 灯光设备

商品摄影中主要使用外拍灯和影室闪光灯，相机自带的内置闪光灯和便携式闪光灯较影室闪光灯来说，可控性较差。

外拍灯：多用于室外模特的补光或者作为主光源使用，功率相对较高，而且方便携带。

影室闪光灯：用于室内商品拍摄或者模特拍摄，能方便地控制闪光强度，一般是成对使用或三个灯一起使用，拍摄时通常需要加装柔光箱。

内置闪光灯：内置闪光灯功率较小而且可操控的余地很小，需谨慎使用。

便携式闪光灯：副厂的便携式闪光灯很便宜，它比起内置闪光灯更可控，使用也更灵活。

○ 辅助设备

三脚架：必备物品。宝贝细节图片的质量需要靠它。

静物棚：成品价格不高，拍摄小物件效果很好。

柔光罩：搭配室内闪光灯使用，柔化强烈的闪光。

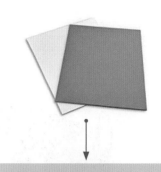

反光板：准备不同大小的反光板，用来给被摄体进行补光。

测光表：相对精确的测光，也用于多光源环境下确定光比。

灰卡：用于测光表的准确测光，也能作为调整白平衡的参考。

2.1.2　布置拍摄场地

不同的场景拍不同的商品，前期的准备工作侧重点也不尽相同，下面我们主要讲解在室外和室内的拍摄场地布置。

○ 室外

室外拍摄的前期准备工作不算太复杂，一般来说，准备好补光道具和一些辅助道具即可，但室外拍摄对周围环境有特殊要求。

选择时间段：一天里选择光线柔和的时间段来拍摄宝贝，这是为了避免强烈的光线造成画面强烈的反差和色彩的失真。

选择背景：对于室外拍摄来说场地布置相对简单。事实上最主要的工作就是选择背景。在这个过程中，拍摄者需要不断考虑宝贝的颜色、质地及特征，并以此来选择最能衬托或与主体相得益彰、使画面协调而吸引眼球的背景。原则上来说，以颜色单一、规则变化、简洁淡雅的背景为佳。经常被用作背景的场景如规则变化的走廊或通道、颜色单一的大型建筑物、干净整洁的街道或小区、有纵深感的林荫道等。

用排列整齐、浅色的大理石柱作为背景，凸显模特身上的黑连衣裙。

用色调清淡的整洁街道作为背景，画面自然简洁，模特和衣物都很显眼。

小区拍摄，作为背景的干净绿地很好地衬托了模特。

背景的建筑物窗户虽多，但是排列整齐，并不破坏画面的美感。

布置灯光：对于小商品可直接用自然光拍，需要注意的是避免浓重的投影。阴天拍摄模特时，可用外拍灯从模特正面、正侧面充当主光源进行打光，以在画面中区分开主体和背景，或灯光充当轮廓光让模特更立体，营造出有阳光的氛围。晴朗天气拍摄模特时，通常用自然光充作轮廓光，用外拍灯作为主光源从模特正面、正侧面打光，这是因为晴天的自然光强于闪光灯的光线，若用外拍灯作为轮廓光的话几乎没有效果。无论是在阴天拍摄还是晴天拍摄，都需要准备反光板，一方面用于补光，减弱投影降低反差增加细节；另一方面可以在光线强烈的情况下充当"遮光板"。

晴天里用强烈的自然光作为轮廓光，闪光灯或者反光板作为主光。

阴天里用闪光灯作为轮廓光，自然光用作主光源。

◯ 室内

布置背景：纯色为佳，多用白色，建议常备灰、白、黑三色背景。很多淘宝商家的背景布置相当简单，一个不大的背景架搭配上一卷白色的背景纸即大功告成。如果拍摄商品单一且颜色固定，也可选择商品的邻近色背景纸。

布置静物台：可用铺上白色桌布或者PVC板的桌椅充当静物台，用于拍摄小物件，现成的静物台也不贵，从几十元到几百元不等。

布置灯光：这里指的是影室闪光灯布置方法。室内灯光的布置可谓拍摄准备工作的重头戏，根据商品的不同，用光也会有所差异。下面介绍几种简单常用的布光法。

单灯+反光板

将一盏灯置于被摄体的前侧方45°的位置，将大号反光板置于相对的另一方并调整其位置直到主体的阴影被最大程度地减弱；或将一盏灯置于被摄体正上方45°、正侧上方45°的位置，然后将大号反光板置于主体正面靠下的位置，并调整位置直到主体的阴影被最大程度地减弱。需要注意的是，为了减少反差，削弱光的硬度，需要在灯前加柔光箱。

优点：出片效果较立体，自然。

缺点：阴影得不到有效控制。

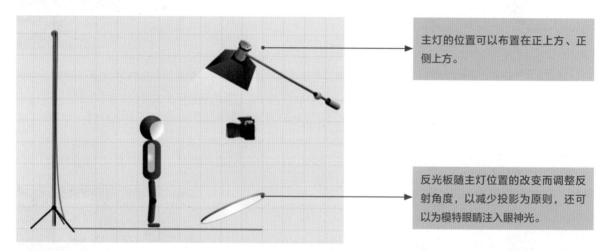

主灯的位置可以布置在正上方、正侧上方。

反光板随主灯位置的改变而调整反射角度，以减少投影为原则，还可以为模特眼睛注入眼神光。

双灯

也称大平光，只需在被摄体两侧加两盏带柔光箱的闪光灯，两盏灯跟主体的距离几乎一致，强度也一致，并且都45°左右朝向主体。

优点：万能光，操作最简单，几乎所有的宝贝都可以拍；主体各个部位的细节都得以展现，出片干净简洁。

缺点：平淡无奇，没有立体感和层次感。

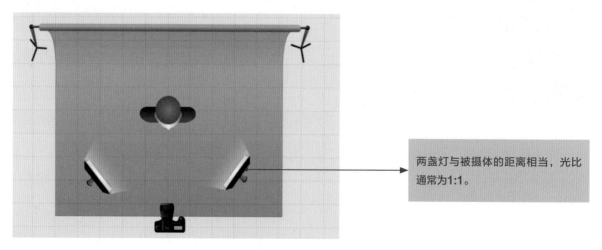

两盏灯与被摄体的距离相当，光比通常为1:1。

三角形布光

经典的布光法，三盏灯分别置于主体的左右两侧和逆侧偏上的位置并扮演主灯、辅灯和轮廓灯的角色。主、辅、轮廓灯的光比一般为1:2:1。

优点：操作简单，出片细节层次及立体感都有。

缺点：操作较复杂，需要根据不同的拍摄要求来调整灯的高度及位置。

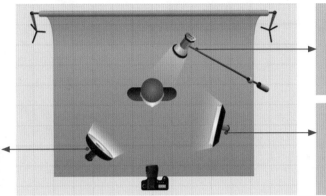

侧逆光的强度一般与主灯相当，在后侧偏上的位置，用于构建主体的轮廓光。

主灯的作用是为主体主要照明及塑形体，可根据情况去除或添加柔光罩。

辅灯的强度光圈值一般比主灯小一挡。如主灯为F8的光值，辅灯则为F11。

2.1.3 多角度、重细节地拍摄宝贝

多角度，可以再现宝贝的真实形态；重细节，更能体现宝贝的做工和品质，这两点是拍摄宝贝时的基本原则。

以下图一组女士凉鞋为例，如果只有图一单张图的话，顾客很难了解鞋子的做工、样式，而配合后面三张图，鞋子的全貌从多个角度得以展现，鞋子的材质、款式细节和设计感也被表现了出来，宝贝也更加吸引人。

俯拍鞋子的全貌，鞋面和鞋子的造型初步可见。

从一只鞋子的前侧拍摄，鞋子面料的质感和缝线做工进一步得到体现。

从鞋子的侧面拍摄，鞋子整体的设计感呈现在眼前。

从鞋子的后面拍摄，鞋底的颜色和鞋跟的高度一目了然。

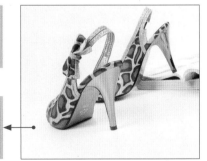

在拍摄小商品时，加入一些点缀的小物件充当背景可使画面更生动形象，但在颜色、形状及大小上切莫和主体冲突，抢了宝贝的风头。

选择颜色和鞋子较接近的木质小物件作为点缀品，画面和谐干净，同时，木材侧面的质感与鞋子相互衬托，暗示着鞋子的面料很好。√

鞋子下面的杂志颜色对于白色的鞋子来说，太过显眼，而且杂志内容纷繁无章，完全破坏了画面，不但没有增加生趣，反而找不到重点。×

2.1.4 拍摄小窍门

○ DIY反光板，造价便宜效果好

具体做法很简单，首先买两块规格一样的泡沫板，然后用宽的透明胶将两块泡沫板粘合成可以开合的书页状即可。使用时，打开的泡沫板可立在地上，不需要其他支撑，光线反射柔和，可谓既便宜又省事。泡沫板一般在建材城有售，建议买大、中、小不同规格的泡沫板做成大小不一的反光板备用。

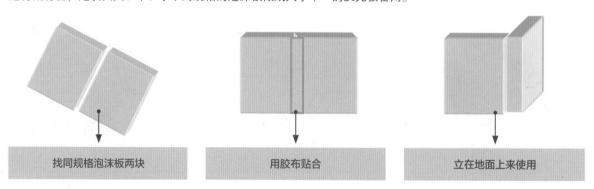

| 找同规格泡沫板两块 | 用胶布贴合 | 立在地面上来使用 |

○ 用RAW格式拍摄照片

RAW格式即图片的原始数据，它包含了图片应有的所有数据，可调整的空间非常大。类似于白平衡、曝光补偿等都能在后期被非常方便地调整，因此建议以RAW格式或者RAW+JPEG的格式拍摄图片。

○ 巧用内置闪光灯拍摄小物件

内置闪光灯几乎不可控，拍小商品时经常会让画面一片死白，在这种情况下我们可以在闪灯上隔数层纱布或其他半透明的物体来减弱闪光，增加漫反射。注意纱布或纸张必须是白色；在有光源的情况下，如果被摄体反差过大，也可以用内置闪光灯来补光。

尼康内置闪光灯柔光罩。可用A4纸、白色纱布或者较薄的半透明塑料小卡代替。

○ 善用窗户光

窗户事实上很像一个柔光箱，而自然光就是主光源。因为自然光的缘故，用窗户光拍出来的图片颜色一般都比较自然，也省去了一些布光的步骤。需要注意的是，窗户光因为方向单一，因此容易产生投影，拍摄时需加反光板或者色温接近的闪光灯在另一侧对被摄体进行补光。

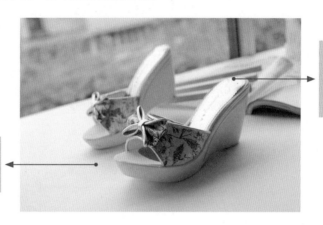

从背光的方向补光，增加暗部细节，鞋面的花纹和质地被呈现。

主光源为透过窗户的自然光。

○ 细节拍摄用大光圈

这样做的目的不仅为了获得较浅的景深，使画面美观，更主要的是会让图片主次分明，突出重点。

焦外被虚化掉的两只鞋子使画面主次分明，富有层次感和美感。

对焦处，鞋面的花纹和材质感被清晰地表现了出来。

○ 模特动作、表情不可过于夸张

拍摄模特时以大方自然的摆姿为佳，表情放松，微笑、凝视均可，主要目的是为了表现宝贝的特征，不要引导模特摆夸张、怪异的姿势，也要尽量避免带过多个人情绪的表情，这要与以表现人物的身材相貌及性格特征的个人写真区别开。

动作略夸张，背景的房屋也呈斜状，加之用于增加图片层次的树枝，图片更倾向于表现人物的个人写真照片。

相比之下动作自然放松，更偏向于商品照片，拍摄时若能将树枝和别墅换成更为简单的背景就更好了。

2.1.5 后期修片原则

◎ 还原宝贝色彩

商品图片的后期处理跟其他类型的图片差别很大，其最为重要的一点原则是真实。因此在使用图像处理软件时一定要避免过分后期，以致图片跟宝贝的色彩偏差太大而引起消费者的不认同。

画面明显偏蓝，图片中服装的颜色不准确。

画面相对较自然，稍微偏色但可以被接受。

◎ 简化背景，突出重点

即使背景再漂亮，它的作用也只是为了衬托宝贝。对于过于华丽、颜色跟主体不协调的背景，可以在后期虚化甚至完全替换掉。

背景场景过于奢华，家具的线条形状不一，整张图片没有主题，显得很杂乱。后期可以将背景大幅度虚化。

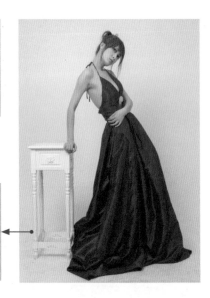

浅灰背景，简洁而完美地协调着大面红色，使被摄体凸显出来。若是模特动作再收敛点，就更像一幅商品图了。

◎ 谨慎锐化

锐化在后期修片中很常用，但是切莫过分锐化导致像素块过多而降低图片画质。用低像素的手机或者卡片机拍出来的图片在后期时更需要注意这个问题，过度的锐化会使画面被破坏。

原图：作为被表现的围巾，颜色得到体现，但是质感不够，图片偏模糊。

过度锐化：过多的像素块导致围巾颜色偏离，图片质量被损害的同时也降低了真实度。

适当锐化：宝贝得体较为合理地体现，质感较之原图得到增强。

⭕ 保证图片的原长宽比

如果为了将图片套入页面格式而较大强行改变图片的长宽比，将会使图片失真，影响商品的真实度。作为"门面"内容之一的图片，一定要保证看起来大方自然。

原图：真实自然，宝贝被较为真实地表现了出来。

拉伸后：变形较为严重，图片失真，影响商品真实度。

总结：作为商品图片，后期处理的"创作"成分并不多，一般都以调色和调整对比度为主，并以"真实、明了"作为后期处理的主要原则，在此大原则的指导下，可适当地为图片创造氛围。

某内衣图片。后期里稍微降低了一点饱和度，使人物皮肤更美白，更能衬托内衣的颜色。同时，裁掉了模特脸部的上半部分，以增加内衣在图片中的重要程度。

2.2 收集装修所需的设计素材

在进行网店装修的过程中，为了获得最佳的画面效果，会使用很多素材对画面进行修饰，例如使用光线对文字和金属质感的商品进行修饰、利用花卉素材对标题栏或者标题进行点缀、用碎花素材对画面的背景进行布置等，在这些操作中都需要用到设计素材。

与商品照片素材不同的是，设计素材大部分都起着修饰和点缀的作用，其大部分都为矢量素材。下图所示为不同风格的网店装修素材，将这些图像进行合理的应用，可以让装修的画面更加精致。

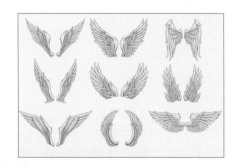  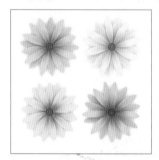

设计素材大部分都是通过网络下载得到的，当然，如果设计者有足够的时间和耐心，也可以自己动手绘制。常见的设计素材网站有昵图网、素材天下、素材中国和站酷等，下图所示为素材中国和昵图网的网页显示效果。

下图所示为某女式服装首页中的部分设计效果，通过对画面进行剖析，可以看到该画面中应用了多个设计素材，包括花卉、缝纫机、设计字体等，因为这些设计素材的添加和合理组合，使得画面呈现出来的视觉效果更加精致。

2.3　获得图片的存储空间

网店装修其实就是使用设计的图片对店铺进行布置，那么这些图片放在网络上的什么地方呢？如何让设计的图片正常地显示在网店中，是网店装修中最基本的，也是最需要解决的问题。

店铺中图片存储空间对卖家而言是不可或缺的，在普通店铺管理中只支持基本图片的上传，大多数商品图片、说明等相关信息均需放置在自己的空间中，因此，店主需另外寻找可获得图片存储空间的方法。接下来本小节将对如何获得图片存储空间进行讲解。

2.3.1　常用的免费空间相册

网络上免费的空间相册很多，但是要寻找到一个既稳定又可以外链的存储图片的网站，还是要根据卖家的喜好和需要进行细心的挑选，接下来就对几个常用的免费空间相册网站进行介绍，具体如下。

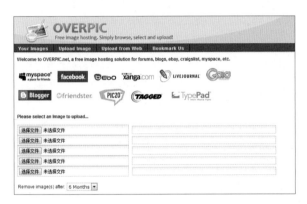

○ overpic——免费无限网络相册

overpic提供免费的无限网络相册，无需注册就能上传，能支持外部链接，同时能上传10张图片，单个上传图片的大小限制为10MB，支持的图片格式为JPEG、JPG、BMP、PNG、GIF。可设置保存时间，也能通过图片的网络地址来上传图片，上传完图片之后会自动生成一些html代码、论坛代码等方便用户复制代码进行外链，其登录后的界面如左图所示。

○ tinypic——免费相册和视频空间

tinypic可以提供免费的相册和视频空间，成立于2003年，由Alex Welch和Darren Crystal创办，每月有3900万的访问者，其中一半是来自美国的。

在tinypic网站中不用注册就能上传，上传的空间无限制，上传时可以改变图片的大小，并且有多种大小供选择，能建立自己的相册和视频空间，还能支持多个文件同时上传，图片上传后会产生一个很短的地址，能直接进行外部引用链接，此外，在上传的照片中，还可以对图片进行编辑，提供很多的编辑工具，基本上能满足用户的要求，是一个相当不错的一个网络空间，其网站界面如下图所示。

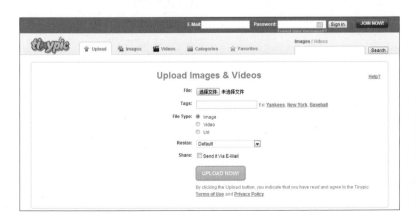

> **Tips**　视频的外链
>
> 　　有些店家的网店中，可能会选择添加视频来对商品的外形或者使用方式进行讲解，使用tinypic提供的视频空间就可以轻松实现视频文件的存储和外链。

◎ Dumpt——提供无限免费图片空间

Dumpt是来自美国伊利诺伊州的无限免费空间，无需注册就能使用，页面很简洁，在首页就能上传，如右图所示。该网站支持多文件上传，一次最多能上传10张图片，最大上传文件为3MB，不但可以上传本地电脑上的图片，还可以上传URL网络图片，可以设置上传的图片为私有或公开。上传格式支持JPEG、JPG、GIF、PNG和BMP，上传图片后可获得很多图片的外链地址，方便引用图片。

◎ POCO——支持外链的免费无限相册空间

POCO提供免费无限容量的相册空间，上传的图片支持外链，图片上传后会提供图片的URL地址，它不会对上传的图片进行质量压缩，安全稳定，上传速度非常快，支持JPG、GIF、PNG等格式，同时支持批量上传。

上传图片时可为图片选择要添加的水印，也可选择不添加，且还能为相册空间提供个性域名，对相册进行私隐设置。同时POCO还提供手机拍图即时上传服务，操作和使用都非常方便，左图所示为该网站的首页显示效果。

◎ Thumbsnap——非常简单好用的图片存储空间

Thumbsnap是一个非常简单、好用的免费图片存储空间，界面简洁无广告，无需注册即可上传图片，对上传图片张数无限制，支持jpg、jpeg、gif、png格式的图片，支持的最大上传图片大小为2MB，支持图片外链。

上传非常简单，进入网站首页后，选择一张图片单击Upload Image按钮，即可自动上传，上传速度非常快，上传完成后可获得图片的分享代码，右图所示为该网站的首页显示效果。

● 2.3.2 其他获取图片空间的方法

很多免费的网络存储空间都对照片的数量和大小进行了一定的限制，当经过日积月累后，免费的空间就很难满足网店经营中所需要的图片，获取更多的网络存储空间是实现网店装修的关键。除了在网络上获取免费的空间相册来对网站装修后的图片进行存储之外，还可以通过其他的方式获得图片的存储空间，例如通过租用商家的图片空间和使用淘宝图片空间进行存储等。

⭕ 租用图片空间

空间租用就是客户无须自己购置服务器，在独立主机上通过某些设置或软件分成若干个空间，然后将这些空间分配给若干个用户用来存放数据的过程，独立主机指除了机器是独立的以外，带宽也是独立的，不与其他用户共享的主机。

由于租用图片空间会支付给运营商一定的管理费用，因此在服务和图片显示的稳定性上都能得到有效的保障，是很多专业的网店店家所选择的最佳的获取图片存储空间的方法。

⭕ 使用淘宝图片空间

淘宝图片空间是用于存储和管理宝贝详情页和店铺装修的图片，其好处是它是淘宝官方产品，稳定、安全，在使用的过程中管理方便，支持批量操作，并且价格便宜，同时宝贝详情页图片打开速度快，可以有效地提升成交量。

当店家登录淘宝账号后，进入"图片管理"页面，在其中单击"上传图片"按钮，即可打开相应的对话框，具体如下图所示，在其中添加所需上传的图片即可，此外，在上传的页面中我们可以看到相关的限制要求，其图片单张大小支持3MB以下，超过系统会进行自动的压缩，支持的图片上传格式为JPG、JPEG、PNG和GIF，仔细阅读和理解后，按照要求对装修的图片进行处理，就能够确保网店装修效果的实现。

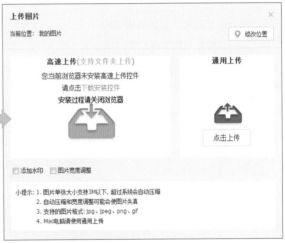

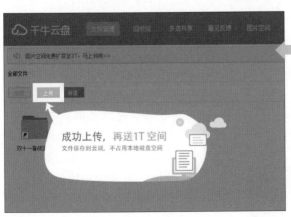

> **Tips** 淘宝空间相册的显示问题
>
> 　　如果发布宝贝时，使用的是淘宝图片空间里的图片，那么图片空间中相应的图片删除后，宝贝中的图片也会被删除，建议重新上传图片至图片空间，然后编辑宝贝，选择图片发布即可。如果没有使用图片空间，在宝贝描述中插入图片是必须使用支持外网链接的电子相册的。若操作正确仍无法显示，建议重新设置网络相册后再尝试。

2.4 了解装修中遇到的文件格式

在进行网店装修的过程中，我们会遇到很多不同格式的图片和文件，这些不同格式的图片和文件都有不同的特点，也会应用到网店装修中不同的区域，想要正确地对其进行使用，接下来就让我们一起来了解这些图片格式的特点吧。

● JPG或JPEG格式

JPEG格式是目前网络上最流行的图像格式，是可以把文件压缩到最小的格式，文件后辍名为".jpg"或".jpeg"。JPEG格式的应用非常广泛，特别是在网络和光盘读物上，都能找到它的身影。各类浏览器均支持JPEG这种图像格式，因为JPEG格式的文件尺寸较小，下载速度快，网店装修后的图片很多都是存储为JPEG格式上传到店铺中显示的。值得注意的是，JPEG不适用于所含颜色很少、具有大块颜色相近的区域或亮度差异十分

明显的较简单的图片，右图所示为JPG图片的图标和网店装修中存储的JPG文件。

JPEG格式的图片可以直接使用Windows中的图片查看器打开，便于直观地对其进行查看和管理，右图所示为双击JPEG格式的网店客服区图片后显示的效果。

● GIF格式

GIF图像文件的数据是经过压缩的，而且是采用了可变长度等压缩算法，最多支持256种色彩的图像。GIF格式的另一个特点是其在一个GIF文件中可以存多幅彩色图像，如果把存于一个文件中的多幅图像数据逐幅读出并显示到屏幕上，就可构成一种最简单的动画。在显示GIF图像时，隔行存放的图像会让顾客感觉到它的显示速度似乎要比其他图像快一些，这是隔行存放的优点，但是值得注意的是GIF不支持Alpha透明通道，也就是不能显示出透明或者半透明的图像效果。

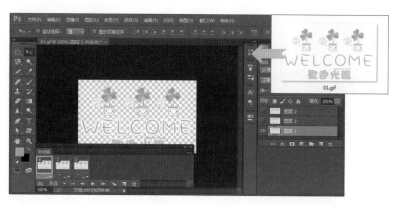

GIF格式的图片，其实就是网络上常说的"闪图"，它在Photoshop中也是可以随意编辑的，左图所示为GIF格式的图片在Photoshop中编辑的效果，通过"时间轴"面板可以看到该图片中包含了3张帧动画。

⏺ PNG格式

PNG格式是便携式网络图形，全称为Portable Network Graphics，是网上接受的最新图像文件格式。PNG能够提供长度比GIF小30%的无损压缩图像文件，同时提供24位和48位真彩色图像支持以及其他诸多技术性支持，支持Alpha通道透明度。由于PNG非常新，所以并不是所有的程序都可以用它来存储图像文件，但Photoshop可以处理PNG图像文件，也可以存储为PNG图像文件格式。

由于PNG格式的图片可以支持Alpha通道透明度，因此其可以存储部分半透明的图像，如下图所示为PNG格式的图片在Photoshop中打开的效果，可以清晰地看到其图像的背景为透明效果。

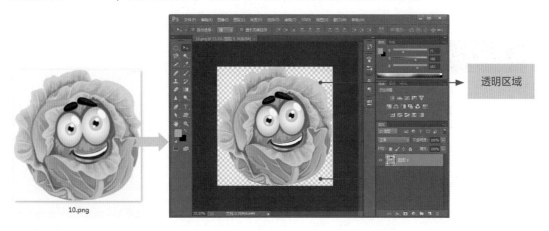

10.png

Tips 　**图片格式的转换**

在Photoshop中可以对图片的文件格式进行相互的转换，即可将GIF文件中的单个图层转换为JPG图片，也可以将PNG的图片转换为JPG的图片。只需打开Photoshop应用程序，将需要转换的图片在其中打开，执行"文件＞存储为"菜单命令，在打开的"存储为"对话框中的"格式"下拉列表中选择需要的格式，接着单击"确定"按钮，即可将打开的图片转换为所选择的文件格式，操作非常简单。

⏺ PSD格式

PSD格式就是Photoshop Document，是Photoshop图像处理软件的专用文件格式，文件扩展名是.psd，可以支持图层、通道、蒙版和不同色彩模式的各种图像特征，是一种非压缩的原始文件保存格式。PSD文件有时容量会很大，但由于可以保留所有原始信息，在图像处理中对于尚未制作完成的图像，选用 PSD格式保存是最佳的选择，也是网店装修图片制作中存储编辑信息的常用格式。

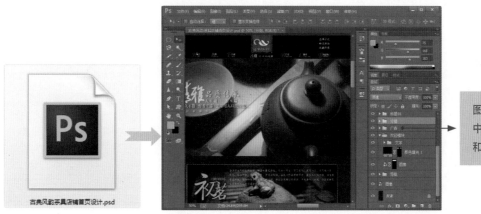

古典风韵茶具店铺首页设计.psd

图层是Photoshop中保存文件编辑过程和设置的关键。

◯ HTML格式的文件

HTML文件是可以被多种网页浏览器读取，传递各类资讯的文件。从本质上来说，Internet是一个由一系列传输协议和各类文档所组成的集合，HTML文件只是其中的一种。这些HTML文件存储在分布于世界各地的服务器硬盘上，通过传输协议用户可以远程获取这些文件所传达的资讯和信息。我们设计和装修的网店，实际上也是通过HTML文件进行表现的，通过图片的链接地址和代码的编辑来对店铺的网页进行编辑。

HTML文件是由HTML命令组成的描述性文本，HTML命令可以说明文字、图形、动画、声音、表格和链接等。HTML文件的结构包括头部Head、主体Body两大部分，其中头部描述浏览器所需的信息，而主体则包含所要说明的具体内容。下图所示为专业的网页编辑软件Dreamweaver中新建HTML文件的操作和相关的代码显示。

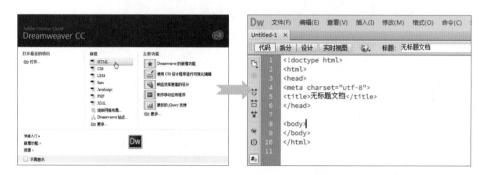

网店装修，也就是网页设计的一种，在这个过程中有的店家为了让店铺的设计更个性，或者需要为页面添加链接时，就是通过使用HTML文件来实现，下图所示为在淘宝网中对店铺装修时复制HTML代码的操作。

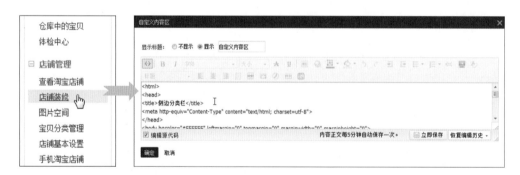

我们在浏览器中看到的网店装修后的HTML网页，是浏览器解释HTML源代码后产生的结果。要查看网页的源代码，可以通过浏览器中的"查看 > 查看源代码"菜单命令来实现，此时屏幕上就会弹出一个新的窗口并显示一些古怪的文字，所看到的这些文字就是HTML文件，如下图所示。

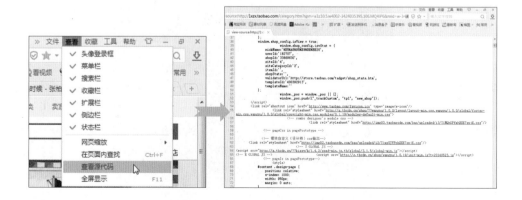

第 3 章

视觉营销三大要素
——色彩、文字、版式

3.1 了解色彩的基本要点

浏览众多的网店装修画面,可以发现这样的一个规律,我们首先会被店铺中的色彩所吸引,接着才会根据色彩的走向,对画面的主次进行逐一的了解,接下来本小节会对色彩的一些基础概念进行讲解,这些基础知识也是后期网店装修配色中的关键所在。

3.1.1 色彩的种类

为了便于认识网店装修配色中的色彩变化,认识色彩的基本属性与基本规律,我们必须对色彩的种类进行分类与了解,色彩按照色别划分,可以将色彩分为无彩色和有彩色两类。

无彩色是指黑色、白色和各种深浅不一的灰色,除此之外,其他所有的颜色都属于有彩色。无彩色和有彩色在网店装修设计中占有举足轻重的地位,无论是以有彩色为主题的画面效果,还是以单纯黑白灰无彩色构成的画面效果,都能给人带来一种奇幻无比的色彩感觉。充分、合理地利用色彩的类别与特性,可以使网店装修的画面获得意想不到的效果。

〇 有彩色

有彩色指的是凡是带有某一种标准色倾向的色,光谱中的全部色都属于有彩色,有彩色以红、橙、黄、绿、蓝、紫为基本色,其中基本色之间不同量的混合,以及基本色与黑、白、灰之间的不同量组合,会产生成千上万的有彩色。

有彩色中的任何颜色都具有三大要素,即色相、明度和纯度,因此在图像的制作过程中,根据有彩色的特性,通过调整其色相、明度以及纯度间的对比关系,或通过各色彩间面积调和,可搭配出色彩斑斓、变化无穷的网店装修画面效果。

右图所示为网店装修的图片和色环,由于网店装修中全部使用了有彩色进行配色,因此,在色环中可以清楚地找到画面中每个区域颜色所对应的位置,这些带有明显的一种标准颜色倾向的色彩,都是上面我们提到的有彩色。

〇 无彩色

在色彩的概念中,很多人都习惯把黑、白、灰排除在外,认为它们是没有颜色的,其实在色彩的秩序中,黑色、白色以及各种深浅不同的灰色系列,称为无彩色系。以这三种色调为主构成的画面也是别具一番风味的,在进行网店装修的配色中,为了追求某种意境或者氛围,有时也会使用无彩色来进行搭配。无彩色没有色相的种类,只能以明度的差异来区分,如下图所示,无彩色没有冷暖的色彩倾向,因此也被称为中性色。

黑色　　　　　　　不同程度灰色　　　　　　　白色

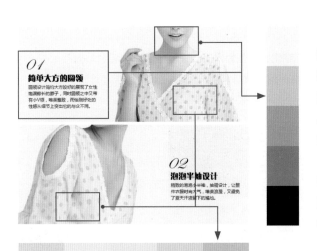

无彩色中的黑色是所有色彩中最黑暗的色彩，通常能够给人以沉重的印象，而白色是无彩色中最容易受到环境影响的一个颜色，如果设计的画面中白色的成分越多，画面效果就越单纯。白色和黑色中间的灰色具有平凡、沉默的特征，很多时候在网店装修中作为调节画面色彩的一种颜色，可以给人安全感和亲切感。

左图所示为网店装修中设计的商品详情页面，其中通过将无彩色与有彩色进行结合，使其形成强烈的对比，突显出商品的特点，削弱辅助图像的内容，同时这样的配色也让整个画面更具设计感和艺术感。

🎈 3.1.2　色彩三要素

我们所看到的网店装修的颜色中，虽然各种画面千差万别，各不相同，但是任何画面的色彩都具备三个基本的特征，即色相、明度和纯度，通常称为色彩的三要素，也就是色彩的三属性。色彩的三要素是影响色彩的主要因素，色彩也可以根据这三个要素进行体系化的归类，要想在网店装修中灵活地运用色彩，必须充分了解色彩三要素。

⭕ 色相

色相是色彩的最大特征，所谓色相是指能够比较确切地表示某种颜色色别的名称，也是各种颜色之间的区别，同样也是不同波长的色光被感觉的结果。

色相是由色彩的波长决定的，以红、橙、黄、绿、蓝、紫代表不同特性的色彩相貌，构成了色彩体系中的最基本色相，色相一般由纯色表示，下图所示分别为色相的纯色块表现形式和色相间的渐变过渡形式。

色相条　　　　　　　　　　　　　　　　　　　　色相渐变条

在进行网店装修的配色中，选择不同的色相，会对画面整体的情感、氛围和风格等产生影响，下图所示为两种不同色相搭配下的网店装修效果。

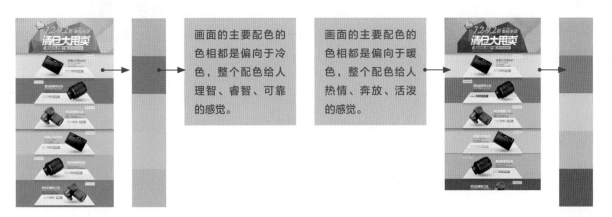

画面的主要配色的色相都是偏向于冷色，整个配色给人理智、睿智、可靠的感觉。

画面的主要配色的色相都是偏向于暖色，整个配色给人热情、奔放、活泼的感觉。

◯ 明度

明度是指颜色的深浅和明暗程度，任何色彩都存在明暗变化，明度适用于表现画面的立体感和空间感。

同一种色相会有不同的亮暗差别，最容易理解的就是由白色变成黑色的无彩色，其中黑色是最暗的明度，过渡的灰色是中级明度，白色是最亮的明度，其过程表现为渐变效果，如下图所示。

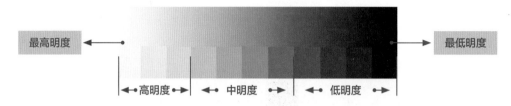

在网店装修的配色过程中，明度也是决定文字可读性和修饰素材实用性的重要元素，在设计画面整体印象不发生变动的前提下，维持色相、纯度不变，通过加大明度差距的方法可以增添画面的张弛感。同时，色彩的明暗程度也会随着光的明暗程度变化而变化，色彩的明度越高，图像的效果就越明亮、清晰；相反，明度越低，则图像的效果就越灰暗。

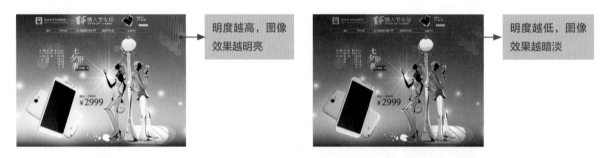

同时，在网店装修的配色中，明度也是色彩的骨骼，色彩的明度差异比色相的差别更容易让人将主体对象从背景中区分出来，图像与背景的明度越接近，辨别图像就会变得更困难，下图所示为同一图像在不同明度背景上的识别效果。

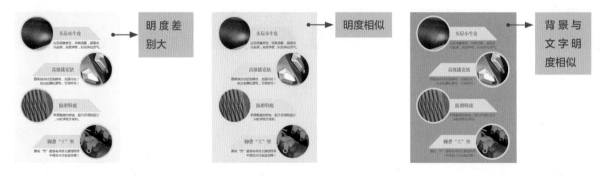

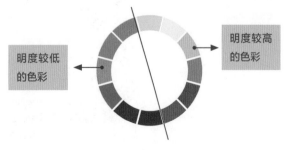

在网店装修的过程中，除了要考虑整个画面的明度以外，还要注意把握不同色相之间的明度差异，通过色相之间的明度差异来突出画面的主体部分。

不同色相的光的振幅不同，如红色振幅虽然宽，但是波长也长，黄色虽然振幅与红色相当，但是它的波长短，而我们感受到的红色比黄色的明度要弱，在有彩色中，黄色的明度最强，紫色最弱，如左图所示。

○ 纯度

纯度通常是指色彩的鲜艳程度，也称为色彩的饱和度、彩度、鲜度、含灰度等，它是灰暗与鲜艳的对照，即同一种色相是相对鲜艳或灰暗的，纯度取决于该色中含色成分和消色成分的比例，其中灰色含量较少，饱和度值越大，图像的颜色越鲜艳。

通常我们把纯度分为9个不同的阶段，其中1~3阶段的饱和度为低饱和度；4~6阶段的饱和度为中饱和度；7~9阶段的饱和度为高饱和度，从饱和度的色阶阶段表中可以看到，饱和度越低，越趋于黑色；饱和度越高，色彩就越趋于纯色，具体如下图所示。

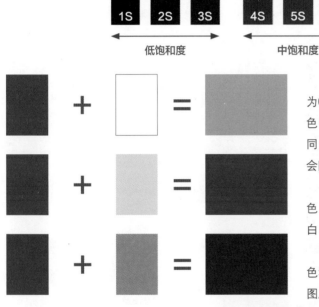

有彩色的各种色都具有彩度值，无彩色的彩度值为0，对于有彩色的彩度的高低，区别方法是根据这种色中含灰色的程度来计算的。彩度由于色相的不同而不同，而且即使是相同的色相，因为明度的不同，彩度也会随之变化的。

纯度体现了色彩的内在品质，同一色相在添加白色、黑色或者灰色后都会降低它的纯度，混入的黑、白、灰越多，则色彩的纯度就会越低。

以红色为例，在红色中分别加入一定量的白色、灰色和黑色后，其纯度就会随之降低到相应的程度，如左图所示。

色彩的饱和度决定了色彩的鲜艳程度，饱和度越高的色彩，其图像的效果给人的感觉越艳丽，视觉冲击力和刺激力就越强，相反色彩的饱和度越低，画面的灰暗程度就越明显，其产生的画面效果就越柔和，甚至是平淡。因此在网店装修的配色过程中要把握好色彩的饱和度，才能营造出不同的视觉画面，让色彩的视觉效果与店铺的风格一致。

右图所示为低纯度和高纯度配色后设计的网店首页装修效果，从其中可以感受到不同的店铺风格，前者给人复古、怀旧的感觉，而后者给人清爽、单纯的感受。

低纯度给人灰暗的印象

高纯度给人鲜艳的印象

3.1.3 色调的倾向

色调是色彩运用中的主旋律，是构成网店装修画面的整体色彩倾向，也可以理解为"色彩的基调"，画面中的色调不仅是指单一的色彩效果，还指色彩与色彩之间相互关系中所体现的总体特征，是色彩组合多样、统一中呈现出的色彩倾向。

在网店装修的过程中，往往会使用多种颜色来表现形式多样的画面效果，但总体都会持有一种倾向，是偏蓝或偏红，是偏暖或偏冷等，这种颜色上的倾向就是画面给人的总体印象。

● 色调色相的倾向

色相对色调起着重要的作用，也可以说色相是决定色调最基本的因素，色调的变化主要取决于画面中设计元素本身色相的变化，我们所说的某个网店呈现为红色调、绿色调、蓝色调或者紫色调等，指的就是组成画面设计元素的固有色相，就是这些占画面主导地位的颜色决定了画面的色调倾向。

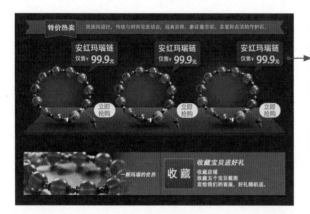

饰品装修画面中使用了大面积的红色调，充分体现了红色调充满民族气息的色彩印象，营造出热情、朝气蓬勃的感觉，而小面积黄色的添加，使得画面简洁而富有张力。

红色调为主的配色

箱包店铺中使用大面积的蓝色作为背景，令人心绪缓和，给人冷静、优雅的感觉，箱包在蓝色背景的衬托下显得格外醒目，整个画面给人一种浅浅的沉寂感。

蓝色调为主的配色

黄色调的画面更加容易吸引顾客的视线，如左图所示的收藏店铺区域，基本上使用了以黄色为主进行的配色，给人以明亮、轻快之感，让画面中蓝色和白色的文字更加醒目，给人留下深刻的印象。

黄色调为主的配色

● 色调明度的倾向

在确定了构成画面的基本色调之后，色彩明度的变化也会对画面造成极大的影响，通常我们所说的画面明亮或者暗淡，其实就是明度的变化赋予画面的不同明暗倾向，因此在对一个网店装修的画面进行构思设计时，采用不同的明度的色彩能够创造出丰富的色调变化。

饰品店铺装修画面中使用明度值较高的色彩进行配色时，高明度色彩之间的明暗反差会变小，使得画面呈现出清淡、高雅、明快之感。同时添加高明度的玫红色，让画面更显欢快。

高明度色调

在店铺的装修画面中使用大面积的低明度色彩时，浓重、浑厚的色彩会给人深沉、凝重的感觉，并表现出具有深远寓意的画面效果。如右图所示，低明度的色调使得画面呈现出一派神秘、幽远的格调，黑暗中的腕表给顾客留下品质高端的印象。

低明度色调

○ 色调纯度的倾向

　　纯度也是决定色调倾向不可或缺的因素，不同纯度的色彩所赋予的画面感觉也不同，我们通常所指的画面鲜艳度或昏暗均为色彩的纯度所决定的。就色彩的纯度倾向而言，高纯度色调和低纯度色调都能赋予画面极大的反差，给人不同的视觉印象，在网店装修中，色调纯度的倾向，一般会根据商品具体的色彩来决定。

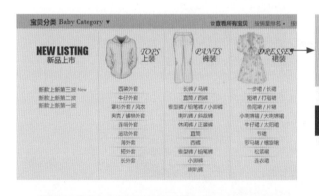

在低纯度的咖啡色画面中，显示出复古与怀旧的感觉，为原本平淡的画面增添了一种协调与惬意、高端与高品质的感觉，更加迎合主题。

低纯度色调

当画面以高纯度的色彩组合表现主题时，鲜艳的色调可以表达出积极、强烈而冲动的印象。如右图所示的数码商品背景使用了纯度较高的色块，使其与商品产生强烈的对比，增强了视觉冲击力。

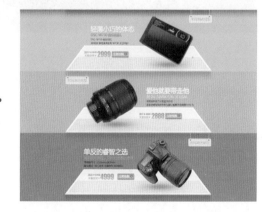

高纯度色调

3.2 记忆中的色彩

由于在社会环境中长期积累的认识、主观意向以及人类自身的生理反应，导致我们对色彩也会产生出一种习惯性的反应与心理暗示，就色彩的冷暖而言，可以将色调分为冷色调和暖色调。

色彩的冷暖感觉是色彩给予人类的一种视觉印象，在我们浏览网店装修画面的过程中，自然而然地就会产生一种直觉的冷暖感应。因此在配色中，要让画面色彩的冷暖感与商品和店铺的风格一致。

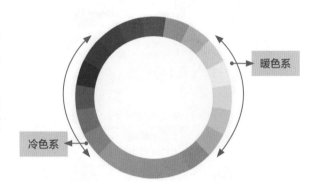

根据色彩温度的不同，可以把颜色大体上分为暖色和冷色，其中暖色是指红色、黄色和橙色等系列的颜色，能够给人以温暖的感觉；而冷色是指蓝色、绿色、紫色等系列的颜色，给人以冰冷的感觉。

在表现刺激、活泼、热情、开放等氛围时，可以选择暖色系；在表现冷清、镇静、清爽等氛围时，则可以选择冷色系。因此把握好色彩的冷暖就能搭配出不同情感的网店装修画面效果。

🔵 3.2.1 暖色系色彩的性格和表现

如果在设计的网店装修画面中融入大量以红色、橙色为主的色调时，此时的画面会呈现出温暖、舒适的感觉，此类的配色通常被称为暖色调。暖色调可以赋予画面热烈、活泼之感，能够使人情绪高涨，通常被认为是提高血压及心率、刺激神经系统的色彩。从色彩本身的功能上来看，红色是最具兴奋作用的，同时也是最具热情和温暖的颜色。

图中的店铺收藏区域使用暖色调作为主要的配色，营造出一种喜庆、活跃的氛围，鲜艳的配色给人强烈的视觉震撼感，产生悦动、狂热的心理反应。

暖色系配色

对于追求温暖感的网店设计而言，暖色系常使人联想到火热的夏季、鲜红的植物、热闹的氛围等，当想要表现温暖的感觉时，选用暖色系，即可营造出强烈的火热氛围，给人热情、温暖的感觉。

色彩的温度的心理感觉与色彩的明度有关，当色彩的明度最高时，温度感觉最高；当明度增高或者降低时，色彩的温度感会有逐渐减弱的感觉，如左图所示。

升高明度

降低明度

温暖感升高

色彩的温度随明度的变化而变化

3.2.2 冷色系色彩的性格和表现

当网店的装修画面中出现较多的以蓝色为主的冷色调时，画面会呈现出令人感觉寒冷的氛围，可给人的心理造成寒冷、凉爽的感觉。

冷色系相对于暖色系具有压抑心理亢奋的作用，令人感觉到冰凉、沉静等意象。其中蓝色最具清凉、冷静的作用，其他明度、纯度较低的冷色系也都具有使人感觉消极、镇静的作用。

画面中以蓝色为主色调，具有明度变化的蓝色显得寂静而洁净，整个画面协调而统一，给人以雅致、高档的感觉。

冷色系配色

冷色系除了可以让人感受到一种冷清、空荡的感觉，还可以让人感觉到如冰块般的寒冷、刺激的凉意，能够更形象地诠释出冷色配色所传达的意象。在网店装修的过程中，特别是在夏季，或者是表达一种价格低至极致的感觉，设计师通常都会使用蓝色这种冷色系的代表色彩进行配色，传递出浓浓的凉意，让顾客感同身受，以达到提升转化率的目的。

以蓝色调为主的配色给画面带来凉意，同时符合冰块造型的色彩。

冷色系配色

冷暖的关系是相对而言的，冷色系容易使人联想到白雪皑皑的冬季、湛蓝的湖泊和幽蓝的冰雪，以冷色为主的冷色基调通常会给人造成寒冷、清爽、薄弱、收缩的印象，并且在色彩纯度和明度都很低的色调下，能够形成比实际画面更加收缩的视觉效果。

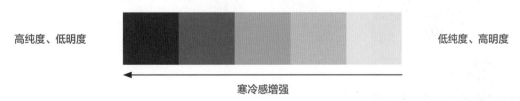

高纯度、低明度　　　　　　　　　　　　　　　　　　　低纯度、高明度

寒冷感增强

色彩的纯度是影响色彩冷暖感的一个较大的因素，通常情况下，纯度越高的色彩，给人的寒冷感越强烈，如上图所示可以感受到这种变化所带来的视觉效果。

3.3 常见配色方案

从视觉的角度而言，我们最先感知的便是网店装修画面中的色彩，任何色彩都具备色相、明度和纯度3个基本要素，如何正确的运用常见的配色方案，是网店装修设计必备的技能。

📍 3.3.1 对比配色在网店装修中的应用

色彩必须通过色彩之间的对比才能产生相应的效果，色彩对比主要掌握的是色相对比、明度对比、纯度对比、面积对比这几种方式，其具体如下。

⭕ 色相对比

色相的对比是指两种以上色彩组合后，由于色相之间的差别而形成的色彩对比效果。它是色彩对比的一个重要方面，正是因为这一对比才确立了色彩存在的价值，色彩的其他一系列对比才得以展开。因此，掌握色相的对比是实现配色的基本前提。

为了方便读者直观地认识色相之间的对比关系，我们采用24色相环形式加以说明，选择其中一种颜色作为基色，每两种颜色之间间隔15°，随着角度的增大可以将色相划分为同类色、类似色、邻近色、对比色以及互补色五种类型，具体如右图所示。

每种色相由于在色相环上的位置距离不同，从而使得色相间的对比差异也更加明显，起到决定色彩基调和区分色彩面貌的作用。

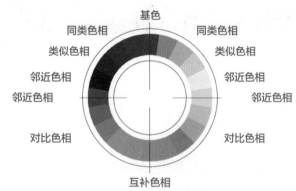

所谓色相的对比，往往是由于差别所产生的，色彩的对比起始也就是色相之间的矛盾关系，各种色彩在色相上产生细微的差别，都能够对画面产生一定的影响，色相的对比搭配可以使画面充满生机，并且具有丰富的层次感。

图中的网店首页，使用差异较大的单色背景来对画面进行分割，使其色相之间产生较大的差异，这样产生的对比效果就是色相对比配色，它让画面色彩丰富，具有感官刺激性，能够很容易地吸引顾客的眼球，使其产生浓厚的兴趣。

利用色相进行对比配色

⭕ 明度对比

由于明度的差异所造成的色彩对比效果称为明度对比，它是决定色彩明快、清晰、沉闷、强烈等个性的决定性因素，也是形成形体感与光感得以体现的关键所在。明度在网店装修设计中占有很重要的位置，色彩的层次感与空间关系大多以色彩的明度对比来体现，明度的对比比其他任何对比的感觉都要强烈，对于色彩的搭配来说，明度配色是否准确，直接影响着配色的明快感和清晰感。

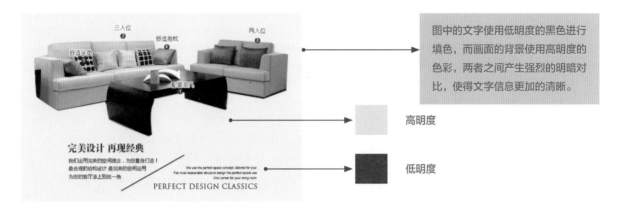

图中的文字使用低明度的黑色进行填色，而画面的背景使用高明度的色彩，两者之间产生强烈的明暗对比，使得文字信息更加的清晰。

高明度

低明度

○ 纯度对比

纯度对比是指不同纯度的色彩并置后产生的比较性变化，它是色彩对比中的另外一个重要方面，是决定色调感觉华丽、高雅、古朴、含蓄与否的关键。纯度的变化会导致鲜明的色彩看起来更加鲜艳，浑浊的色彩看起来愈加浑浊。纯度的差异是在各色相中加入不等量黑、白、灰调和而得到的。不同阶段纯度的色彩相互搭配，根据纯度之间的差别，可形成不同纯度对比的色彩搭配。

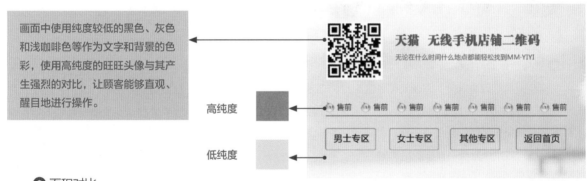

画面中使用纯度较低的黑色、灰色和浅咖啡色等作为文字和背景的色彩，使用高纯度的旺旺头像与其产生强烈的对比，让顾客能够直观、醒目地进行操作。

高纯度

低纯度

○ 面积对比

如同点的放大可以成为面并产生视觉张力一样，色彩所占面积的大小也会产生不同的视觉效果，在设计网店画面中，利用不同面积的色彩关系，有意识地使一种色彩占支配地位，能取得各种富有感染力的配色效果。改变色彩的面积即可改变任何一种色彩的对比效果，和谐的面积比例可以使复杂的色彩管理产生别样的美感，给人视觉和心理的享受。

同一种色彩，面积大而光量、色量亦增强，易见性及稳定性高，当较大面积的色彩成为主色时受周围色彩影响小，色彩的面积差异越大越容易调和。

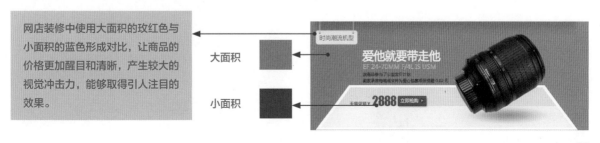

网店装修中使用大面积的玫红色与小面积的蓝色形成对比，让商品的价格更加醒目和清晰，产生较大的视觉冲击力，能够取得引人注目的效果。

大面积

小面积

3.3.2 调和配色在网店装修中的应用

配色的目的是为了制造美的色彩组合，而和谐是色彩美的首要前提，它使色调让人感觉到愉悦，同时还能满足人们视觉上的需求以及心理上的平衡。

一组色彩没有对比就失去了刺激神经的因素，但是只有对比又会造成视觉的疲劳和精神的紧张，所以色彩搭配，既需要对比来产生刺激，又需要适度的调和以达到美的享受。总的说来色彩的对比是绝对的，调和是相对的，调和是实现色彩美的手段。

○ 色相一致的调和配色

色相一致的调和配色，是在保证色相大致不变的前提下，通过改变色彩的明度和纯度来达到配色的效果，这类配色方式保持了色相上的一致性，所以色彩在整体效果上很容易达到调和。

色相一致的调和配色，可以是相同色彩调和配色、类似色相调和配色、邻近色相调和配色，它们配色的目的都是让画面的色彩和谐而协调，产生层次或者视觉冲击力。

画面中的文字、背景等都使用蓝绿色进行搭配，通过明度的变化使其产生强烈的差异，也使得画面配色丰富起来，表现出柔和的特性。

○ 明度一致的调和配色

明度是色彩的明亮程度，是决定配色的光感、明快感和心理作用的关键。根据明度的色标，我们将明度分为了3个区域，低明度、中明度和高明度，其中高明度的色彩搭配色彩对比较弱，需要在纯度和色相上进行区分，以求形成一定的节奏感；中明度的色彩搭配给人含蓄稳重的感觉，同时在稳重中彰显一种活泼的感觉；低明度的调和配色对比很弱，很容易取得调和的效果。

画面中的文字、背景和模特图片的配色均为高明度调和配色，带给人清爽、亮丽、阳光感强的印象，表现出优雅、含蓄的氛围，是一组柔和、明朗的色彩组合方式，非常符合画面中女装的形象和特点。
画面中通过色块和间隙来对布局进行分割，利用相同明度的不同色相完成配色，得到一种安静的视觉体验。

○ 纯度一致的调和配色

纯度的强弱代表着色彩的鲜灰程度，在一组色彩中当纯度的水平相对一致时，色彩的搭配也就很容易地达到调和的效果，随着纯度高低的不同，色彩的搭配也会有不一样的视觉感受。

高纯度的几种色彩调和需要在色相和明度上进行变化，给人以鲜艳夺目、华丽而强烈的感觉；中等纯度色彩之间进行的搭配，没有高纯度色彩那样耀眼，但是会给人带来稳重大方、含蓄明快的感受，多用于表现高雅、亲切、优美的画面效果；低纯度色彩的色感比较弱，这种色彩间的搭配容易带给人平淡、陈旧的感觉。

画面中高纯度的色彩搭配在一起带来一种亮丽的感觉，使人感受到生机、活力，与活动的氛围相一致。

右图中为某服装网店的首页设计，画面处于一种柔和的中性纯度的色调中，让人产生一种内心踏实和温馨的感觉，标题文字中的一处重色成为画面色彩最好的点缀，容易引起人们的关注。

○ 无彩色的调和配色

无彩色的色彩个性不是很明显，所以与任何色彩搭配都可以取得调和的色彩效果，可以让无彩色与无彩色搭配，传达出一种经典的永恒的美感，也可以与有彩色搭配，用其作为主要的色彩来调和色彩间的关系。

在进行网店装修的过程中，有的时候为了达到某种特殊的效果，或者凸显出某个特殊的对象，会通过无彩色调和配色来对设计的画面进行创作。

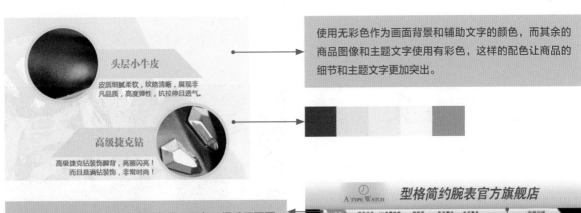

使用无彩色作为画面背景和辅助文字的颜色，而其余的商品图像和主题文字使用有彩色，这样的配色让商品的细节和主题文字更加突出。

店铺的店招和导航的主要色调都是无彩色，提升了画面的档次，而Logo和"首页"按钮的背景使用绿色点缀，更显个性。

3.4 文字的重要表现

在网店装修画面中，文字的表现与商品展示同等重要，它可以对商品、活动、服务等信息进行及时的说明和指引，并且通过合理的设计和编排，让信息的传递更加准确。接下来本小节将对网店装修中文字的设计和处理进行讲解，具体如下。

3.4.1 常见的字体风格

字体风格形式多变，如何利用文字进行有效的设计与运用，是把握字体更改最为关键的问题。当对文字的风格与表现手法有了详尽的了解后，便能有助于我们进行字体设计。常见的字体有多种外形，有线形的、手写的、花饰的、规整的等，不同的字体可以表现出不同的风格，在网店装修中的应用也是不同的，接下来就对几种较为常见的字体进行分析。

◎ 线形

线形的字体是指文字的笔画每个部分的宽窄都相当，表现出一种简洁、明快的感觉，在网店装修设计中较为常用，常用的线形的字体有"方正细圆简体"、"幼圆"等。

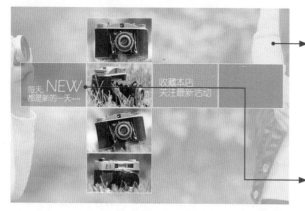

以纤细的线条来修饰画面中的矩形，通过线形的字体与之相配，突显出文字精致、简洁的视觉效果，两者之间风格一致，给人留下明快、清爽的印象。

◎ 书法

书法字体是中国独有的一种传统艺术，字体外形自由、流畅，且富有变化，笔画间会显示出洒脱和力道，是一种传神的精神境界。在网店装修的过程中，为了迎合活动的主题，或者是配合商品的风格，很多时候使用书法字体可以让画面中文字的外形设计感增强，表现出独特的韵味。

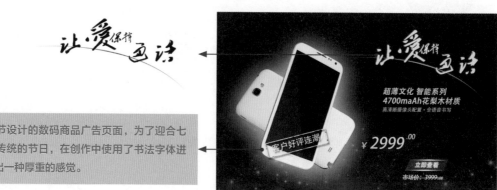

画面是为七夕节设计的数码商品广告页面，为了迎合七夕节这个中国传统的节日，在创作中使用了书法字体进行表现，展现出一种厚重的感觉。

❍ 手写体

手写体，顾名思义，就是指手写风格的字体，手写体的形式因人而异，带有较为强烈的个人色彩。在网店装修中使用手写体，可以表现出一种不可模仿的随意和不受局限的自由性，有时为了迎合画面整个的设计风格，适当的使用手写体可以让店铺的风格表现更加淋漓尽致。但是手写体在设计中最好与其他字体搭配使用，大段文字使用手写体，会容易产生视觉上的审美疲劳。

随意的手写体表现出浓浓的民族原汁原味的自然风情。

手写体也会因为题材的不同而不同，例如在表现儿童的天真、活泼时，带有童趣色彩的文字最合适不过，利用色彩鲜艳且笔画逗趣的文字，可以表现出可爱的个性特征，也让画面显得更加轻松。

在设计的客服区中，使用了顾客容易接受的手写体进行表现，拉近顾客与客服之间的距离，使画面更加亲切，立刻呈现出童趣十足的温馨效果。

❍ 规整

利用标准、整齐外形的字体，可以表现出一种规整的感觉，这样的字体也是网店装修中较为常用的字体，它能够准确、直观地传递出商品或店铺的信息。在网店的版面构成中，利用规整的文字，通过调整字体间的排列间隔，结合不同长短的文字可以很好地表现出画面的节奏感，给人大气、端正的印象。

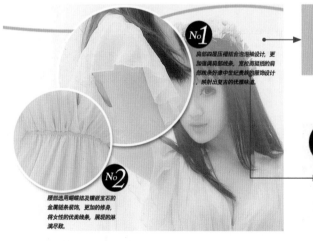

在商品的详情页面中，使用工整的文字对细节进行说明，让画面信息传递更准确、及时，同时也让画面显得饱满，张弛有度。

No1
户部四层压褶结合泡泡袖设计，更加强调肩部线条，宽松而挺括的肩部线条好像中世纪贵族的服饰设计，映射出复古的优雅味道。

除了上述介绍了几种较为常用的字体以外，还有图形文字、花式文字、意象文字等，它们的外形都各自有各自的特点，且风格迥异。不论什么外形的字体，在进行网店装修的过程中，只要使用的字体与画面的风格或者想要表达的意境相同，就能获得满意的视觉效果，同时传递出文字本身所具有的准确的信息。

3.4.2 了解文字的编排准则

众所周知，在网店装修中添加必须的文字信息除了传递出文字本身的含义以外，还要让画面布局变得有条理，同时提高整体内容的表述力，从而利于顾客进行有效地阅读以及接收其主题信息。在实际的创作过程中，不仅需要考虑整体编排的规整性，同时还要适当地加入带有装饰性的设计元素，以提升画面的美观性，让文字编排更具设计感。

在文字的编排设计中，为了使创作出来的网店装修画面能够达到理想中的视觉效果，我们应当对文字的编排准则进行深入的了解，根据排列要求的不同，我们将编排准则归纳为3个部分，其一是文字描述必须符合版面主题的要求；其二是段落排列的易读性；其三则是整齐布局的审美性。

准确性

在网店装修设计中，编排文字的准确性不仅指文字所表述的信息要达到主题内容的要求，同时还要求整体排列风格要符合设计对象的形象。只有当文字内容与排列样式都达到画面主题的标准时，我们才能保证版面文字能够准确无误地传达信息。

在商品详情页面中，使用简洁的词组来对商品各个区域的名称和信息进行介绍，让词组与图片产生关联性，同时利用文字的准确描述来提高顾客对商品的认识和理解。

易读性

所谓编排的易读性，是指我们通过特定的排列方式，使文字能在阅读上给顾客带来顺遂、流程的感觉。在网店的装修画面设计中，我们可以通过多种方式来增强位置的易读性，如宽松的文字间隔、设置大号字体、多种不同字体进行对比阅读等，这些做法都能让段落文字之间产生一定的差异，使得文字的信息主次清晰，让顾客容易抓住信息的重点。

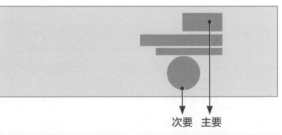

图中的店铺海报设计中，设计者刻意将版面中的部分文字设定为大号字体，并配以适当的间距，同时使用修饰元素对文字的信息进行分割，使得它们的阅读性得到提高，同时让顾客便于掌握重要信息。

在网店装修的文字设计中，文字的编排方式是多种多样的，而且不同的排列样式所带来的视觉效果也是不同的，根据设计的需要选择合理的编排方式，有助于整体信息的传达。需要注意的是，在进行文字的编排时，我们还应考虑它本身的结构特点以及段落文字的数量，例如当文字的数量过多并且均属于小号字体时，就可以采用首字突出来提升整段文字的注目度。

◎ 审美性

审美性是指文字编排在视觉上的美观度，美感是所有设计工作中必不可少的重要因素，借用事物的美感来打动顾客，使其对画面中的信息和商品产生兴趣。为了满足编排设计的审美性，我们会对字体本身添加一些带有艺术性的设计元素，以从结构上增添它的美感。

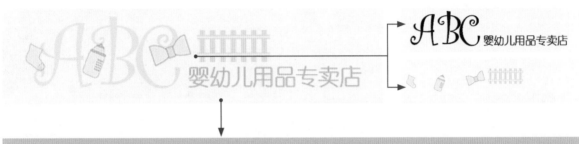

图中的网店店招设计中，通过添加可爱的设计元素，将其与单一的文字组合在一起，利用色彩之间的设计和位置的巧妙安排，增强其趣味性，也提升了整个文字的艺术性。

Tips　文字审美性的设计误区

网店装修的文字设计中，我们通过加入艺术字体来提升画面整体的艺术性，并给顾客以美的感受，值得注意的是，艺术字体的表达内容与风格必须要与整个版面的主题以及文字本身的内容相符，否则徒有美感的文字设计，只会给人带来如昙花一现般的视觉感受。

3.4.3　运用合理分割方式来安排文字

在网店装修设计的过程中，为了把握好商品或者模特图片与文字的搭配效果，我们可以运用分割的方式来对图文要素进行合理的规划，并使它们之间的关系得到有效协调。根据切割走向的不同，我们将这种编排手法划分为垂直与水平分割两种，其具体的特点如下。

◎ 左图右文

我们通过垂直切割将版面分列成左右两个部分，把商品或模特图片与文字分别排列在版面的左边与右边，从而形成左图右文的排列形式。相较于文字来讲，图片拥有更强的视觉感染力，这种排列方式在很大程度上能够使版面产生由左至右的视觉流程，并由此产生的流程正好与人们的阅读习惯相符。因此左图右文的排列形式在结构上带给观者一种顺遂、流畅的感受。

图中为收藏区的页面设计，将图文分别以左右的形式排列在画面中，依次形成由左至右的阅读顺序，该排列方式不仅迎合了顾客的阅读习惯，同时还加强了商品腕表和文字在版面上的共存性。

◎ 左文右图

与左图右文相反，左文右图将文字放在画面的左侧，把商品或者模特的图片放在右侧。在实际的创作设计中，借助图片的视觉吸引力，使画面产生由右至左的视觉流程，由于该视觉流程与观者的阅读习惯恰好相反，因此左文右图的编排形式能够在视觉上给人带来一种新奇的感觉，而这种排列方式也是网店装修的首页海报中非常常用的一种方式。

图中是某品牌的女装店铺首页的欢迎模块的设计效果，设计者利用左文右图的排列方式打破人们常规的阅读习惯，从而在视觉上形成奇特的布局样式，给观者带来了深刻的印象。

◎ 上文下图

在文字的编排中，通过水平切割将画面划分成上下两个部分，同时将文字与图片分别排列在视图的上部与下部，从而构成上文下图的排列形式。设计者将商品或者模特图像放在画面的下端，以使它的视觉形象变得更为沉稳，与此同时，排列在图片上方的文字则在视觉上给人带来一种上升感，我们可以借助两者之间的呼应关系，以增强版面整体的表现力。

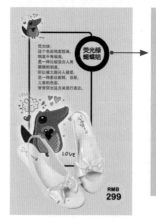

图中为某品牌女式单鞋店铺首页装修设计中的部分截图，设计者利用上文下图的编排方式，以加强标题文字和商品介绍文字在视觉上的表现力，并使顾客能够自然地从上到下进行阅读，提升文字的重要性。

◎ 上图下文

将画面进行水平分割，分别将图片与文字置于画面的上端与下端，从而构成上图下文的编排方式。在实际的网店装修过程中，通过将文字摆放在图片的下方，以从形式上增强它们之间的关联性，同时借助特殊的排列位置，还能增强文字整体给人的视觉带来的安稳、可靠的感受，从而增强顾客对版面的信息信赖度。例如在展示多种商品的编排中，基本都是使用上图下文的编排方式进行设计的。

图中的各组商品均使用上图下文的方式进行编排，以突出图片信息在视觉上的表达，同时为文字与图片选用中轴对称来进行对齐，使商品图片与文字之间的空间关联得到加强。

Tips ▶ **上图下文的编排要点**

在使用上图下文的编排方式时，如果编排的目的在于突出文字的视觉效果，可以选择使用一些没有个性效果的图片要素放在文字的下方，使其充当补充文字信息的角色。

3.4.4 字体的创意设计

为了增强网店装修页面中阅读上的可读性与趣味性，设计师们将富有设计感的字体样式融入在画面中，同时利用这些充满想象力的字体设计，还能起到打破传统编排在布局上的呆板感。在实际的装修设计过程中，我们可以通过多种方式来提升文字在结构上的设计感及设计深度，比如运用图形、肌理、描边等辅助元素，让文字的表现更加丰富。

● 连体字让文字整体感增强

连字体就是通过寻找单个字之间存在联系的笔画，通过特定的线条或者形状将其连接在一起，制作出自然、流畅的文字效果。下图所示为网店首页中欢迎模块的标题文字，它们通过将部分笔画进行连接，把文字紧密联系在一起，使其呈现出一个完整的外形，更显精致与大气。

● 立体字表现出强烈的空间感

立体字是在设计的过程中通过添加修饰形状或者阴影的方式，让文字产生空间感，再经过文字色彩及明暗的调整，使得文字的立体感增强。下图所示为网店装修中使用的立体字设计效果，通过立体字的添加，让文字的表现力增强，同时也让画面的气势得到提升。

● 利用设计元素辅助文字的表现

在网店装修的过程中，设计和制作连体字和立体字会花费较长的时间，很多时候，只要合理地运用字体的变化，以及添加恰当的修饰元素，辅助文字的表现，也能实现很好的文字创意设计效果。如下图所示的文字设计中就是通过添加描边、圣诞帽、不干胶等元素，使得文字的表现与主题风格一致。

3.5　版式布局对网页界面的影响

运营网上店铺时，为了提高销售业绩，需要制作美观、适合商品的页面，利用图片或者文字说明等组成要素，通过将其美观地进行布局而更引人注目，并且由此提升顾客的购买率。将商品页面的组成要素进行合理的排布，以达到吸引顾客的目的就是装修设计的版式布局。

3.5.1　版式设计的形式法则

版式的形式法则就是创作画面美感的基本准则，它虽然不是美的唯一标准，却能帮助初学者很快掌握设计要领，从而设计出优秀的网店装修页面。美的形式法则没有固定的章法可循，主要靠设计师的灵活运用与搭配。只有在大量的设计实践中熟练运用，才能真正理解和掌握版式布局设计的形式法则，并善于运用，创作出优秀的网店装修作品。

◉ 对称与均衡

对称与均衡是统一的，都是让顾客在浏览店铺信息的过程中求得心理上的稳定感。对称与均衡是指画面中心两边或四周的视觉元素具有相同的数量而形成画面均衡感。在对称与均衡中，采用等形不等量或等量不等形的手法组织画面内容，会使画面更加耐人寻味，增强细节上的趣味性。

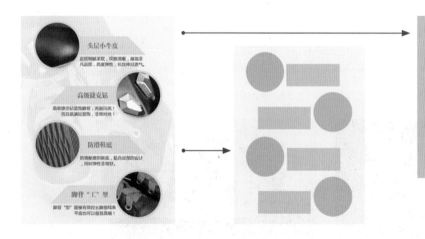

该商品的详情页面中使用左右对称的形式进行设计，但不是绝对的对称，画面中的布局在基本元素的安排上赋予固定的变化，对称均衡更灵活、更生动，是设计中较为常用的表现手段，具有现代感的特征，也让画面中的商品细节与文字搭配自然。

◉ 节奏与韵律

节奏是有规律的重复，对于版面来说，只有在组织上合乎某种规律并具有一定的节奏感，就是韵律。节奏的重复使组成节奏的各个元素都能够得到体现。韵律是通过节奏的变化来产生的，设计网店的画面中，合理运用节奏与韵律，就能将复杂的信息以轻松、优雅的形式表现出来。

图中三幅女式服装的展示，三幅图片的色彩和布局统一，相同形式的构图，体现出画面的韵律感，而每个画面中的模特形态和内容又各不相同，这样又表现出节奏的变化，让商品信息的展示显得更加轻松。

对比与调和

对比与调和看似一对矛盾的综合体，实质上是相辅相成的统一体，其实在很多的网店装修页面设计中，画面中的各种设计元素都存在着相互对比的关系，为了寻求视觉和心理上的平衡，设计师往往会在对比中寻找能够相互协调的因素，也就是说在对比中寻求调和，让画面在富有变化的同时，又有和谐的审美情趣。

对比是差异性的强调，对比的因素存在于相同或者相异性质之间，也就是把具有对比性的两个设计元素相比较，产生大小、明暗和粗细等对比关系。

画面中的黑色相机与右侧的文字，在明度上相似，但是在面积和疏密关系上存在明显的差异，因此整个画面既有色彩和面积上的对比，又显得和谐、统一。

调和是指强调版面内容与形式上的近似性，在各个设计元素之间寻求共同点，缓和各元素之间的矛盾冲突，使画面呈现出舒适、柔和的效果。

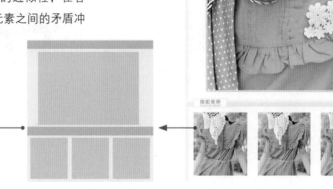

画面中几张较小的图片排列整齐，且大小一致，虽然与上方较大的图片在色彩与外形上采用了相同的表现形式，但是整个画面却既对比又和谐地组合在一起。

虚实与留白

虚实和留白是版式设计中重要的视觉传达手段之一，采用对比与衬托的方式将画面的主体部分烘托出来，使版面层次更加的清晰，同时也能使版面更具层次感，主次分明。

为了强调主体，可将主体以外的部分进行虚化处理，用模糊的背景将主体突出，使主体更加的明确，但是在网店设计中，通常会采用降低不透明度的方式来进行创作。所谓的留白，是指在画面中巧妙留出空白区域，赋予画面更多的空间感，令人产生丰富的想象。

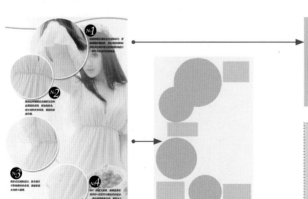

在商品的描述页面中，将商品的细节以曲线的方式排列在画面的左侧，右侧则利用背景图片进行修饰，在画面中表现出明显的轻重感，让顾客的注意力被左侧的信息所吸引，给人留下深刻的印象。

Tips　网店装修画面中的留白

网店装修版式中的留白并不是将画面的一部分设计为白色，而是使用较弱的图像或者背景来进行表现，使得主体更加的明显。

◉ 3.5.2 版式布局中图片的处理

在网店装修设计的版式设计中，除了文字以外，图片是传递信息的另一种重要途径，也是网络销售中最需要重点设计的一个设计元素。商品图片是网店装修画面中一个重要的组成部分，其相对于文字更直接、更快捷、更形象，使商品的信息传递更加简洁，接下来就对版式局部中图片的处理方式进行讲解。

◎ 利用裁剪提炼出图片的重点

我们在网店装修中接触到的图片大部分都是摄影师拍摄的照片，这些照片往往在形式上都是固定的，或者是内容上只有一部分是符合装修需要的，这时候就需要我们采用一些技巧来处理这些图片，使它符合版面设计的需要。

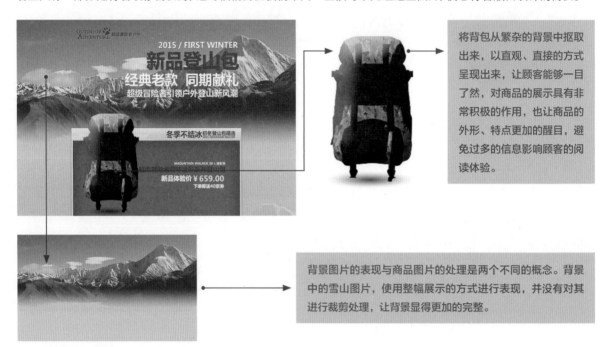

将背包从繁杂的背景中抠取出来，以直观、直接的方式呈现出来，让顾客能够一目了然，对商品的展示具有非常积极的作用，也让商品的外形、特点更加的醒目，避免过多的信息影响顾客的阅读体验。

背景图片的表现与商品图片的处理是两个不同的概念。背景中的雪山图片，使用整幅展示的方式进行表现，并没有对其进行裁剪处理，让背景显得更加的完整。

◎ 缩放图片获得最佳的商品展示效果

同一个商品照片，在进行设计的过程中，如果进行不同比例的缩放，会获得不同的视觉效果，也会凸显出不同的重点。但是网店装修设计与普通的设计不同，它重点需要展示的是商品本身，因此，在某些设计的过程中，适当对商品以外的图像进行遮盖，可以让商品的特点得以突显，获得顾客更多的关注。

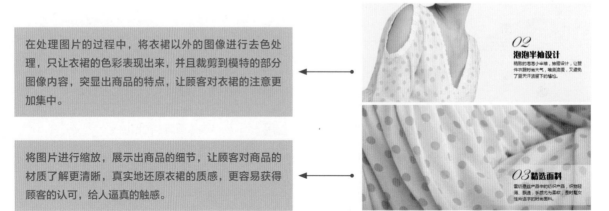

在处理图片的过程中，将衣裙以外的图像进行去色处理，只让衣裙的色彩表现出来，并且裁剪到模特的部分图像内容，突显出商品的特点，让顾客对衣裙的注意更加集中。

将图片进行缩放，展示出商品的细节，让顾客对商品的材质了解更清晰，真实地还原衣裙的质感，更容易获得顾客的认可，给人逼真的触感。

3.5.3 了解版式布局中的视觉流程

网店装修版式布局中的视觉流程，就是布局对顾客的视觉引导，指导观者的视线关注范围和方位，这些都可以通过页面视觉流程的规划来实现。版式布局的视觉流程主要分为单向型的版面指向和曲线型的版面指向。

◎ 单向型的版面指向

作为视觉传达设计的重要元素，为了使视觉流程能够将信息在有安排的情况下一一地传达给顾客，单向型的视觉流程必不可少。通过竖向、横向、斜向的引导，能够使顾客更加明确地了解网店中的内容。

使用竖向视觉流程设计的画面，可以产生稳定感，条理显示更清晰；使用横向视觉流程设计的画面，符合人们的阅读习惯，有一种条理性较强的感觉；使用斜线视觉流程设计的画面，可以让画面产生强烈的动感，增强更多的视觉吸引力。

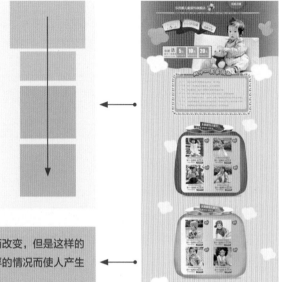

垂直视觉给人感觉坚定而直观，让顾客的视线随着画面的下移而改变，但是这样的设计要注意每组信息之间的间隔，避免造成头重脚轻、上身虚浮的情况而使人产生视觉疲劳。

◎ 曲线型的版面指向

在版式布局的视觉流程中，要想给人一种曲折迂回的视觉感受，就需要运用到曲线型视觉流程，所谓的曲线型视觉流程，指的是画面的所有设计要素按照曲线或者回旋线的变化排列。

S形的曲线引导是网店装修设计画面中最为常用的一种版式视觉流程，将版面按照S形曲线流程进行编排的时候，不但可以产生一定的韵律感，而且还会给整个设计的画面带来一种隐藏内在的力量，容易让版面的上下或者左右平衡，也会让画面的视觉空间效果更加的灵动。曲线型的视觉流程很容易形成视觉上的牵引力，让顾客的视线随着曲线进行移动，引导阅读的效果明显。

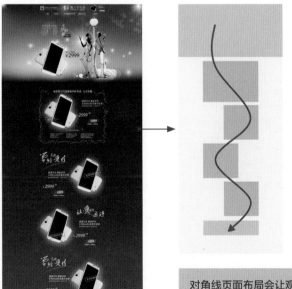

对角线页面布局会让观赏者的视线集中在商品图片上，使画面的局部形成一个强调效果，让其更加突出地呈现出来。这种强调的手法可以通过放大、弯曲、对比等技巧来体现，尽可能地根据人们的视线移动方向进行排列布局，是较为典型的曲线型的版面指向。

3.5.4 版式布局中的对齐方式

版式局部的好坏决定阅读的效果，总地来说，版式布局的对齐方式有很多种，关键在于如何将文字与图片进行协调，使其展示出美观的视觉效果，让信息得到有效的传达。常用的版式布局的对齐方式有左对齐、右对齐、居中对齐和组合对齐，各自具体的特点如下。

○ 左对齐

左对齐的排列方式有松有紧、有虚有实，具有节奏感。行首会自然地产生一条垂直线，显得很整齐。如下图所示的网店装修设计图，文字与图像都使用了左对齐的方式，让版面整体具有很强的节奏感。

○ 右对齐

右对齐的排列方式恰好与左对齐相反，其具有很强的视觉性，适合表现一些特殊的画面效果。下图所示为图片和文字使用右对齐排列的设计效果，整个画面的视觉中心向右偏移，让人们的阅读习惯产生新鲜感，显得新颖有趣，提高顾客的兴趣。

○ 居中对齐

让设计元素以中心为轴线对齐的方式叫做居中对齐，这种对齐方式可以让观者视线更加集中、突出，具有庄重、优雅的感觉。如右图所示的商品分类栏的设计，文字和图片都使用居中对齐，给人带来视觉上的平衡感。

 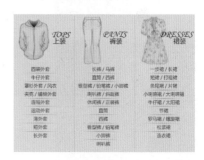

○ 组合对齐

在网店装修的过程中，通常会将两种或者两种以上的对齐方式组合在一起使用，这种版式一般表现较为轻松。左图所示就是组合对齐排列的效果，整个画面逻辑清晰，干净整洁，并且不会显得单调。

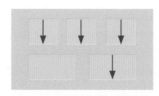

第 **4** 章

店铺装修的基础工具
——美图秀秀和DW

4.1 最易上手的商品图片修饰软件——美图秀秀

对于那些对Photoshop软件操作不太熟悉的店家来说，使用美图秀秀这种较为简单智能的图片修饰软件，可以快速实现很多常用的操作，它能轻松对商品照片进行变身，并且还能制作出闪图，再或者进行简单的拼图操作，接下来本小节将对美图秀秀在网店装修中的使用进行讲解，具体如下。

4.1.1 认识美图秀秀

美图秀秀是一款免费的图片处理软件，不用学习就会用，比Adobe Photoshop简单很多，能够实现图片特效、美容、拼图、场景、边框、饰品等功能，界面直观，操作简单，比同类软件更好用，其界面如下图所示。

当在美图秀秀的标签中选择一种编辑方式时，会打开如右图所示的对话框，在其中单击"打开一张图片"按钮，即可在弹出的对话框中打开所需处理的图片，此外，还可以通过"打开百度云网盘图片"和"打开近期编辑过的图片"功能对所需的图片进行选择。

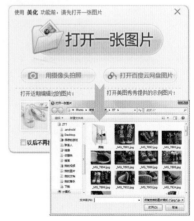

在美图秀秀中进行编辑之前，还需要对一些常规的图片设置进行更改，为了提高软件功能运行的速度，当商品图片在美图秀秀中打开之后都会被进行一定程度的质量压缩，可能会导致我们编辑后的商品图片不能很清晰地显示在网店中。遇到这种情况，只需在软件右上角单击 回 按钮，在弹出的菜单中选择"设置"命令，即可打开"设置"对话框，在该对话框的"保存设置"和"打开设置"标签中即可对图片的压缩程度进行设置。

4.1.2　超炫特效让宝贝照片一键变身

在美图秀秀中对商品照片进行编辑，如果想要拍摄的照片快速实现一些特殊的效果，可以使用该软件中的特效来对商品照片进行一键变身，如右图所示中可以看到该软件中的特效区域中显示了多种图片处理效果。

在美图秀秀的一键变身操作非常的简单，将美图秀秀切换到"美化"标签中，只需在特效显示区域的标签中选择一种需要的特效，在其图像上单击，可以快速实现操作。

在美图秀秀中打开一张箱包商品照片，切换到"美化"标签中，接着在"特效区域"中选择"基础"标签下的"锐化"，在其弹出的设置中直接单击"确定"按钮，接着再切换到"特效区域"中的"热门"标签，在其中选择"淡雅"特效，在弹出的设置滑块中调整其应用的程度为90%，单击"确认"按钮，完成图片的处理操作，具体操作如下图所示。

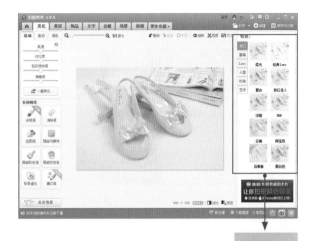

特效区域

在美图秀秀中对箱包应用锐化和调色特效之后，可以看到如右图所示的图片前后的变化，通过将图片进行放大，可以明显地看到箱包扣件的细节，处理后的图像明显比未处理时的图像更加清晰，且层次也更分明。

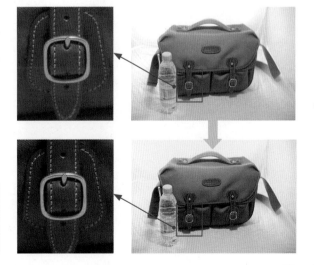

Tips　撤销特效的编辑

在美图秀秀中对应用的特效不满意，可以通过单击"撤销"按钮 ↩撤销 ，或者直接单击"原图"按钮，来让图像预览窗口中的照片还原到前一个编辑状态或初始状态。

4.1.3 为宝贝添加美轮美奂的智能边框

在进行网店装修的过程中，有的店家为了让商品能够在同类商品中脱颖而出，会使出浑身的解数，其中为商品的橱窗照添加边框就是一个常用的装修方法。为整店的商品橱窗照添加上统一的边框效果，不仅可以让顾客感受到一种统一的视觉，也让店铺的品质得到提升。

在美图秀秀中的"边框"标签中可以轻松为商品图片添加上各种类型的边框，左图所示为"边框"标签中的编辑界面，在界面的左侧可以选择边框的类型，右侧则显示出了边框的各种预览效果。

在美图秀秀中打开一张需要添加边框的女式运动鞋图片，切换到美图秀秀的"边框"标签中，单击左侧的"轻松边框"选项，此时在右侧的边框素材中将显示出软件自带的多种"轻松边框"的预览效果，选择其中的一种效果进行单击，即可打开一个新的"边框"对话框，单击其中一种边框预览效果，最后单击"确定"按钮对边框进行应用，即可在图像预览窗口中查看到编辑的效果，同时关闭"边框"对话框，如下图所示。

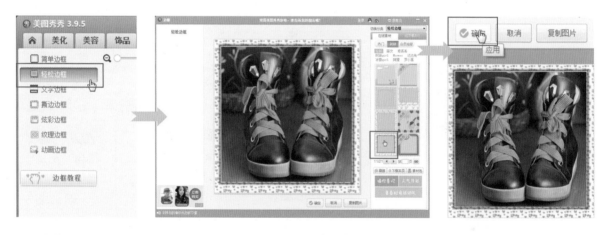

在美图秀秀的某些边框的应用过程中，"边框"对话框的左侧还会显示出一个"边框透明度"选项，通过下方的滑块可以对边框的不透明度程度进行设置，如下左图所示。除此之外，在美图选项中使用过的边框，都会在"已下载"标签中显示出来，缓存在当前使用的电脑中，如下右图所示。

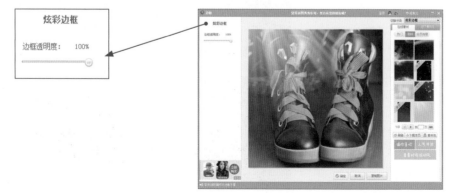

● 4.1.4　制作个性动感的GIF图片

为了让店铺中的装修更加吸引眼球，且充满动感，店家会通过在网店中添加闪图来进行装修，即添加GIF格式的动画图片。

在美图秀秀的"更多功能"标签中，其中的"闪图"功能就能轻松制作出可爱、动感的动画效果，右图所示为美图秀秀中制作闪图的界面，在左侧的标签中可以看到我们能够通过"动感闪图"和"自定义闪图"这两种方式来制作GIF图片，其中的"动感闪图"就是使用软件自带的效果来编辑素材，而"自定义闪图"就是通过添加帧动画来自由控制闪图的效果。

在美图秀秀中打开一张需要制作闪图的女鞋图片，切换到"更多功能"标签的"闪图"界面中，选择"动感闪图"来进行编辑，如下左图所示，在界面的右侧选择"特效"标签中的一种指定闪图效果，单击后在界面左侧的"动感闪图"标签中会显示出当前使用的闪图特效的每个帧的画面效果，完成闪图的编辑后，单击"修改闪图大小"和"保存"按钮可以打开相应的对话框，在其中可以对选项进行设定，控制闪图的大小及保存的位置和名称，如下右图所示。

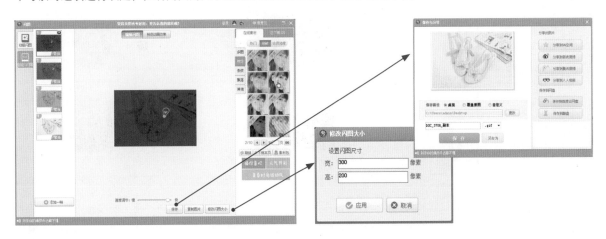

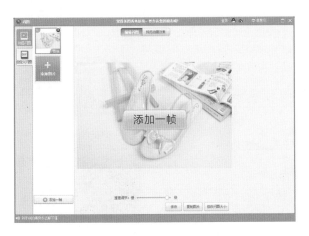

美图秀秀的"自定义闪图"模式下制作GIF图片的操作相对于"动感闪图"模式下的制作显得要复杂一些，因为在进行"自定义闪图"的制作之前，需要做很多前期的准备工作，要先将闪图中每个帧的画面制作好，并且要保证这些画面的尺寸、颜色模式一致，才能让制作后的闪图达到理想的效果。

左图所示为"自定义闪图"模式下的操作界面效果，可以看到通过单击其中的"添加一帧"按钮，即可为当前编辑的GIF时间轴添加一个特定的帧动画。

● 4.1.5　拼图功能让宝贝全方位展示

在进行网店装修的过程中，有时候为了让顾客直观地感受到商品的细节，会将商品的各个部位进行放大展示，并且将其拼合在一个画面中，这时拼图操作就显得非常的必要了。

在美图秀秀中可以通过简单的操作实现多张图片的拼接，右图所示为美图秀秀中"拼图"标签中的界面效果，在其左侧显示出了"自由拼图"、"模板拼图"、"海报拼图"和"图片拼接"四种拼图方式，用户可以根据喜好和需要来进行选择。

在美图秀秀中打开一种需要进行拼图操作的相机镜头图片，进入"拼图"标签中后，选择"模板拼图"模式进行操作，接着在右侧选择一个模板，将所需的图片添加到左侧的区域中，单击图像预览窗口中的图片，在弹出的对话框中对图片的显示区域进行设置，并可以通过单击并拖曳的方式对图片的位置进行调整，把镜头的细节部分展示出来，具体操作如下图所示。

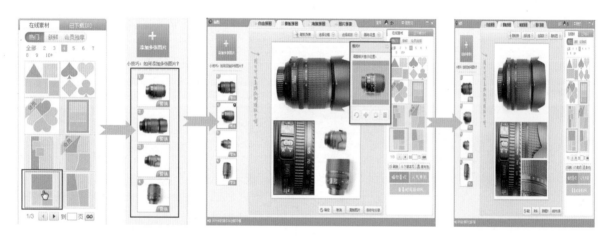

完成拼图操作中图像的位置和大小的编辑后，在图像预览窗口的上方，还可以通过相关的按钮打开相应的扩展面板，在其中对拼图的边框、背景色、尺寸等进行设置，如下左图所示为在"选择底纹"面板中设置纯色背景的效果，如下中图为更改拼图后图像尺寸的操作，编辑完成后，即可得到一幅满意的拼图效果，如下右图所示。

4.1.6 为商品照片添加上水印

为了防止店家拍摄和处理的商品照片被盗用，因此在完成商品照片的处理之后，很多专业的店家都会在商品图片上添加水印，也就是包含了店铺名称和网店网址的文字或者图案，添加了水印的照片在网店的详情页面中展示出来，会增强顾客的购买信心。

在美图秀秀中有一个专门用于编辑文本的"文字"标签，如右图所示，该标签中可以为图片添加任意的文字，并能对文字的颜色、效果、大小等外观属性进行设置，接下来就让我们一起来学习如何在美图秀秀中制作水印。

在美图秀秀中打开一种需要添加水印的手机局部特写照片，切换到"文字"标签中，单击界面左侧的"输入文字"按钮，打开"文字编辑框"面板，在其中输入所需的文字，并对文字的大小、颜色等属性进行设置，如下左图所示，完成后关闭面板，单击右侧"特效"区域的"荧光"特效，此时可以看到文字从原本的基础显示变成了带有外发光效果的荧光字，如下右图所示。

此外，单击"文字编辑框"面板中的"高级设置"按钮，可以在扩展的面板中对文字是横向排列，还是竖直排列进行选择，如右图所示。

完成文字的编辑操作后，在图像预览窗口中单击并拖曳文字，可以对文字的位置进行调整，最后单击美图秀秀界面底部的"对比"按钮，可以对编辑前后的图片进行预览，能够看到图像预览窗口中出现了两幅图片，一张是处理前的效果，一张是处理后的效果，我们可以直观地感受到添加水印后的图片显得更加专业。

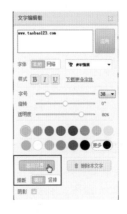
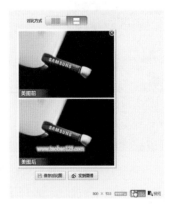

4.1.7 使用美图秀秀批量处理商品照片

在美图秀秀的首页中单击"批量处理"按钮，可以通过该功能对网店装修中的多张照片进行批量处理，大大提高网店装修的效率。在单击"批量处理"按钮后，没有安装批量处理插件的会自动对该插件进行加载，成功安装后，单击"立即体验"按钮，即可进入美图秀秀的批量处理模式，如下图所示。

将需要处理的多张照片导入软件中，利用"美化图片"区域的功能来对照片进行处理，这些功能与单独处理一张照片的操作相同，具体如左图所示。

当用户在批量处理界面中使用一种功能对照片进行整体的编辑之后，在"我的操作"区域将显示出

这项编辑的名称，名称后面的按钮可以对编辑的参数进行更改，还可以单击红色的叉×按钮，将这项操作清除，此外，在界面的右侧"保存设置"区域，还可以对文件存储的尺寸、名称和文件格式进行设置，完成这些操作后，单击"保存"按钮，对处理的照片进行存储，具体如下图所示。

值得注意的是，批量处理界面底部有两个单选按钮，"另存为"和"覆盖原图"，通常情况下单击"另存为"单选按钮即可，因为"覆盖原图"操作会让原始的商品照片被新处理的所替代。

4.2　专业的网页制作工具——Dreamweaver

在对网店进行装修，实际上就是对网页进行装饰和设计，现在很多的电商平台都支持代码装修，通过更加专业的操作来实现一些较为复杂的链接和编辑，而Dreamweaver就是一个较为常用且专业的网页编辑和制作工具，很多专业的网店装修美工都会使用该软件，接下来我们就对该软件在网店装修中的几个常用的操作进行讲解。

📍 4.2.1　认识Dreamweaver

工欲善其事，必先利其器，在学习的开始，让我们一起来了解Dreamweaver CC的操作环境。在首次启动Dreamweaver CC时会出现一个欢迎界面，在这个页面中包括"打开最近的项目"、"新建"和"主要功能"这三个方便而实用的项目，具体显示效果如右图所示。

新建或打开一个文档，进入Dreamweaver CC的标准工作界面，如下图所示，其中包括了菜单栏、代码视图、设计视图和多个悬浮的面板。

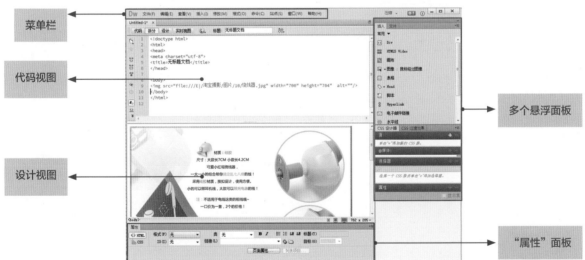

在Dreamweaver CC中对HTML文件进行编辑时，可以对编辑的视图进行切换，以满足当前操作的预览需要。它包含了三种不同的视图方式，其中的"设计"视图是一个用于可视化页面布局、可视化编辑和快速应用程序开发的设计环境，在该视图中，Dreamweaver显示文档的完全可编辑的可视化表示形式，类似于在浏览器中查看页面时看到的内容；"代码"视图是一个用于编写和编辑HTML、JavaScript、服务器语言代码以及任何其他类型代码的手工编码环境；"代码和设计"视图使您可以在单个窗口中同时看到同一文档的"代码"视图和"设计"视图。

Dreamweaver中的"属性"面板并不是将所有的属性加载在面板上，而是根据选择的对象来动态显示对象的属性，它的状态完全是随当前在文档中选择的对象来确定的。例如，当前选择了一幅图像，那么属性面板上就出现该图像的相关属性；如果选择了表格，那么属性面板会相应地变化成表格的相关属性。

4.2.2 练习：用表格功能制作商品尺寸简介

在编辑某些商品的详情页面的过程中，由于经营产品的特殊性，经常要在自家宝贝描述当中为宝贝的实际尺寸、材质、规格等进行介绍，以方便顾客对商品的信息有更加深入的了解。利用Dreamweaver中的表格可以快速制作出宝贝描述信息，接下来将通过具体的步骤来对其操作进行讲解，具体如下。

01 启动Dreamweaver CC应用程序，成功启动之后，单击欢迎界面中"新建"下方的HTML，新建一个基本的HTML文件。在界面中将显示出基本HTML文件的代码，在代码的<body>后面单击，即在该位置添加上表格，接着单击右侧"插入"面板"常用"下拉列表中的"表格"按钮。

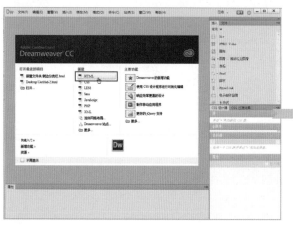

02 弹出"表格"对话框，由于我们需要一个6行、4列的表格，宽度为740像素，表格的边框粗细为1px，那么接下来我们就根据设计的需要，对行、列、表格宽度及边框粗细参数进行设置，其他的参数就不用调整了，在"标题"选项组中选择"无"，各项参数设置完毕后，直接单击"确定"按钮即可。

03 单击"表格"对话框中的"确定"按钮之后，单击"拆分"按钮，将代码和表格进行同时显示，此时在"代码"区域中可以看到代码发生的变化，其中的"<table width="740" border="1">"表示表格的宽度和边框的粗细。

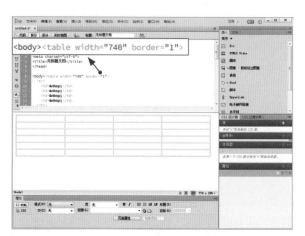

04 使用鼠标在"设计"视图的表格中单击，在单元格中输入所需的内容，在输入信息的同时，"代码"视图中的代码也会发生相应的变化。

品牌：	Casio	防水深度：	100m
型号：	SHE-3503BD-1AER	特殊功能：	计时码表 大三针 星期
机芯类型：	石英表	表盘厚度：	13mm
手表种类：	女	表盘直径：	40mm
表带材质：	陶瓷	产地：	德国
显示方式：	指针式	手表价格区间：	5001-1万元

05 为了让表格呈现出来的效果更精致，在"设计"视图中将第二列的单元格选中，在"属性"面板中设置其"水平"对齐方式为"居中对齐"，在编辑的过程中可以看到"代码"视图中的代码发生了变化，最后将第四列单元格选中，使用"居中对齐"对其"水平"选项进行设置。

06 在修饰表格的过程中，还可以使用"属性"面板中的"背景颜色"选项来对表格中某些单元格的背景色彩进行调整，如下左图所示，我们再观察表格中的信息，将第一列和第三列的单元格选中，单击"属性"面板中的"粗体"按钮，将文字加粗，如下右图所示。

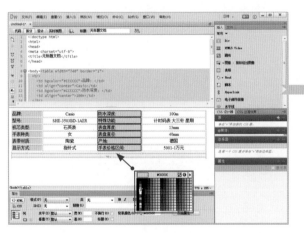

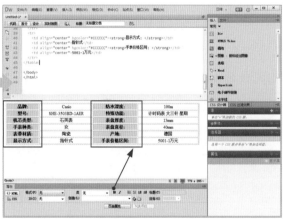

07 完成表格的所有编辑之后，为了让我们更加直观地查看到网页中展示的表格效果，接着我们单击代码区域上方的"实时视图"按钮，此时表格预览区域中显示的表格即为网页中表格显示的效果，如下图所示。

08 如果表格中某些单元格的尺寸显示不够完美，还可以使用鼠标在表格边线上单击，当光标出现双箭头平行线时，拖曳鼠标即可调整表格中单元格的尺寸。

09 完成表格的编辑后，接着我们可以通过对表格进行存储，在浏览器中来预览表格的显示效果，首先执行"文件 > 另存为"菜单命令，在打开的"另存为"对话框中对存储文件的名称和格式进行设置，完成设置后单击"保存"按钮保存文件。

10 完成文件的存储后，在存储路径下可以看到保存的html格式的文件，双击存储的html文件，即可在计算机默认的浏览器中看到编辑完成的表格，如右图所示，如果要将编辑的表格应用到商品详情页面中，可以直接将该表格的代码复制并粘贴到店铺管理后台的指定区域。

> **Tips 表格代码的应用**
>
> 　　想要将编辑完成的表格在网店的宝贝详情页面中进行使用，可以在Dreamweaver中完成表格编辑后，在"代码"区域按Ctrl+A快捷键进行全选，接着按Ctrl+C快捷键进行复制，最后进入淘宝后台卖家中心，在出售中的宝贝栏目里选择需要编辑的宝贝，用淘宝编辑器打开，选择"源代码模式"，粘贴Dreamweaver中制作的代码，并进行保存。即可得到相应的产品描述表格，在网页中显示的结果还是文本格式的，可以通过在代码区域任意编辑表格内的数据，也不需要抓图和上传图片了，可以节约大量的存储空间，也便于再次编辑。

● 4.2.3　练习：为网页元素添加超链接

　　在网店首页的装修的过程中，为了给顾客更多的信息，或者让顾客更方便地对某些区域的信息进行扩展了解，需要为特定的区域添加上超链接。这里给大家介绍如何使用Dreamweaver为图片特定区域添加超链接，以本书中的案例图片为素材，演示具体的操作步骤，具体如下。

01 在Dreamweaver中新建一个基础的HTML文件，在其中通过执行"插入 > 图像 > 图像"菜单命令，将所需的图片插入文件中，以"设计"模式进行查看，并适当调整图片的大小。

02 单击"属性"面板中的绘制链接工具中的一个，即Rectangle Hotspot Tool按钮□，使用该工具在需要添加超链接的区域上单击并进行拖曳，绘制出链接的区域，此时该区域将以半透明的蓝绿色进行显示，即表示该区域为绘制的超链接区域，如下图所示。

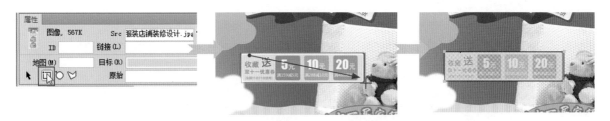

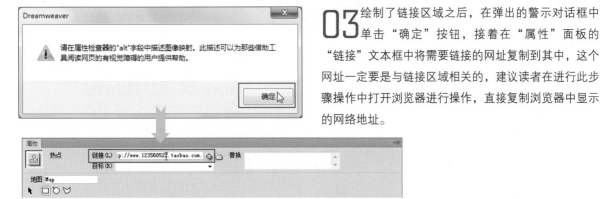

03 绘制了链接区域之后，在弹出的警示对话框中单击"确定"按钮，接着在"属性"面板的"链接"文本框中将需要链接的网址复制到其中，这个网址一定要是与链接区域相关的，建议读者在进行此步骤操作中打开浏览器进行操作，直接复制浏览器中显示的网络地址。

04 单击"代码"按钮，切换到代码模式进行显示，在代码区域中可以看到编辑后的代码内容，其中<body>和</body>中间的代码就是制作好的超链接的代码，读者可以用前面讲述的方法，为一个图片添加若干个超链接，让网店装修中的内容更加丰富。

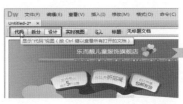

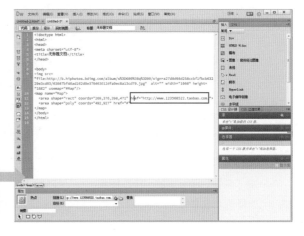

Tips 插入图片的来源

　　值得注意的是，在对图片进行超链接的编辑中，插入Dreamweaver中的图片一定要是已经上传到网络的图片，在如右图所示的选中区域即为插入的图片的网络地址，这个图片不能是本地计算机的地址，因为在将代码复制到网店装修后台时，只有网络地址能够让图片正常地显示出来。此外，在超链接区域输入的"链接"地址也一定要是有效的网络地址，才能让链接生效。

4.2.4 插入图像更改网页显示效果

在Dreamweaver中还可以轻松地为设计的网店插入所需的图像，其操作也非常简单，只需要使用"图像"功能即可轻松插入所需的图像到文件中，具体如下。

新建一个html文件，打开"插入"面板，在"图像"下拉列表中选择"图像"选项，接着在"选择图像源文件"对话框中选中需要添加的照片，单击"确认"按钮将所需的照片添加到文件中，使用"拆分"模式可以看到插入的图像效果。

此时插入的图像大小为原始大小，可以按住Shift键的同时使用鼠标在图像直角位置单击并拖曳，调整图像的大小，或者直接在"属性"面板的"宽"和"高"数值框中输入所需的像素值，如下图所示。

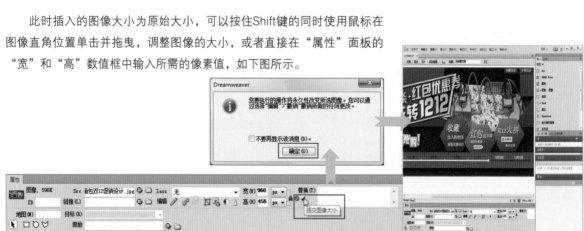

单击"属性"面板中的"提交图像大小"按钮，在弹出的对话框中直接单击"确定"按钮，即可在预览区域看到操作后图像中的锯齿消失，如上图所示。

在Dreamweaver中可以设置鼠标经过图像的图像变化效果，鼠标经过图像实际上由两个图像组成，原始图像就是当首次载入页时显示的图像，鼠标经过的图像就是当鼠标指针移过主图像时显示的图像，它们共同组成"鼠标经过图像"的内容。这两张图片要大小相等，如果它们的尺寸不相等，Dreamweaver自动调整两个图像大小一致。单击"插入"面板"图像"下拉列表中的"鼠标经过图像"选项，在弹出的"插入鼠标经过图像"对话框中可以设置相关的选项，如右图所示。

🎯 4.2.5　文本的输入和编辑

文本是网店装修页面中最常见、运用最广泛的元素之一，是网页内容的核心部分。在网店装修的页面中添加文本与在Word等文字处理软件中添加文本一样方便，可以直接输入文本，也可从其他文档中复制文本，还可以插入水平线和特殊字符等，接下来本小节将对Dreamweaver中文本的编辑方法进行详细的介绍。

如果要在Dreamweaver编辑好的页面中添加大段的文字，可以先在Dreamweaver中将html文件打开，同时将需要添加的文本打开，如下图所示。

使用鼠标在表格的末端单击，按下键盘中的Enter键进行换行，接着将txt文件中的文本复制粘贴到Dreamweaver的"设计"视图的表格下方，如左图所示。

> **Tips**　文本格式的类型
>
> Dreamweaver定义了三类标准文本格式，即段落、标题和预格式化文本。可将光标定位在段落内或选择段落的全部或部分文本，然后用"属性"面板的"格式"下拉列表中应用标准文本格式。

在将文本添加到Dreamweaver中后，选中其中的部分文字，可以使用"属性"面板中的设置对文字的颜色、粗细、字号等进行更改，值得注意的是，"属性"面板中包含了两个按钮，即HTML和CSS，在这两个选项下，都可以对文字的属性进行设置，如下左图所示为在CSS中设置文字颜色的操作。

完成文字的编辑后，在"实时视图"模式下可以看到编辑后的文本显示效果，如下右图所示。

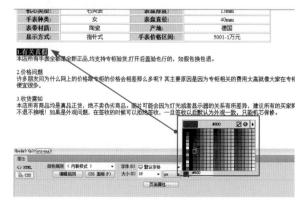

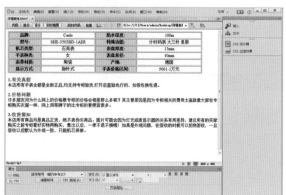

4.2.6 练习：将设计的装修图片转换为代码

"代码"和"装修模板"是网店装修中最常提到的两个关键词，其实这两个词语是息息相关的，很多出售装修模板的商家都是只卖出代码的，这些代码其实更多的是对网店风格进行定义，其中的商品图片都是需要手动进行修改的。如果我们已经将网店首页或者描述页面设计好，又如何使其能够在网络上正常的显示和使用呢？接下来我们将对设计好的网店首页进行切片处理，通过上传图片，并以在Dreamweaver中添加图片链接的方式，为网店装修制作出代码，具体的操作如下。

01 启动Photoshop CC应用程序，在其中将设计完成的欢迎模块的图片打开，接着选择工具箱中"裁剪工具"组下的"切片工具"，开始进行图片的切分操作。

02 使用"切片工具"在图片中适当位置单击并进行拖曳，出现一个虚线框，然后释放鼠标，Photoshop会自动对切片进行标号，将其显示在切片的左上角位置，然后继续对图片进行切片处理。

03 完成对欢迎模块中的切片操作之后，执行"文件 > 存储为Web所用格式"菜单命令，打开"存储为Web所用格式"对话框，在其中对相应的选项进行设置，设置完成后直接单击"存储"按钮，对切片后的图片进行存储操作。

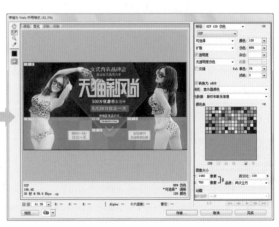

Tips "存储为Web所用格式"对话框

如果图像包含多个切片，必须指定要优化的切片。可以通过链接切片对其他切片应用优化设置。GIF和PNG-8格式的链接切片共享一个调色板和仿色图案以防止切片之间出现接缝。在"存储为Web所用格式"对话框中，未选中的切片呈灰色，这不会影响最终图像的颜色。

04 在打开的"将优化结果存储为"对话框中进行设置，选择"格式"下拉列表中的"HTML和图像"选项，并对文件的存储路径和名称进行设置，完成存储后将得到两个文件，一个html文件和一个文件夹。

05 在存储后得到的文件夹中，会包含多个gif格式的图片，也就是每个单独的切片中的图像，这些图片组合在一起就是一个完整的欢迎模块，接着在网络相册中将这些照片全部上传到网络空间中，以便制作装修代码。

06 启动Dreamweaver CC应用程序，在计算机中找到之前存储的html格式的文件，将其拖曳到Dreamweaver CC中打开，以"拆分"模式进行查看，可以看到相关的代码和图片，其中的代码为该欢迎模块的代码，而"设计"视图中的图片为欢迎模块图片，它们是以切片的形式组合在一起的。

07 在上传的网络相册中打开其中一张图片，用鼠标右键单击图片，在弹出的快捷菜单中选择"复制图片网址"菜单命令，接着在Dreamweaver中选中这张图片，选中之后这张图片的边缘将出现黑色的边框，在"属性"面板的Src文本框中将复制的网址粘贴到其中。

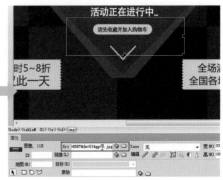

08 将图片的Src设置完成后，在"拆分"模式下可以看到代码区域被选中的代码为上一步中粘贴进去的代码，而图片显示为一个灰色的图标，这个是正常的，表示图片地址替换成功。

09 将图像区域显示的所有切片的图片的Src文本框中的信息全部替换为网络相册中对应图片的网络图片地址，完成编辑后在代码区域按Ctrl+A快捷键全部选中代码，右键单击鼠标在菜单中选择"拷贝"命令。

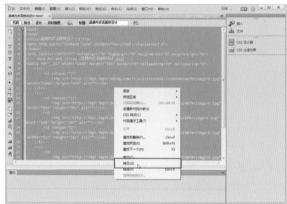

10 进入网商平台的后台"店铺装修"页面中，在"自定义内容区"中单击编辑按钮，在打开的"自定义内容区"对话框中勾选"编辑源代码"复选框，将Dreamweaver CC中拷贝的代码复制粘贴到其中，完成后单击"确定"按钮。

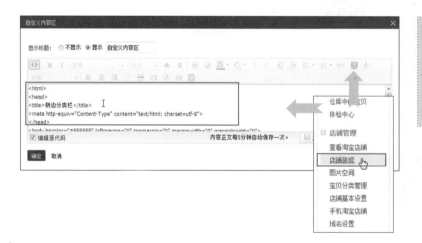

Tips 快捷键的使用

为了提高操作的效率，我们可以在Dreamweaver中使用快捷键，例如使用Ctrl+B或Ctrl+I快捷键来为文字应用黑体或斜体格式。

11 在"店铺管理"中单击"查看淘宝店铺"选项，此时淘宝会对装修完成的店铺进行自动刷新，在其中可以看到制作后的欢迎模块显示在其中，如果在编辑图片代码的过程中为切片中的图片添加了链接，单击欢迎模块中的按钮，还会打开新的链接的网页。

第 **5** 章

专业的网店装修利器
——Photoshop

5.1 走进Photoshop

Photoshop是Adobe公司开发的平面图像处理软件，它主要是对位图图像进行编辑、加工、处理以及运用一些特殊效果，是专业设计人员的首选软件之一，也是我们进行网店装修时最常用的一个专业设计软件，接下来就让我们一起了解该软件的一些主要功能，让网店的美化操作变得更加得心应手。

5.1.1 认识Photoshop

打开安装好的Photoshop应用程序，我们可以看到Photoshop的界面如下图所示，通过对其界面进行仔细的观察可以发现它主要由菜单栏、工具选项栏、工具箱、图像窗口、面板、状态栏等组成。

在对Photoshop的操作界面有一定的认识之后，我们接下来了解界面中重要区域的作用，具体如下。

菜单栏：将Photoshop所有的操作分为十一类，共十一项菜单，如文件、编辑、图像、图层、选择、滤镜和视图等，单击某一个菜单栏打开相应的下级菜单，可通过选择菜单栏中的各项命令编辑图像。

工具选项栏：根据所选的工具不同，工具选项栏上的设置项也不同，如下图中所展示的"矩形工具"的选项栏中有"形状"、"填充"和"描边"等选项。

工具箱：工具箱是根据功能以图标的形式聚在一起，从工具的名称和形状可以了解到该工具的功能，工具下有三角标记，即该工具下还有其他类似的命令，当用鼠标右键单击某工具，显示该工具组的其他隐藏选项。

图像窗口：对图像进行浏览和编辑操作的主要场所。

面板：面板汇集了图形操作中常用的选项或功能，在窗口菜单中可选择不同的面板编辑图像，如"通道"、"路径"、"蒙版"、"图层"、"调整"和"字符"等面板。

状态栏：包含四个部分，分别为图像显示比例、文件大小、浮动菜单按钮及工具提示栏。

5.1.2 理解图层的作用让操作更流畅

图层是图像信息的处理平台，是Photoshop中重要的功能之一，我们对网店装修图片进行设计和制作的过程中，大部分的操作都可以在"图层"面板中完成。"图层"面板中包含的图层有多种类型，每种图层都有不同的用途和功能，通过对图层进行不同的编辑和操作，可以制作出完美的图像效果。

认识"图层"面板

在Photoshop中编辑图像就是对图层进行编辑操作，通过"图层"面板中的命令可创建、隐藏、删除、调整图层顺序等，可以调整图层的混合模式和不透明度来改变图层上图像的显示效果，还可以添加颜色填充、照片滤镜等命令来添加图层上图像的效果。

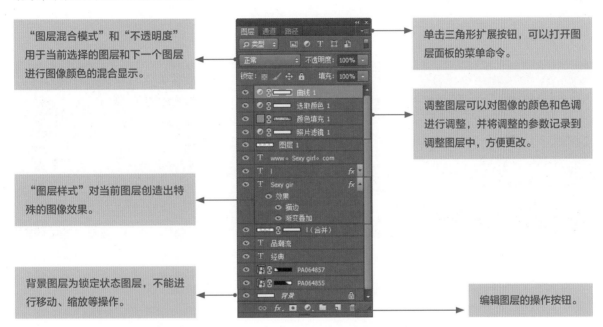

"图层混合模式"和"不透明度"用于当前选择的图层和下一个图层进行图像颜色的混合显示。

"图层样式"对当前图层创造出特殊的图像效果。

背景图层为锁定状态图层，不能进行移动、缩放等操作。

单击三角形扩展按钮，可以打开图层面板的菜单命令。

调整图层可以对图像的颜色和色调进行调整，并将调整的参数记录到调整图层中，方便更改。

编辑图层的操作按钮。

调整图层的顺序改变设计效果

不管什么样的图层，在图层面板的最上方的图层，其图像的显示在最上面，通过调整图层的顺序，改变图像的显示效果。

执行"图层>排列"菜单命令，在打开的子菜单中可选择"置为顶层"、"置为底层"、"前移一层"和"后移一层"的调整顺序命令，也可以选中图层手动拖曳图层位置调整图层顺序，如下图所示分别为调整箱包图像所在图层顺序的前后对比效果。

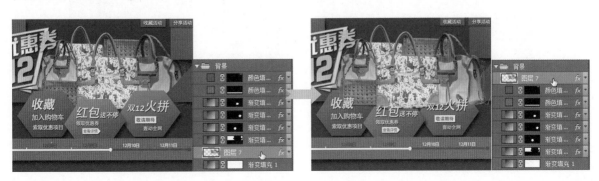

🎈 5.1.3　基础工具的使用

在Photoshop中进行网店美化编辑的过程中，会使用到各种工具，如"缩放工具"、"抓手工具"、"标尺工具"和"旋转视图工具"等，熟悉各个工具的使用能够提高处理图片的效率，下面我们对一些网页设计中常用的工具进行介绍。

⭕ 缩放工具

在图像窗口中对设计的装修图片进行编辑时，由于图像过大或过小会使操作变得不方便，此时，我们需要用"缩放工具"来对图像窗口中图像的显示比例进行控制，让显示的图像能够满足当前编辑的需要。

在Photoshop中对装修图片进行编辑，选择"缩放工具"后，单击工具选项栏中的"放大"按钮，将鼠标放在图像窗口中单击，可以对图像进行放大显示，如果需要将显示的图像进行缩小，可以在工具选项栏中单击"缩小"按钮🔍，单击图像即可缩小图像显示，具体如下图所示。

  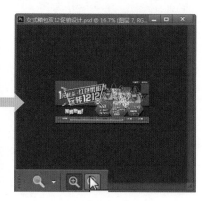

⭕ 抓手工具

当放大图像便于观看细节，而显示器无法全部显示完图像时，使用工具箱中的"抓手工具"移动图像，可以看到图像各个区域的细节。

"缩放工具"和"抓手工具"是在图像效果不变形的情况下，放大/缩小或移动图像，实际的操作中常常将这两个工具结合在一起使用。"缩放工具"的快捷键是Z，"抓手工具"的快捷键是H，使用快捷键可以快速在工具之间进行切换。

利用"抓手工具"可以在图像窗口中单击并拖曳，任意移动图像的显示位置，查看到图像未显示的区域，如下图所示为图像100%比例显示时，利用"抓手工具"查看其他部分图像的显示效果。

○ 标尺工具

使用"标尺工具" 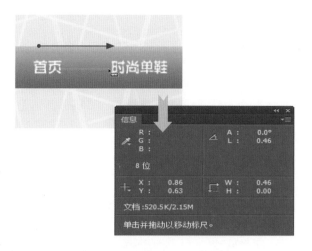 可以精确地定位图像的长度和角度，使用该工具在图像中单击要测定的起点位置，再拖动鼠标到其终点，此时在"信息"面板中将显示相关的度量信息，其中X和Y是起点位置的坐标值，W和H是宽度和高度的坐标值，A和L是角度和距离的坐标值，如右图所示为"标尺工具"的操作和"信息"面板的显示情况。

○ 旋转视图工具

"旋转视图工具"可以360°、水平、垂直等方式调整图像角度，通过在"视图旋转工具"的选项栏上的旋转角度框内输入参数值来控制图像的旋转角度大小，选择复位视图即可回复图像的初始角度，如下图所示为使用该工具调整女鞋显示角度的编辑效果。

5.1.4 掌握蒙版的编辑方法

蒙版在融合图片、添加特殊效果和建立复杂的选择区域方面极其重要，使用蒙版能进行各种图像的合成，让图层上的图像产生相应的透明效果。使用蒙版编辑图像时，可迅速还原图像，避免在处理过程中丢失图像信息。

○ 蒙版的原理

蒙版是一种灰度图像，并且具有透明的特性。蒙版是将不同的灰度值转化为不同的透明度，并作用到该蒙版所在的图层中，遮盖图像中的部分区域。当蒙版的灰度加深时，被遮盖的区域会变得更加透明，通过这种方式不但对图像没有一点破坏，而且还会起到保护源图像的作用。

如下图所示分别为原图、蒙版图和添加蒙版后的显示效果，可以看到白色部分显示了出来，而黑色部分被隐藏了起来。

○ "蒙版" 面板

在Photoshop中对蒙版进行编辑之前，必须对"蒙版"面板有所了解。在"蒙版"面板中显示了当前蒙版的"浓度"、"羽化"等选项，可以对这些选项进行设置并同时应用到蒙版中。

通过双击"图层"面板中的"蒙版缩览图"，可以打开"蒙版"面板，如下图所示，在该面板中可以执行创建蒙版、对蒙版进行切换、编辑蒙版、应用蒙版、停用蒙版和删除蒙版等操作。

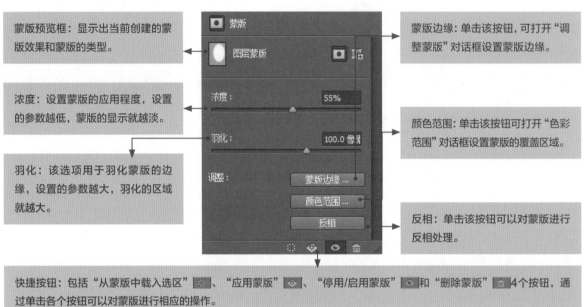

蒙版预览框：显示出当前创建的蒙版效果和蒙版的类型。

蒙版边缘：单击该按钮，可打开"调整蒙版"对话框设置蒙版边缘。

浓度：设置蒙版的应用程度，设置的参数越低，蒙版的显示就越淡。

颜色范围：单击该按钮可打开"色彩范围"对话框设置蒙版的覆盖区域。

羽化：该选项用于羽化蒙版的边缘，设置的参数越大，羽化的区域就越大。

反相：单击该按钮可以对蒙版进行反相处理。

快捷按钮：包括"从蒙版中载入选区" 、"应用蒙版" 、"停用/启用蒙版" 和"删除蒙版" 4个按钮，通过单击各个按钮可以对蒙版进行相应的操作。

○ 图层蒙版

图层蒙版控制图层中不同区域的隐藏或显示，在蒙版内涂黑色的地方蒙版变为透明的，看不见当前图层的图像；涂白色则使涂色部分变为不透明可看到当前图层上的图像；涂灰色使蒙版变为半透明，透明的程度由涂色的灰度深浅决定。

打开一张产品图片，单击图层面板下方的"添加图层蒙版"按钮 ，选择工具栏中的"画笔工具"，在属性栏中设置画笔参数，设置完成后在图像四周涂抹，对图层蒙版进行编辑，可以看到编辑前后的效果，如下图所示。

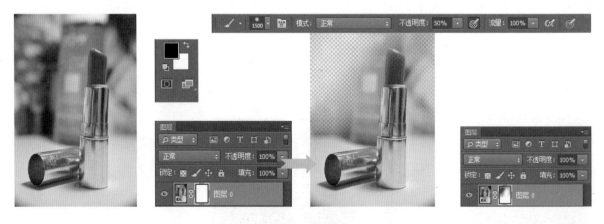

如果需要直接对蒙版里面的内容进行编辑，可以按住Alt键的同时单击该蒙版的缩览图，即可选中蒙版，在图像窗口中将显示出该蒙版的内容。

○ 剪贴蒙版

剪贴蒙版主要由基层和内容图层组成，在下方的图层为基层，从效果上来说，就是将图稿裁剪为蒙版的形状，可以使用图层的内容来蒙盖它上面的图层。

如下图所示分别为创建剪贴蒙版的图像和相关的编辑命令，可以看到创建剪贴蒙版之后，茶具显示的区域由下方的圆形图像控制。

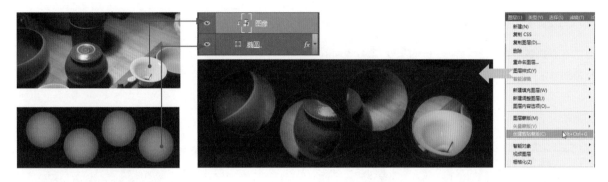

○ 调整蒙版的边缘

在对图像使用图层蒙版进行编辑时，常常会遇到图像边缘效果不理想的情况，这会让我们抠取的商品的图像边缘变得不太满意，造成合成操作后效果的失真，达不到装修设计的效果，针对这一情况提供了"蒙版边缘"命令来对蒙版的边缘进行设置，可以大大提高蒙版编辑的工作效率。

在选中的图层蒙版的"属性"面板中单击"蒙版边缘"按钮 蒙版边缘... ，可以打开如右图所示的"调整蒙版"对话框，在其中可以对蒙版边缘的半径、羽化和对比度等进行调整，将蒙版边缘调整到最理想的效果。

通过"调整蒙版"对话框中的设置可以快速地对蒙版的边缘进行调整，由此抠选出的图像更加精确，如下图所示为添加蒙版的效果、"调整蒙版"对话框的设置和调整边缘后的图像。

5.2 照片的基础调整

一幅单张照片的大小通常会达到2MB以上，如果使用这些原始照片作为商品介绍，将其上传到互联网上，那么会占用很大的存储空间，同时使顾客浏览的等待时间变长。在Photoshop中可以通过多种方式对照片的大小进行调整，具体如下。

● 5.2.1 "图像大小"改变照片分辨率

在不损伤图像质量的情况下，可以使用Photoshop中的"图像大小"命令来修改照片的大小和分辨率，其操作方法非常简单。

在Photoshop中打开一张数码照片，执行"图像 > 图像大小"菜单命令，在打开的"图像大小"对话框中对图像的大小进行重新设置，就可以完成照片大小的修改，具体操作如下所示。

● 5.2.2 "裁剪工具"精确裁剪照片

当发现只需要照片中某一部分图像的时候，使用"图像大小"命令就不能完成照片的尺寸调整，此时可以通过"裁剪工具"或者"裁剪"命令将照片中不需要的部分图像裁减掉。

在Photoshop中打开一张需要进行裁剪的照片，选择工具箱中的"裁剪工具"，在图像窗口中单击并进行拖曳，使得需要保留的图像显示在裁剪框中，按键盘上的Enter键，就可以完成图像的裁剪，具体操作如下。

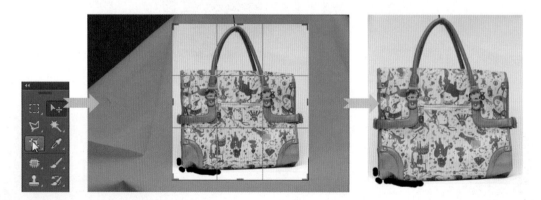

> **Tips** 多种确认裁剪编辑的方法
>
> 在使用"裁剪工具"对照片进行二次构图的过程中，可以使用多种方法对裁剪的编辑进行确认，一种是直接按下键盘上的Enter键；另一种是选择"裁剪工具"以外的其他工具；一种是单击"裁剪工具"选项栏中的"提交当前裁剪操作"按钮✓；一种是在裁剪框上单击鼠标右键，在弹出的快捷菜单中选择"裁剪"命令，这几种方法都可以对当前编辑的裁剪框进行确认。

5.2.3 更改照片的文件格式

不同的文件格式会对照片的颜色范围和文件大小产生直接的影响，在Photoshop中对商品的照片进行处理的过程中，只需在Photoshop中执行"文件 > 存储为"菜单命令，在打开的对话框中对文件的格式进行重新选择就可以对照片的格式进行更改，具体操作如下图所示。

用户还能够通过执行"文件 > 存储为Web所用格式"命令，将制作好的图像存储为网络环境所需要的图像格式。

还可以通过按快捷键Ctrl+Shift+Alt+S完成存储为Web所用格式的命令。

5.3 照片的瑕疵修复

由于拍摄环境或灯光等问题，常常会使拍摄出来的商品照片存在一定的瑕疵，如果不调整照片就直接用于互联网上，会大大降低所售产品的质量，影响顾客正确判断商品的品质。在Photoshop中可以通过多种方式对照片的瑕疵进行修复和优化局部，下面分类介绍如何使用Photoshop中的工具解决问题。

5.3.1 去除照片中多余的图像

因为拍摄环境致使拍摄的照片中有多余的干扰物，可以使用Photoshop中的"仿制图章工具"将照片中的一部分绘制到带有缺陷的部分，去除不需要的图像。

打开一张画面背景干扰物较多的照片，在图像窗口看到画面左右两边有杂物对整体画面产生了干扰。选中工具箱中的"仿制图章工具"，在选项栏设置参数值，按住Alt键的同时在需要仿制图像的周围取样，取样后使用鼠标在干扰物上涂抹，将干扰物去除。

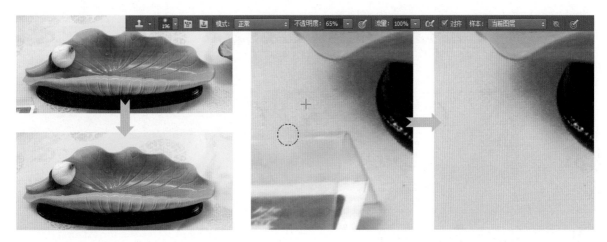

5.3.2 消除人物的眼袋

在拍摄模特展示产品的图片中，由于模特自身的状态会影响到产品呈现出来的效果，常常会出现模特眼袋严重的情况，让整张照片看起来没有活力，从而影响到整个画面的表现，此时可以使用Photoshop中的"修补工具"去除眼袋区域图像，使人物看上去精神饱满。

使用"修补工具"前都需要使用鼠标将需要修补的图像区域创建为选区，再向选区周围效果较好的样本区域拖曳，"修补工具"是通过使用样本选区的像素来修补选区像素，所以在创建修补选区时尽可能缩小选区范围，以达到较好的修补效果。

选择工具箱中的"修补工具"，在选项栏中设置参数值，使用鼠标在眼袋的位置单击并拖曳鼠标根据眼袋形状创建选区，将选区向其周围比较好的皮肤拖曳，用取样像素修补选区像素。

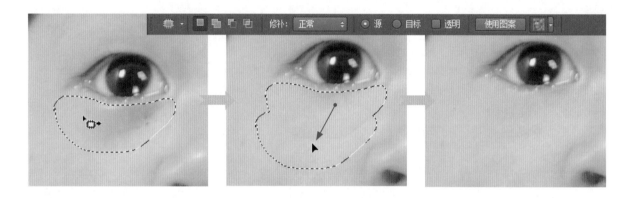

5.3.3 抹去烦人的黑眼圈

同样在拍摄模特展示产品的图片中，也会出现模特黑眼圈严重的情况，让整张照片看起来不够完美，影响到产品的展示，因此需要使用Photoshop中的"修复画笔工具"修复人物黑眼圈区域的图像，使人物看上去精神饱满。

打开一张画面中人物黑眼圈严重的照片，可以在图像窗口看到画面中人物的眼睛处黑眼圈让整个人看起来不够完美，需要去除人物黑眼圈。选择工具箱中的"修复画笔工具"，在选项栏中进行设置，按住Alt键的同时在需要修补图像的周围皮肤较好的地方取样，取样后使用鼠标在人物黑眼圈处涂抹，将黑眼圈去除，使人物眼部更有神采。

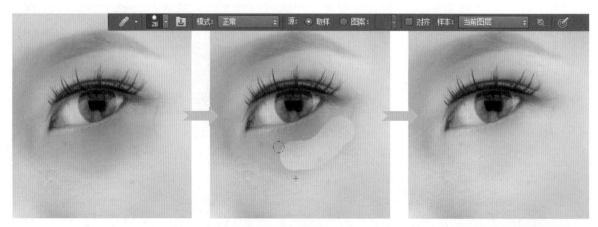

5.3.4　模糊局部图像

"模糊工具"是以画笔形式进行操作的，它可以使图像中相邻像素之间的对比度降低，把较为坚硬的像素边缘进行柔化，使图像变得柔和。对一些已经具有景深效果的照片，有时为了让景深效果更加明显，可以使用该工具在模糊区域上进行涂抹，增强图像的模糊程度。由于"模糊工具"涂抹过的区域都会被进行柔化处理，因此可操作性很强，但是该工具的模糊程度较弱，如果需要进行较大强度的模糊处理，建议使用其他的模糊滤镜来进行操作。

打开一张商品照片，选择工具箱中的"模糊工具"，在选项栏中设置参数值，在需要模糊的区域拖曳鼠标进行涂抹，如果觉得效果不够理想，可以继续涂抹，达到想要的效果为止，具体操作如下所示。

5.3.5　清除红眼效果

红眼现象是指人物或动物处于较暗的环境中，眼睛突然受到闪光灯的照射，视网膜受光照射所呈现出来的情况。如果相机中含有内置红眼控制功能，可以避免该现象的发生，如果没有使用红眼控制功能进行拍摄，在后期中可以使用Photoshop中的"红眼工具"快速消除红眼效果。

打开一张画面中有红眼的照片，可以在图像窗口看到画面中人物的眼睛是红色的，选择工具箱中的"红眼工具"，在该选项栏中设置参数值，在人物红色眼珠处单击，去除红眼，具体操作如右图所示。

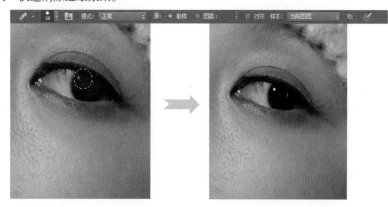

| Tips | 减少红眼出现 |

　　如果光线非常暗，在拍摄过程中拍摄对象都看着镜头时，调节闪光灯的角度，使它与镜头的呈30°角，此时由于产生的光线接近与环境光线，避免了强光进入瞳孔，红眼现象自然可以明显减少。

5.4　抠取商品的六大法宝

由于拍摄取景的问题，常常会使拍摄出来的照片内容复杂，致使商品显示不明显，如果不抠取商品就直接使用拍摄好的照片传到互联网上，会降低产品的表现力，需要抠取出主要的产品部分单独使用。

在Photoshop中可以通过多种方式对照片中的商品进行抠取，下面针对不同背景的商品照片，在本小节中将介绍如何使用Photoshop中的工具和命令将商品抠取出来。

5.4.1　单色背景的快速抠取

拍摄好的商品照片，当需要单独使用照片中商品的部分，将背景去除，可以根据照片背景的颜色情况，使用Photoshop中的"魔棒工具"、"快速选取工具"将照片中的商品部分快速地抠取出来。

打开一张背景色彩相对单一的商品照片，选择工具箱中的"魔棒工具"，在其选项栏中设置"容差"为20，使用鼠标在背景上单击，即可将与单击位置色彩相似的图像选中，接着继续使用该工具进行操作，就能将除了商品之外的其他图像选中，再进行反向选取，即可将商品抠选出来，具体如下图所示。

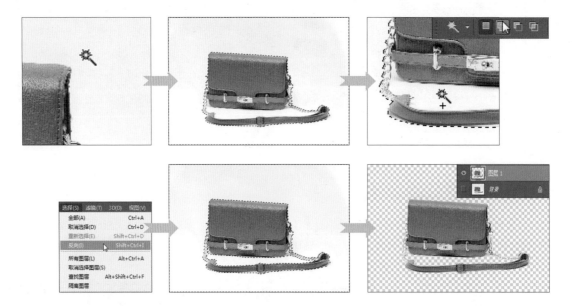

"快速选择工具"利用可调整的圆形画笔笔尖快速"绘制"选区，拖曳鼠标时，选区会向外扩展并自动查找和跟随图像中定义的边缘，它的操作方式与"魔棒工具"类似，都适用于在颜色单一的背景中抠取商品图片。

5.4.2　规则对象的抠取

一些外形较为规则的商品，例如矩形或者圆形，这些商品的抠取则可以通过Photoshop中的"矩形选框工具"和"椭圆选框工具"来进行快速选取，使用这两个工具创建的选区边缘更加平滑，能够将商品的边缘抠取得更加准确，接下来本小节将对这两个工具进行讲解。

> **Tips**　　**工具使用技巧**
>
> 在使用"矩形选框工具"或者"椭圆选框工具"的过程中，若要重新放置矩形或椭圆选框，请先拖移以创建选区边框，在此过程中要一直按住鼠标按键，然后按住空格键并继续拖曳。如果需要继续调整选区的边框，要先松开空格键，但是一直按住鼠标。

"矩形选框工具"主要是通过单击并拖曳鼠标来创建矩形或者正方形的选区，当商品的外形为矩形时，使用该工具可以快速将商品框选出来，以更改背景的颜色。

在Photoshop中打开一张外形为矩形的礼品包装照片，在画面中我们可以看到礼品盒的外包装为标准的矩形外观，想要将其抠选出来，先选择工具箱中的"矩形选框工具"，接着在图像窗口中单击并拖曳鼠标创建选区，将礼品盒抠选出来，具体的操作如下图所示。

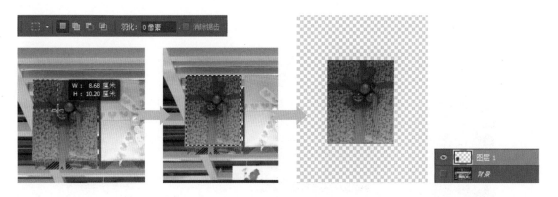

"椭圆选框工具"的使用方法与"矩形选框工具"的相同，都是通过单击并拖曳鼠标来创建选区的，不同的是"椭圆选框工具"创建的是椭圆或圆形的选区，但是这两个工具在使用的过程中，都可以通过按住Shift键的同时创建出正方形或圆形的选区。

5.4.3 多边形对象的抠取

如果我们抠取的商品外形为规则的多边形，并且画面的背景较为复杂，可以考虑使用Photoshop中的"多边形套索工具"将照片中的商品部分快速地抠取出来。

在Photoshop中打开一张商品包装照片，选择工具箱中的"多边形套索工具"，用"多边形套索工具"在纸箱边缘上单击作为选区的起始位置，移动鼠标位置可以查看到自动创建的与起始位置相连接的直线路径，再次单击鼠标设置单边的选区路径，多次单击鼠标创建多边形选区路径，当终点与起始点位置重合时，释放鼠标即可创建闭合的多边形选区，具体操作如下图所示，将纸箱添加到选区后，即可将其抠取出来。

Tips **"多边形套索工具"使用技巧**

在使用"多边形套索工具"抠选多边形商品的过程中，若要绘制直线段，将鼠标指针放到要第一条直线段结束的位置，然后单击，继续单击，设置后续段段的端点；若要绘制一条角度为45度的倍数的直线，在移动鼠标时按住Shift键以单击下一条线段；若要绘制手绘线段，按住Alt键并拖曳鼠标；完成后，松开Alt键以及鼠标按键即可。

● 5.4.4 轮廓清晰图像的抠取

需要单独使用照片中的某一主题物，而照片中主题物与背景反差较大，选择使用Photoshop中的"磁性套索工具"将照片中的主体部分快速的抠取出来。

打开一张手表商品照片，可以看到手表与周围图像的色彩反差较大，其边缘清晰显示出来，选择工具箱中的"磁性套索工具"，在该选项栏中设置参数值，沿着手表边缘创建选区，按Enter键生成选区，按快捷键Ctrl+J复制图层并隐藏背景图层，可以看到手表已被抠取出来，具体操作如下图所示。

在使用"磁性套索工具"抠选商品的过程中，该工具选项栏中的"频率"选项设置较为关键，它可以指定套索以什么频率设置紧固点，较高的数值会更快地固定选区边框，也会让抠取的图像更加精确。

● 5.4.5 精细图像的抠取

在进行网店装修的过程中，如果需要制作较大画幅的欢迎模块或者海报时，以上这些方法可能会让抠取的商品边缘平滑度不够，产生一定的锯齿。对于抠取质量要求较高，且商品边缘不规则的商品，使用"钢笔工具"抠取最能保证其抠取的效果，让合成的画面精致而生动。

打开一张产品照片，选择工具箱中的"钢笔工具"，沿着产品边缘连续单击鼠标，创建锚点，绘制路径将产品框到其中，完成后按快捷键Ctrl+Enter转换为选区，按快捷键Ctrl+J复制图层并隐藏背景图层，可以看到商品已被抠取出来，具体操作如下图所示。

"钢笔工具"包含了3种不同的编辑模式，即"形状"、"路径"和"像素"，这3种模式所创建出来的对象是不同的，在使用"钢笔工具"进行抠图的过程中，通常情况下会使用"路径"模式来进行操作。

5.4.6 半透明图像的抠取

在想抠取的图像中，如果我们只想抠取某个颜色部分，而这部分的图像呈现出半透明的玻璃质感效果，那么可以使用Photoshop中的"色彩范围"命令将照片中所需的部分抠取出来，因为"色彩范围"和前面讲述的抠图工具的操作方式不同，下面简单介绍"色彩范围"的对话框。

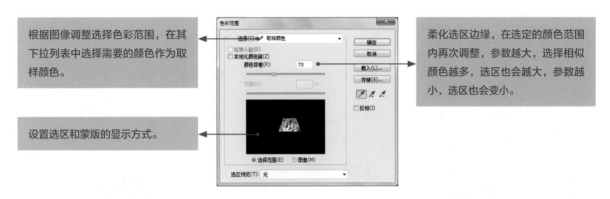

根据图像调整选择色彩范围，在其下拉列表中选择需要的颜色作为取样颜色。

设置选区和蒙版的显示方式。

柔化选区边缘，在选定的颜色范围内再次调整，参数越大，选择相似颜色越多，选区也会越大，参数越小，选区也会变小。

打开一张商品照片，可以看到图像窗口中的琉璃饰品呈现出半透明的效果，我们通过"色彩范围"命令将其抠选出来。执行"选择 > 色彩范围"菜单命令，在打开的对话框中进行设置，完成后单击"确定"按钮，可以看到背景图像被添加到了选区中，接着执行"选择 > 反向"菜单命令，对创建的选区进行反向处理，选取琉璃饰品部分，具体的操作如下图所示。

将琉璃饰品添加到选区中，按Ctrl+J快捷键，对选区中的图像进行复制，隐藏"背景"图层后可以看到琉璃饰品被抠选了出来。创建新的图层，使用白色对其进行填充，将其拖曳到抠取的饰品图层的下方，可以看到得到一个白色背景效果的商品图片，具体如右图所示。

5.5 宝贝调色的六大秘诀

受拍摄环境影响，拍摄出来的照片色彩不满意时，或者想通过改变照片颜色使自己的产品与别人的产品呈现不同视觉感受，可以对商品图片进行色彩修饰。在Photoshop中可以通过多种方式对照片中的商品进行调色，其具体如下。

5.5.1 自动调色

拍摄好的商品照片，常常会存在偏色问题，使用Photoshop中的"自动色调"命令调整照片中的偏色问题，"自动色调"命令根据图像的色调来自动对图像的明度、纯度、色相进行调整，均化图像的整个色调。

打开一张产品照片，可以在图像窗口中看到图像整体的色调偏黄，执行"图像>自动色调"菜单命令，即可将图像内的图像色调自动进行调整，恢复产品的正常色调。

5.5.2 有针对性的色彩处理——色相/饱和度

对于拍摄好的商品照片，有时只需要调整整个图像或图像中一种颜色的色相、饱和度和明度，使用Photoshop中的"色相/饱和度"命令调整照片中指定的某一色彩成分。

打开一张产品照片，可以在图像窗口中看到人物的鞋子是蓝色的，想要替换鞋子的色彩可以执行"图像>调整>色相/饱和度"菜单命令，在弹出的对话框中选择"青色"选项，对色相参数进行设置，可看到蓝色的鞋子变成了红色的鞋子，具体对比效果和设置如图所示。

5.5.3　调整色彩的高、中、低调——色彩平衡

拍摄出来的商品照片常常存在色彩不平衡问题，使用Photoshop中的"色彩平衡"命令调整照片中的色彩平衡问题，"色彩平衡"命令根据图像的色调分别对图像的高光区、中间调、阴影区进行调整，使混合物色彩达到平衡，从而还原照片真实的色彩，下面简单介绍"色彩平衡"对话框。

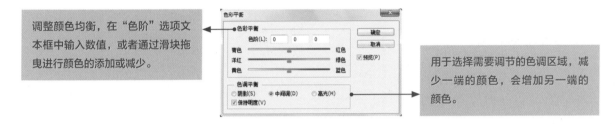

调整颜色均衡，在"色阶"选项文本框中输入数值，或者通过滑块拖曳进行颜色的添加或减少。

用于选择需要调节的色调区域，减少一端的颜色，会增加另一端的颜色。

打开一张香水产品照片，可以在图像窗口中看到画面偏黄，执行"图像>调整>色彩平衡"菜单命令，在弹出的对话框中选择"中间调"选项，在"色阶"选项组中对相应的选项进行设置，完成操作后可以在图像窗口中看到画面的色彩趋于正常，具体如下图所示。

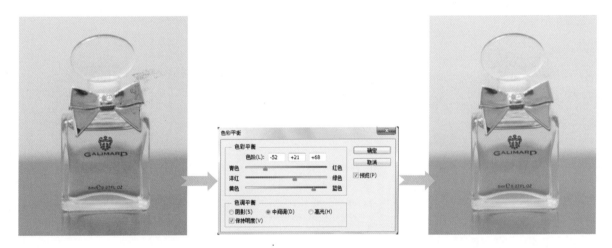

5.5.4　模拟特殊图像色彩——照片滤镜

想制作特殊的色彩视觉感受，改变图像的色温，使图像看起来更暖或者更冷，通过在Photoshop中使用"照片滤镜"命令改变图像的色调，"照片滤镜"命令是模拟摄像机拍摄照片时，相机镜头上安装的彩色滤镜摄像效果。

打开一张服装产品的照片，可以在图像窗口中看到模特的肤色是偏黄的，而且服装的实际颜色没有这么深，执行"图像>调整>照片滤镜"菜单命令，在弹出的对话框中设置选项参数，可看到画面中人物的服装颜色变得更冷，消除了由于黄色灯光导致衣服颜色偏黄的色差问题，还原了服装本来的色彩。

● 5.5.5 局部色调的变换——可选颜色

当需要对照片中的局部色调进行调整，可使用Photoshop中的"可选颜色"命令调整照片中选定的某一或几个颜色进行删除或者与多个颜色混合来改变颜色，"可选颜色"命令是调整单个色系中颜色比例轻重，可以对红色、黄色、绿色、蓝色、青色和洋红6个色系分别调整，下面简单介绍"可选颜色"对话框。

改变图像的颜色，在"颜色"下三角按钮，可选择修改的颜色，选定后调整下方的滑块对选择的颜色进行调整，设置的参数值越小，该种颜色越淡，参数越大颜色越浓。

用于设置墨水的量，通过选中"相对"或"绝对"选项对图像进行设置。

打开一张单鞋产品的照片，可以在图像窗口中看到照片中红色的鞋子颜色很鲜艳，但是红色鞋子的实际颜色没有这么深，是浅红色的，执行"图像>调整>可选颜色"菜单命令，在弹出的对话框中设置选项参数，可看到鞋子的颜色已经改变。

● 5.5.6 无色系图像的层次处理——黑白

想使用单色照片时，可以通过使用Photoshop中的"黑白"命令调整照片中的黑白亮度，增加画面层次，也可以添加颜色，制作出具有艺术感的单色照片，带给人不一样的视觉感受。下面简单介绍"黑白"对话框。

打开一张模特照片，可以在图像窗口中看到照片是彩色的，改变成黑白色营造怀旧氛围，执行"图像>调整>黑白"菜单命令，在弹出的对话框中设置参数值，可看到画面的颜色已经改变。

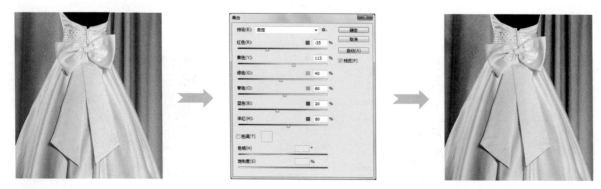

5.6 照片影调的五大秘密武器

　　由于拍摄环境光线的影响，对拍摄出来的照片整体的明暗效果不满意时，通过提高亮部、增强暗调的方式让照片快速恢复清晰的影像，在Photoshop中可以通过多种方式对照片影调进行调整，下面介绍如何使用Photoshop中的明暗调整命令调整图片影调。

📍 5.6.1 对光线的明暗修正——曝光度

　　拍摄好的商品照片，常常会存在曝光不足或曝光过度的问题，使用Photoshop中的"曝光度"命令调整照片的曝光问题，"曝光度"命令是模拟摄像机内的曝光程序来对照片进行二次曝光处理，通过调节"曝光度"、"位移"和"灰度系数校正"的参数来控制照片的明暗。

　　打开一张饰品产品照片，可以在图像窗口中看到图像整体的影调偏暗，属于曝光不足的情况，执行"图像>调整>曝光度"菜单命令，在弹出的对话框中依次拖曳"曝光度"、"位移"的滑块，提高照片亮度，恢复正常的曝光显示，并且保留了图像的细节。

📍 5.6.2 图像明暗的层次——亮度/对比度

　　当拍摄出的图像光线不足、比较昏暗时，使用Photoshop中的"亮度/对比度"命令调整照片，使照片的亮部和暗部之间的对比度更加明显，"亮度/对比度"命令对照片中的所有像素进行相同程度的调整，设置的参数比较大时，容易导致图像细节的损失，应该适当地调整参数。

　　打开一张眼镜照片，可以在图像窗口中看到画面整体偏灰，执行"图像>调整>亮度/对比度"菜单命令，在弹出的对话框中分别对"亮度"、"对比度"两个选项的参数进行设置，可看到画面变得明亮一些，亮部和暗部之间对比度的层次更加丰富。

● 5.6.3 局部明暗处理——色阶

当图像层次不理想时，使用Photoshop中的"色阶"命令调整照片，使照片的阴影区、中间调区和高光区平衡，"色阶"命令以改变照片中的像素分布来调整画面层次，下面简单介绍"色阶"对话框。

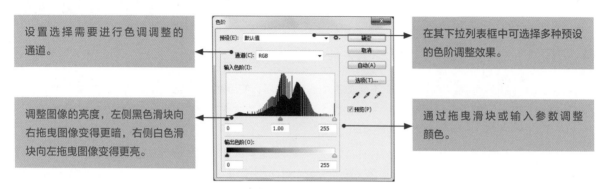

设置选择需要进行色调调整的通道。

调整图像的亮度，左侧黑色滑块向右拖曳图像变得更暗，右侧白色滑块向左拖曳图像变得更亮。

在其下拉列表框中可选择多种预设的色阶调整效果。

通过拖曳滑块或输入参数调整颜色。

打开一张衬衣特写照片，可以在图像窗口中看到画面层次不够丰富，呈现出灰蒙蒙的感觉。执行"图像>调整>色阶"菜单命令，在弹出的对话框中对"输入色阶"选项组分别拖动滑块设置参数，可看到画面层次更加清晰，具体如下图所示。

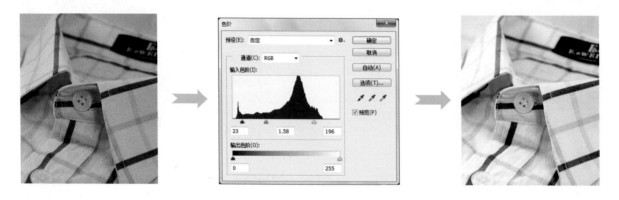

● 5.6.4 自由处理各区域明暗——曲线

想单独调整图像的局部时，使用Photoshop中的"曲线"命令可以调整照片中的任意局部的明暗层次，它能够调整全体或单独通道的对比度和颜色，还可以调整任意局部的亮度，下面简单介绍"曲线"对话框。

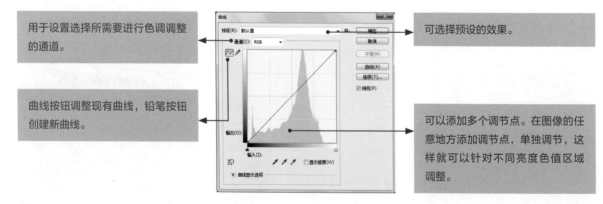

用于设置选择所需要进行色调调整的通道。

曲线按钮调整现有曲线，铅笔按钮创建新曲线。

可选择预设的效果。

可以添加多个调节点。在图像的任意地方添加调节点，单独调节，这样就可以针对不同亮度色值区域调整。

　　打开一张茶具产品照片，可以在图像窗口中看到画面整体太黑，需要调整物体的亮度展示其细节，执行"图像>调整>曲线"菜单命令，在弹出的对话框中，单击曲线并将其拖曳，可以看到图像阴影区域减少，图像变得更亮，物体细节更加丰富。

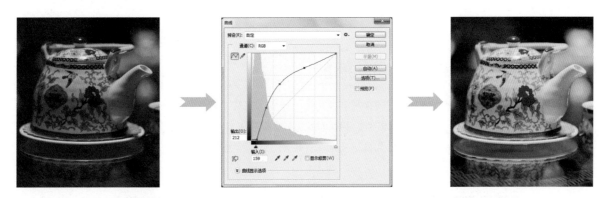

● 5.6.5　亮部与暗部的对比——阴影/高光

　　修改强逆光而形成剪影的照片，或者修改由于太接近相机闪光灯而有些发白的焦点，可使用Photoshop中的"阴影/高光"命令调整照片的阴影或高光部分，"阴影/高光"命令是根据图像中阴影或高光的像素色调增亮或变暗，分别控制图像的阴影或高光。下面简单介绍"阴影/高光"对话框。

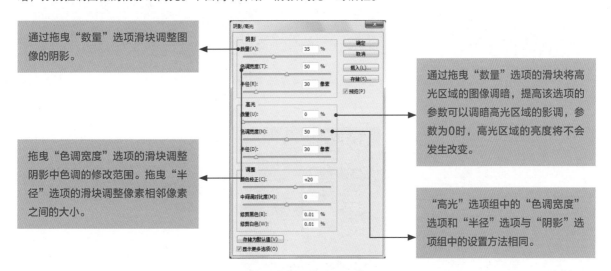

通过拖曳"数量"选项滑块调整图像的阴影。

通过拖曳"数量"选项的滑块将高光区域的图像调暗，提高该选项的参数可以调暗高光区域的影调，参数为0时，高光区域的亮度将不会发生改变。

拖曳"色调宽度"选项的滑块调整阴影中色调的修改范围。拖曳"半径"选项的滑块调整像素相邻像素之间的大小。

"高光"选项组中的"色调宽度"选项和"半径"选项与"阴影"选项组中的设置方法相同。

　　打开一张饰品产品照片，可以在图像窗口中看到由于拍摄光线的问题使产品图像高光太过明亮，看不清楚产品的细节，执行"图像>调整>阴影/高光"菜单命令，在弹出的对话框中设置选项的参数值。

5.7 文字的添加和编辑

在网店装修的图片编辑和设计中，不会仅使用图片进行展示，还需要搭配上文字，文字能直观地将信息传递出去，图片和文字的结合使用能有效地渲染气氛和传递信息。在Photoshop中可以添加各式各样的文字，接下来就对Photoshop中的文字编辑操作进行讲解。

● 5.7.1 单行或单列文字的添加

在进行网店装修的过程中，通过使用"横排文字工具"或者"直排文字工具"可以快速为编辑的画面添加上所需的文字信息，并通过"字符"面板对文字的字体、字号、字间距和文字颜色进行设置。

下图所示为使用"横排文字工具"添加横排文字，并使用"字符"面板设置文字属性的相关编辑和设置，以及添加文字后的效果。

使用"字符"面板能够更好地设置文字的各项属性，可以对文字的字体、样式、大小、间距、颜色等属性进行设置，下面简单介绍"字符"面板。

设置文字的字体样式，以及设置文字大小。

对多行的文字设置文字行距，以及所选字符的字距调整。

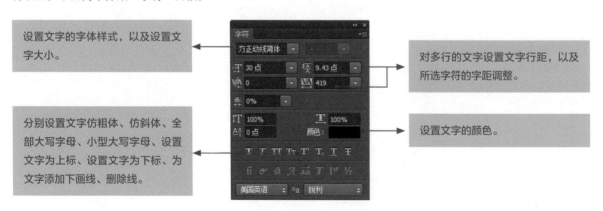

分别设置文字仿粗体、仿斜体、全部大写字母、小型大写字母、设置文字为上标、设置文字为下标、为文字添加下画线、删除线。

设置文字的颜色。

使用"横排文字工具"或"直排文字工具"创建文字后，直接单击文字工具选项栏中的"更改文本取向"按钮，可以将横排转换为直排文字，再次单击按钮，则会把直排文字再转换为横排文字效果。

通过执行"类型 > 变形文字"菜单命令，可以打开如右图所示的"变形文字"对话框，在对话框中选择并设置变形选项，能够创建变形文字效果。

5.7.2　段落文字的编辑

使用"段落"面板能够对文字的对齐方式和段落格式进行设置，可以对文本或段落文字进行多种对齐，对段落进行左右缩近和首行缩进，对段前段后添加空白行等，接下来将对"段落"面板的选项进行讲解。

设置文本的段落对齐方式，共提供了7种对齐按钮供用户选择。

左缩进量和右缩进量可以对段落文字进行单独或整段文字的缩进。

单独控制段落的首行缩进量。

段前或段后设置段前和段后的位置。

如下图所示，在工具栏中选择"横排文字工具"在页面中单击添加文字，在"段落"面板中在"段前添加空格"的文本框中输入参数，在段落前添加空白位置，继续使用文字工具添加和编辑文字，完善文字信息。

5.7.3　艺术化修饰标题文字

在网店装修中，特别是在处理某张图片的标题文字时，让标题文字与其他的辅助性说明文字区分开，表现出其独特感和醒目度。在Photoshop中常用的修饰文字的方法，一种是使用"图层样式"对文字的外观进行美化，例如添加发光、投影、纹理等特效；另外一种就是通过对文字的笔画进行连笔或者添加修饰图像，来提升文字的艺术感。

下图所示为两幅标题文字均为网店首页欢迎模块中的文字，其中一张的文字通过将"天猫新风尚"五个字中的部分笔画连接在一起，使其形成工整的矩形效果，提升标题文字的艺术性，而另一张图片中的文字通过文字字体、字号的变化，同时使用"渐变叠加"、"投影"图层样式的修饰，让文字的色彩和立体感表现更提升一个层次，使得标题文字与画面主题的风格更接近。

5.8 Photoshop在装修中的高级应用

处理好图像后,为了增加图像品质,还需要对图片进行更多的编辑,例如为了防止出现盗图的情况而添加水印、添加边框装饰、锐化图像细节等,这些效果都可以在Photoshop中通过滤镜、图层不透明度等命令或者选项进行编辑,接下来本小节将对具体的操作进行讲解。

5.8.1 细节的锐化

为了让画面颜色更加鲜艳、图像细节更加清晰,使用Photoshop中"USM锐化"滤镜命令可以提高画面主像素的颜色对比值,使图像更加细腻,通过"USM锐化"对话框设置参数来控制图像的锐化程度,弥补拍摄中由于环境和操作不当等因素造成的画质问题,打造出高品质的影像效果,接下来就来简单介绍"USM锐化"对话框。

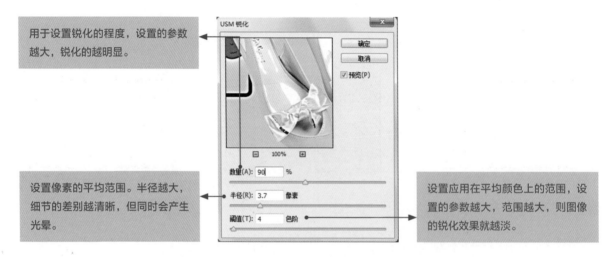

用于设置锐化的程度,设置的参数越大,锐化的越明显。

设置像素的平均范围。半径越大,细节的差别越清晰,但同时会产生光晕。

设置应用在平均颜色上的范围,设置的参数越大,范围越大,则图像的锐化效果就越淡。

打开一张设计并编辑好的图片,执行"滤镜 > 锐化 > USM锐化"菜单命令,在打开的"USM锐化"对话框中对参数进行设置,确认设置后可以看到图像窗口中的商品细节显得更加清晰。

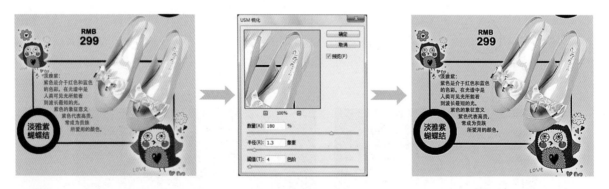

Tips 锐化参数设置

在锐化图片时,要注意的是在设置半径参数的时候不要超过1个像素,可选择使用快捷键Ctrl+F多锐化几次。在使用"USM锐化"滤镜对照片进行锐化操作时,如果对图像进行过度的锐化,就会在图像的边缘产生光晕的效果,因为在设置参数时,应根据对话框中预览的效果来进行实时的调整,确保锐化的准确性。

5.8.2　练习：水印的添加

为设计和处理好的商品图片添加水印即可有效防止图片滥用，可以在Photoshop中制作具有自己店铺标识的水印，添加水印的照片能有效地防止别人盗图，还能在一定程度上宣传自己的店铺，下面就通过简单的步骤来介绍水印的制作方法。

01 将需要添加水印的商品图片在Photoshop中打开，选择"横排文字工具"在画面适当的位置单击并输入所需的文字。

02 执行"窗口 > 字符"面板，在打开的"字符"面板中对文字的字体、字间距和文字的颜色进行设置，在图像窗口中可以看到编辑的效果。

03 编辑文字后，在"图层"面板中选中添加的文本图层，更改该图层的"不透明度"选项的参数为50%，降低其显示效果。

04 双击文字图层，在打开的"图层样式"对话框中勾选"投影"复选框，在相应的选项卡中对其参数进行设置。

05 选中工具箱中的"自定形状工具"，在其选项栏中选择所需的形状进行绘制，得到相应的形状图层，在图像窗口中可以看到编辑的效果。

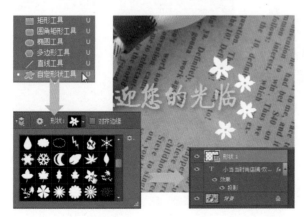

06 参考前面对文字进行修饰和添加图层样式的编辑方法，对绘制的花朵也应用相同的设置，完成商品照片水印的制作。

5.8.3 边框的制作

在图像中添加边框使图像有凝聚感，视觉更集中，表达主题更直接，通过Photoshop可以制作有多种样式的边框效果，例如使用"图层样式"中的"描边"选项进行操作，或者通过创建选区来添加边框，再者利用边框素材进行修饰，其具体的操作如下。

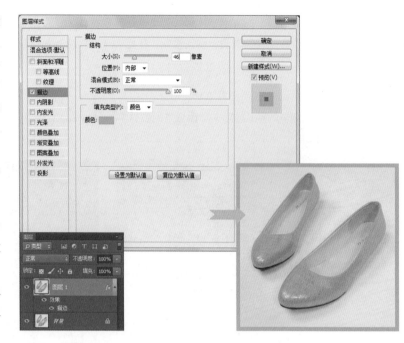

◎ "描边"样式添加边框

使用"描边"图层样式可以为商品照片添加上相等宽度的边框效果，具体效果和设置如右图所示。

值得注意的是，最好将"描边位置"设置为"内部"，以便描边效果可以正常地显示出来。

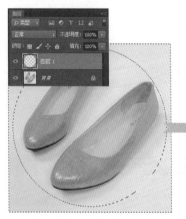

◎ 创建选区制作边框效果

使用选框工具或者选区工具创建选区，为选区填充上适当的颜色，也可以为商品照片添加边框效果，左图所示为使用选区添加边框效果的操作，在其中可以看到这种方式添加边框的样式相比较"描边"选项来说显得更加丰富，更具变化性。

◎ 使用素材制作边框

使用素材制作边框是添加边框效果中最为常用的一种方法，也是最实用的一种方法，根据素材的变化，可以实现多种边框效果，右图所示为添加植物素材后制作的边框。

值得注意的是，这种添加素材而制作的边框效果，在很多时候需要进行抠图处理，编辑过程较其他方法显得更为繁琐。

5.9　网页切片的制作

在Photoshop中做图片时，由于图片较大，直接储存整张图片并上传到网络上，会大大影响网页的打开速度，造成客户烦躁的不良情绪。这时需要使用Photoshop中的"切片工具"将图片分成多张储存并上传，可以加快网页下载图片的速度，让多个图片同时下载而不是只下载一个大图片，所以根据需要使用"切片工具"来对图像进行重新切割，下面简单介绍"切片工具"的选项栏。

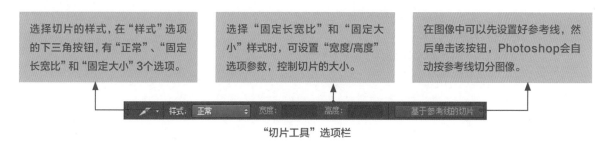

选择切片的样式，在"样式"选项的下三角按钮，有"正常"、"固定长宽比"和"固定大小"3个选项。

选择"固定长宽比"和"固定大小"样式时，可设置"宽度/高度"选项参数，控制切片的大小。

在图像中可以先设置好参考线，然后单击该按钮，Photoshop会自动按参考线切分图像。

"切片工具"选项栏

在Photoshop中做好页面后，选择工具栏中的"切片工具"，在图像窗口将图片分成若干份，切片的时候可根据画面内容的分节来切，如下图所示。

按快捷键Ctrl+Shift+Alt+S将切好的图片储存为Web所用格式，在弹出的对话框中右边的选项下修改图片的格式、品质等选项，最后单击"存储"按钮。在弹出的"将优化结果储存为"对话框中，设置"格式"为"HTML和图像"，设置完成后单击"确定"按钮，完成储存，可以在目录文件夹中看到储存好的图片。

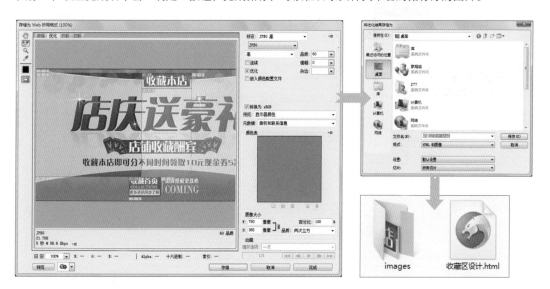

5.10 批量处理多张照片

在Photoshop中处理图像时，有需要对多张图像同时进行相同的操作的情况时，可以使用"批处理"命令处理多张图片，避免重复进行某些操作，提高网店装修的效率，接下来就对"批处理"对话框进行简单的介绍。

选择批处理的文件所在的文件夹位置。

对批处理后的图像设置文件夹保存的位置。

在批处理操作中，首先需要对动作进行选择，可以在"组"、"动作"下拉列表中选择对图像进行批处理的动作。

在Photoshop中执行"文件 > 自动 > 批处理"菜单命令，在打开的"批处理"对话框中对选项进行设置，完成后单击"确定"按钮，Photoshop会根据设置的批量处理的文件和处理方式对文件进行编辑，并将其存储到指定的位置，完成批量处理后，打开相应的文件夹，在其中可以看到处理后的图片效果，通过这样的方式可以大大提升编辑的效率。

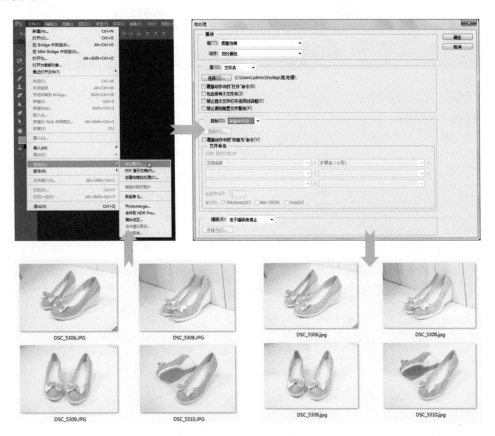

第二篇 网店装修六大核心区域的设计

第 6 章

打出过目不忘的招牌
——店招

6.1 店招的设计分析

　　店招位于网店首页的最顶端,它的作用与实体店铺的店招相同,是大部分顾客最先了解和接触到的信息,在本小节中将对店招的设计规范进行讲解,具体如下。

6.1.1 店招设计尺寸和格式

　　店招,顾名思义,就是网店的店铺招牌,从网店商品的品牌推广来看,想要在整个网店中让店招变得便于记忆,在店招的设计上需要具备新颖、易于传播、便于记忆等特点。

　　设计成功的店招要求主要是有标准的颜色和字体、清洁的设计版面,此外,店招中需要有一句能够吸引消费者的广告语,画面还需要具备强烈的视觉冲击力,清晰地告诉买家你在卖什么,通过店招也可以对店铺的装修风格进行定位。

　　在店招的设计上,以淘宝网为例,店招的设计尺寸应该控制在950像素×150像素内,且格式为JPEG或GIF,其中的GIF格式就是通常所见的带有flash效果的动态店招。

尺寸保持在950像素×150像素,其中950像素为宽度,150像素为高度,某些网店的店招宽度可以超出950像素,但是最大不能超出1260像素。

文件格式要求为JPEG或者GIF格式,图标如左图所示。

6.1.2 店招的作用

　　网店店招的表现形式和作用与实体店铺是有一定区别的,实体店铺的店招作用往往体现在吸引顾客上,因为实体店铺的店招是直接面对大街的,而网店店招的作用主要是体现在留客的环节,因为网店的店招并不直接面对网络的搜索页面,只有顾客进入了店铺之后才看得到店招。因此,在设计网店的店招时就要更多地从留客的角度去考虑。

　　下图所示为不同商品网店的店招,在其中可以清楚地看到店铺的名称和广告语,对店铺的风格有一定了解。

店招好比一个店铺的脸面，同实体店的店招一样，对店铺的发展起着较为重要的作用。网店的店招位于网络店铺的最顶端位置，其主要的作用有以下三点。

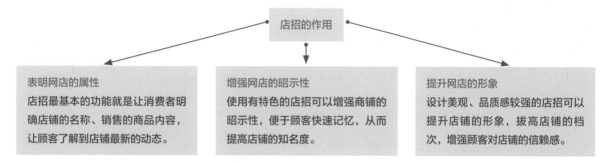

6.1.3 店招所包含的信息

为了让店招有特点且便于记忆，在设计的过程中都会采用简短醒目的广告语辅助Logo的表现，通过适当的配图来增强店铺的认知度，店招所包含的主要内容如下。

在店铺内容的设计中，并不是要将以上所有的内容都包含其中，如果店家只是想突出店铺中销售商品的品牌，那么可以将品牌的名称在其中进行较大比例的编排，如下图所示的眼镜店铺店招，由于该店铺中包含了多种品牌的商品，因此在店招的设计中便将品牌的名称省略掉，而将店铺的名称、Logo和广告语进行大幅度的展示。

在大部分的店招设计中，往往会将店铺的名称进行重点展示，而将其他的元素进行省略，这样设计的效果能够使浏览的过程中店铺的名称更加直观，树立出店铺的形象。

如下图所示的手机店铺店招，其中只包含了广告商品图片、店名和活动，可以一目了然地了解到店铺的销售内容和动态，使得店招的表现更加具有针对性。

6.1.4 店招的设计逻辑

一个好看的网店设计是依靠很多素材和信息完美组合而成的，一个网络店铺的首页主要包含四大部分，依次为店招、欢迎模块、产品区和店尾。为什么网店的店招很重要，要先从消费者购物逻辑来分析。

首先我们要清晰地明白，顾客为什么要来到店铺的首页？对于店铺的老客户而言，是直接通过店铺收藏进入店铺的，而对于新客户而言，进入店铺首页的目的主要有三个，具体如下。

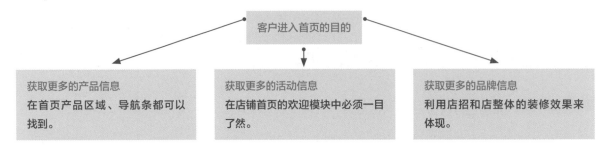

客户进入首页的目的

获取更多的产品信息
在首页产品区域、导航条都可以找到。

获取更多的活动信息
在店铺首页的欢迎模块中必须一目了然。

获取更多的品牌信息
利用店招和店整体的装修效果来体现。

顾客需要掌握的店铺品牌信息来自哪里？最直接的来源就是店招，其次就是店铺装修整体视觉。店招是消费者进入首页，第一眼就看到的信息。这里对于消费者而言，他能看到的是什么？是店铺的名称、特性，也许还有定位，还有店铺的实力介绍等。对于品牌商家而言，进来第一眼就让消费者知道经营的品牌信息，不用消费者再去其他页面或者模块中找寻。

经营网络店铺的商家尤其要有成本意识，节约消费者了解你的成本，节约你向消费者介绍的成本。店招的设计最需要体现的内容如下。

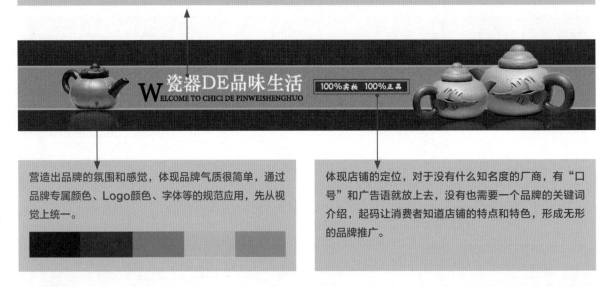

清晰地、大方地凸显出店铺的名称，使用规范的设计让店铺的名称在网店装修的各个区域出现都保持视觉高度的一致。店招中添加Logo和店名，加深顾客的记忆，提升品牌的推广度。

营造出品牌的氛围和感觉，体现品牌气质很简单，通过品牌专属颜色、Logo颜色、字体等的规范应用，先从视觉上统一。

体现店铺的定位，对于没有什么知名度的厂商，有"口号"和广告语就放上去，没有也需要一个品牌的关键词介绍，起码让消费者知道店铺的特点和特色，形成无形的品牌推广。

品牌形象是一个象征、一个记号，是一种无形的资产。想要让店铺的产品区别于市场上类似产品，首先要做的就是为店铺想一个好名字，想一句简单易记的广告语，设计一个易于识别的店招。其次还要研究店铺的销售群体，也就是"目标消费者"，他们有什么样的特征、年龄、性别、爱好、收入等，都需要深入了解。任何设计都是带有目的性的，网店装修中的店招当然也不例外，关键要看卖家想通过店招在买家心中树立一个什么样的形象。

6.2　实例：森女系女装店招设计与详解

本例是为森林系女装设计的店招页面，设计中将画面进行合理的分配，将素材图片以具有对称性的方式编排，在视觉中心位置上的主题文字则使用生动的编排方式，使其在视觉上达到一种平衡而又不呆板的状态。其次使用了代表大自然颜色的绿色色系来进行表现，给人带来充满希望而又柔和的色彩感情，让客户体会到设计所营造出来的清晰自然的气氛。

◉ 效果展示

源文件：源文件\06\森女系女装店招设计.psd

◉ 设计鉴赏

- 分析 1：填充嫩绿色作为背景图层奠定一种自然的基调；
- 分析 2：选择绿色植物图片作为画面背景元素丰富画面，以对称方式编排，达到平衡、稳定的视觉效果；
- 分析 3：添加花洒图片丰富画面中心区域，在绿色的基调上以深浅不同、多种绿色的植物元素进行相互融合，使画面更加自然和谐，从而丰富画面，营造出森林独特的清晰自然气氛；
- 分析 4：主题文字占据画面中心的位置，将店铺信息在第一视觉上传递出去，配合店铺广告语，使得店招更加具有表现性，从而吸引人的注意；
- 分析 5：根据画面风格，使用圆润的字体最能体现柔和的风格，结合不同字号和颜色的文字组合，增加了文字的跳跃性。

◉ 版式分析

在本案例的布局设计中，将花卉图片放在画面的两侧，通过细微的差异性的变化，以大概对称的方式进行设计，表现出水平对称关系，呈现出稳定、融合且丰富的视觉感受，不完全的对称让画面更显设计感和艺术感。此外，文字部分占据画面的三分之一，处于视觉中心位置，让顾客可以直接注意到店招上的信息，对于店招的信息传递具有推动作用。

◉ 配色剖析

R29、G139、B11	R88、G193、B13	R168、G220、B98	R210、G242、B174	R207、G218、B160
C82、M31、Y100、K0	C65、M0、Y100、K0	C21、M0、Y73、K0	C24、M0、Y42、K0	C25、M9、Y45、K0

○ 制作解析

① 使用绿色植物图片作为背景

在Photoshop中先创建一个纯色的填充图层作为底色，接着添加绿色植物图片，为图层添加图层蒙版，结合柔角的"画笔工具"隐藏部分图像，让背景显示出清晰自然的效果。

② 添加元素丰富背景

添加花洒图片，为图层添加"图层蒙版"，结合柔角的"画笔工具"隐藏花洒背景图像，调整图层"不透明度"使其与背景融合。新建图层，选择"画笔工具"并设置前景色为绿色，在属性栏单击"切换画笔面板"按钮，在弹出的面板中选择"画笔笔尖形状"、"形状动态"、"散布"设置参数值。设置完成后在画面中随意涂抹，添加淡淡的绿色圆点。使用"自定形状工具"，在属性栏设置参数值，在画面中绘制多个大小不一的绿色树叶，并适当调整图层不透明度，丰富背景。

③ 添加主题文字

选择工具箱中的"横排文字工具"，打开"字符"面板对文字的颜色、字号、字体、字间距等文字的属性进行设置，在图像窗口中单击，输入文字信息，创建多个文字图层。结合图层样式、图层混合模式、图层不透明度为文字图层添加效果，再结合"椭圆工具"绘制图形，使文字更加精致，突出主题部分。

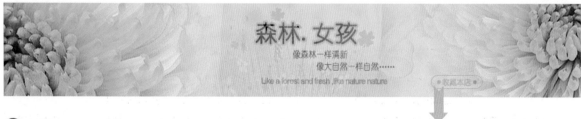

④ 调整色调

单击"创建新的填充或调整图层"按钮，选择"照片滤镜"命令，在弹出的属性面板中设置参数值，调整画面整体色调，使画面色调更加统一，色彩更加通透。

○ 制作步骤详解

01 用填充图层制作背景

创建新文件，设置前景色为嫩绿色R228、G234、B198，按快捷键Alt+Delete填充图层，制作嫩绿色背景。

02 添加绿色植物图片丰富背景

打开绿色植物素材文件，将其全选、复制、粘贴到当前文件中，按快捷键Ctrl+T结合自由变换命令调整图像大小和位置，完成后按Enter键结束命令，生成"图层1"。

03 添加"图层蒙版"隐藏部分图像

单击"添加图层蒙版"按钮 ■，为图层添加图层蒙版，使用"画笔工具"，设置前景色为黑色，在属性栏设置参数值，设置完成后在画面中涂抹，涂抹过程中适当调整画笔参数，隐藏植物部分图像。

04 复制图层并调整大小、方向、位置

复制"图层1"，按快捷键Ctrl+T结合自由变换命令，调整图像大小、方向、位置，完成后按Enter键结束命令。

05 添加花洒图片

打开花洒素材文件，将其全选、复制、粘贴到当前文件中，按快捷键Ctrl+T结合自由变换命令调整图像大小和位置，完成后按下Enter键结束命令，生成"图层2"。

06 添加"图层蒙版"隐藏背景图像

单击"添加图层蒙版"按钮 ■，为图层添加图层蒙版，使用"画笔工具"，设置前景色为黑色，在属性栏设置参数值，设置完成后在画面中涂抹，在涂抹过程中适当调整画笔参数，隐藏花洒以外的图像。

07 设置图层"不透明度"

在图层面板中设置"图层2"的图层"不透明度"选项参数为17%，使其与背景相融合，在图像中可以看到编辑后的效果。

08 新建图层结合画笔工具设置参数

新建"图层3"，设置前景色为淡绿色R173、G219、B95，单击"画笔工具"按钮 ✎，在属性栏中设置画笔"不透明度"为45%。

09 继续设置参数

单击"切换画笔面板"按钮，在弹出的面板中选择"画笔笔尖形状"、"形状动态"、"散布"设置参数值。

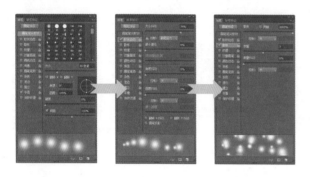

10 添加绿色圆点元素

设置完成后在画面中涂抹，为画面添加绿色圆点元素，丰富画面效果。

11 添加绿色树叶形状

单击"自定形状工具"按钮，在属性栏中设置填充色为淡绿色R145、G222、B47，选择"四叶草"形状后在画面中绘制形状，生成"形状1"图层。

12 添加绿色树叶形状

继续在画面中绘制形状，生成"形状2"图层。

13 继续添加形状并设置不透明度

在画面中继续绘制多个大小不一的形状，生成"形状5"图层。并设置"形状4"和"形状5"图层的"不透明度"为20%，增强画面层次感，丰富画面效果。

14 添加店铺名称

单击"横排文字工具"按钮，在属性栏中单击"字符和段落面板"按钮，在"字符"面板中设置文字各项参数值，设置完成后在画面中输入文字信息。

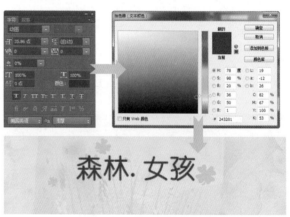

15 添加"描边"效果

双击该图层，打开"图层样式"对话框，在对话框中选择"描边"选项设置参数值，设置完成后单击"确定"按钮。最后设置图层混合模式为"颜色加深"，增强文字色彩层次感，使其在视觉上更加精致。

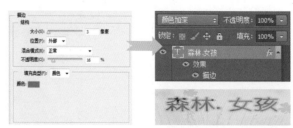

16 添加店铺广告语

单击"横排文字工具"按钮 T，在属性栏单击"切换字符和段落面板"按钮 ，在"字符"面板中设置文字各项参数值，设置完成后在画面中输入文字信息。

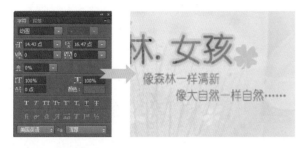

17 继续添加广告语

单击"横排文字工具"按钮 T，在属性栏单击"切换字符和段落面板"按钮 ，在"字符"面板中设置文字各项参数值，设置完成后在画面中输入文字信息。设置图层混合模式为"颜色加深"，"不透明度"为69%。

18 绘制圆角矩形

单击"圆角矩形工具"按钮 ，在属性栏设置填充为无，描边色为绿色R34、G172、B56，大小为1点，设置半径为5像素，完成后在画面中绘制圆角矩形，生成"圆角矩形1"图层，最后设置图层"不透明度"为69%。

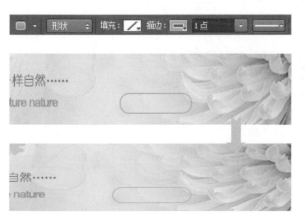

19 添加收藏店铺文字

单击"横排文字工具"按钮 T，在属性栏单击"切换字符和段落面板"按钮 ，在"字符"面板中设置文字各项参数值，设置完成后在画面中输入文字信息。

20 设置图层混合模式

在图层面板中设置文字图层混合模式为"颜色加深"，"不透明度"为69%。

21 调整画面整体色调

单击"创建新的填充或调整图层"按钮 ，并选择"照片滤镜"选项，在弹出的属性面板中设置参数值，调整图片色调，使画面色彩更加通透。完成本例的编辑。

6.3 实例：时尚美甲店招设计与详解

　　本例是为时尚美甲设计的店招页面，经过精心设计的SALE字样和靓丽的模特图片，让店招中的信息丰富而饱满，在视觉上达到一种活跃而又不凌乱的状态，增强了画面感染力。整幅画面在色调上使用代表高贵的淡紫色和热情的红色色系来进行表现，给人带来充满热情而又优雅的色彩感情，让客户体会到设计所营造出来的活跃、时尚的气氛。

● 效果展示

源文件：源文件\06\时尚美甲店招设计.psd

● 设计鉴赏

- 分析1：淡紫色的背景给人优雅、高贵、时尚青春的色彩情感，符合美甲店的行业特征；
- 分析2：画面中红色色调感觉热情、喜庆，而蓝色色调给人清爽、有空间感，冷暖色对比运用，得到了美妙的视觉效果；
- 分析3：SALE文字选择单纯简洁的字体，达到一目了然的效果，适当调整单个文字角度，打破了文字呆板的排列，在SALE文字上添加不同的花朵、圆圈等元素装饰文字，增加文字时尚感，丰富画面效果，大大提升了店招的感染力；
- 分析4：店铺名称文字占据画面中心的位置，选择圆润的字体样式，通过字号大小变化排列和对比色彩的搭配，配合店铺广告语文字的组合排列，使得店招更加具有表现性。

● 版式分析

　　本案例在版式布局中，将画面大致分为三个区域，通过在各个区域放置不同的信息，利用色彩上的差异到吸引顾客的视线，有一种组织美的编排方式。其中左边区域为信息传递的主要区域，使用较大字号的文字进行突出，通过调整单个文字角度和添加多个装饰元素来增加文字的视觉层次，使其成为客户第一关注的区域，而中间和右侧的信息，利用合理的设计平衡视觉，增加画面感染力。

● 配色剖析

R255、G51、B153	R255、G153、B204	R221、G221、B221	R234、G234、B234	R0、G153、B204
C0、M87、Y0、K0	C1、M53、Y0、K0	C16、M12、Y12、K0	C10、M7、Y7、K0	C78、M28、Y14、K0

○ 制作解析

① 添加漂亮女孩图片作为背景

在Photoshop中先创建一个径向渐变的填充图层作为底色，接着添加漂亮女孩图片，为图层添加图层蒙版，结合柔角的"画笔工具"隐藏部分图像，让背景显示出时尚、青春的效果。

② 添加文字并为其添加花朵元素

选择工具箱中的"横排文字工具"，打开"字符"面板设置文字属性，在画面中输入文字信息，创建多个文字图层，适当调整单个文字角度，打破文字呆板的排列，并结合图层样式添加渐变颜色丰富文字。选择"自定形状工具"，在属性栏设置"填充"、"描边"等参数，选择多个花朵、雪花等形状，在文字上添加装饰元素，结合"椭圆工具""画笔工具"设置参数值继续添加装饰元素。结合选区工具和"图层蒙版"隐藏文字区域外的装饰图像。最后为其制作倒影效果。

③ 添加主题文字

选择工具箱中的"横排文字工具"，打开"字符"面板对文字的颜色、字号、字体、字间距等文字的属性进行设置，在图像窗口中单击，输入文字信息，创建多个文字图层。

④ 点缀画面并调整色调

结合"矩形工具"、"圆角矩形工具"、"椭圆工具"绘制形状并适当调整效果，丰富文字整体的视觉效果。新建图层，结合画笔工具并设置参数值，为画面添加淡淡的白色光点，从而点缀画面。结合"照片滤镜"命令，在弹出的属性面板中设置参数值，调整画面整体色调，使画面色调更加统一，色彩更加鲜艳。

◎ 制作步骤详解

01 用填充图层制作背景

创建新文件，单击"渐变工具"按钮，在属性栏设置一个灰色R181、G181、B180到白色的径向渐变，并勾选"反向"选项，设置完成后从画面中心向下拖曳渐变条，制作背景。

02 添加女孩图片丰富背景

打开漂亮女孩素材文件，将其全选、复制、粘贴到当前文件中，按快捷键Ctrl+T结合自由变换命令调整图像大小和位置，完成后按Enter键结束命令，生成"图层1"。

03 添加"图层蒙版"隐藏部分图像

单击"添加图层蒙版"按钮，为图层添加图层蒙版，单击"画笔工具"，设置前景色为黑色，在属性栏设置参数值，设置完成后在画面中涂抹，涂抹过程中适当调整画笔参数，隐藏部分图像。

04 添加文字

单击"横排文字工具"按钮，在属性栏单击"切换字符和段落面板"按钮，在"字符"面板中设置文字参数值，设置完成后在画面左侧输入文字信息。

05 添加文字效果

双击该图层，打开"图层样式"对话框，在对话框中选择"描边"选项设置参数值，设置完成后单击"确定"按钮。

06 继续添加文字及效果

继续使用"横排文字工具"，在画面中依次输入文字信息。并拷贝S文字图层的图层样式分别粘贴至A、L文字图层，为其添加相同效果。

07 继续添加文字

继续使用"横排文字工具"，更改文字颜色参数值后，在画面中输入文字信息。

08 调整文字角度

按快捷键Ctrl+T结合自由变换命令调整文字的角度，完成后按Enter键结束命令。

09 添加文字效果

双击该图层，打开"图层样式"对话框，在对话框中选择"描边"选项设置参数值，设置完成后单击"确定"按钮。

10 为文字添加花朵元素

新建"组1"图层组，单击"自定形状工具"按钮，在属性栏设置填充色为白色，描边色为粉红色R255、G162、B255，大小为1点，选择"花1"形状后在画面文字上方绘制形状，生成"形状1"图层。

11 继续添加花朵元素

继续使用"自定形状工具"，在画面文字上方绘制多个大小不一的形状，生成"形状8"图层。

12 继续添加花朵元素

继续使用"自定形状工具"，在属性栏选择"花7"形状后在画面文字上方绘制形状，生成"形状9"图层。继续绘制多个大小不一的形状，生成"形状13"图层。

13 添加更多元素

继续使用"自定形状工具"，在属性栏设置各项参数值在画面文字上方绘制形状，生成"形状20"图层。

14 添加椭圆元素

单击"椭圆工具"按钮，在属性栏设置各项参数值，在画面文字上方绘制形状，生成"椭圆 1"图层。继续绘制多个形状，生成"椭圆4"图层。

15 添加圆点元素

新建"图层2"，设置前景色为暗红色R178、G77、B128，单击"画笔工具"按钮，单击"切换画笔面板"按钮，在弹出的面板中选择"画笔笔尖形状"、"形状动态"、"散布"设置参数值。设置完成后在画面中随意涂抹。

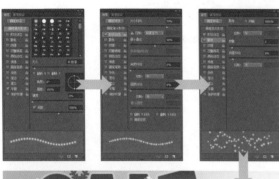

16 添加蒙版隐藏部分图像

按住Ctrl+Shift组合键单击文字S、A、L、T图层缩览图，将其载入选区，选中"组1"图层组，单击"添加矢量蒙版"按钮，隐藏文字区域以外的图像。

17 添加投影

按住Ctrl+Shift组合键单击"组 1"、S、A、L、T文字图层，按快捷键Ctrl+Alt+E合并选中图层，生成"组1（合并）"图层。按快捷键Ctrl+T结合自由变换命令将其垂直翻转并移动到画面合适位置。

18 制作投影效果

单击"添加图层蒙版"按钮，为图层添加图层蒙版，单击"渐变工具"按钮，在属性栏设置黑色到透明色的线性渐变，设置完成后在画面中拉出渐变，隐藏部分图像。

19 调整效果

单击"创建新的填充或调整图层"按钮，选择"色阶"选项，在弹出的属性面板中设置参数值，调整图片色调。

20 添加店铺名称

单击"横排文字工具"按钮，在属性栏单击"切换字符和段落面板"按钮，在"字符"面板中设置文字各项参数值，设置完成后在画面中输入文字信息。并适当调整字体大小和颜色。

21 添加广告语及其他文字

继续使用"横排文字工具"，在"字符"面板中设置文字各项参数值后在画面中输入文字信息。

22 添加矩形

选择工具箱中的"矩形工具"，在该工具的选项栏中设置填充色为蓝色R126、G206、B244，设置完成后在画面中绘制矩形，在图像窗口中可以看到编辑的效果。

23 添加渐变效果

单击"添加图层蒙版"按钮，为图层添加图层蒙版，单击"渐变工具"按钮，在属性栏设置黑色到透明色的线性渐变，设置完成后在画面中拉出渐变，隐藏部分图像。最后设置图层"不透明度"为50%，在图像窗口中可以看到编辑的效果。

24 添加圆角矩形

单击"圆角矩形工具"按钮，在属性栏设置填充色为蓝色R126、G206、B244，半径为5像素，设置完成后在画面中绘制圆角矩形。最后设置图层"不透明度"为52%，在图像窗口中可以看到编辑后的效果。

25 添加多个椭圆

单击"椭圆工具"按钮，在属性栏设置填充色为紫色R214、G6、B246，设置完成后在画面中绘制椭圆。调整颜色参数后继续绘制绿色、橙色椭圆。

26 添加白色圆点点缀画面

新建"图层3"，设置前景色为白色，单击"画笔工具"按钮，单击"切换画笔面板"按钮，在弹出的面板中选择"画笔笔尖形状"、"形状动态"、"散布"设置参数值。设置完成后在画面中随意涂抹。

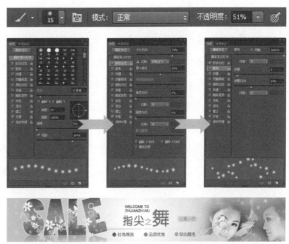

27 添加多个椭圆

单击"创建新的填充或调整图层"按钮，并选择"照片滤镜"选项，在弹出的属性面板中设置参数值，调整图片色调，使画面色彩更加鲜艳。完成本例的编辑。

6.4　实例：艺术品收藏店招设计

本例是为艺术品收藏设计的店招页面，在设计中将商品的图片合成在一起制作成背景，利用不完整的图片显示来引起人们的注意，整体画面统一而又有变化的效果。视觉中心位置运用圆润类字体搭配繁体草书类字体，使文字内容富有力度，文字层级分明，给人张弛有度的印象，让客户体会到设计所营造出来的古风、怀旧艺术的氛围。

◎ 效果展示

源文件：源文件\06\艺术品收藏店招设计.psd

◎ 设计鉴赏

- 分析1：画面左右的图片，通过剪裁图片来控制版面内容的取舍，裁剪提取出的局部，引起客户注意，给客户带来新奇感；
- 分析2：适当添加杂色效果，能增加画面质感，呈现一种复古韵味；
- 分析3：画面中心位置的主题文字，通过特定的段落排列方式，增加了文字的美感，同时客户在文字的阅读上感到流畅、顺遂；
- 分析4：文字编排上根据文字内容的重要程度，个别文字使用大号字体，不同风格的字体搭配，增加文字设计感，添加圆圈、矩形等元素装饰字体，使文字更加精致、美观，使用沉静、朴实的紫色，生动地表现主题内容的内涵、质感和量感。

◎ 版式分析

在本案例的布局设计中，画面左右部分添加相似的素材图片，达到和谐统一的效果，使得画面元素在对称中产生一定的变化，继而将客户的视线指引到中心位置的文字部分，通过段落排列体现文字的美感，同时清晰地传达内容，适当添加部分装饰性图形，使其在视觉中心的位置上有重量。

◎ 配色剖析

R118、G60、B111 C66、M88、Y38、K1	R140、G19、B73 C52、M100、Y60、K11	R166、G74、B35 C41、M82、Y100、K6	R231、G192、B134 C13、M29、Y51、K0	R218、G202、B188 C18、M22、Y25、K0

○ 制作解析

① 添加静物图片作为背景

　　在Photoshop中先创建一个灰色到白色的线性渐变填充图层作为底色。接着添加两个静物素材图片，分别调整图片位置，为图层添加图层蒙版，结合柔角的"画笔工具"，设置前景色为黑色，在属性栏设置参数后涂抹图像，隐藏图片的部分图像，让背景与图片融合。

② 添加杂色效果

　　使用"矩形选框工具"创建部分选区，新建图层，结合"渐变工具"为选区填充一个深灰到浅灰的线性渐变，添加"图层蒙版"，选择柔角的"画笔工具"设置前景色为黑色，在属性栏设置参数值后，涂抹图像，涂抹过程中适当调整画笔参数，隐藏部分图像效果，最后设置图层"不透明度"使其效果与图片融合。新建图层，并填充白色，执行"滤镜>杂色>添加杂色"命令，在弹出的对话框中设置参数值，设置完成后单击确定按钮，为图像添加杂色效果。

③ 添加主题文字

　　选择工具箱中的"横排文字工具"，打开"字符"面板对文字的颜色、字号、字体、字间距等文字的属性进行设置，在图像窗口中单击，输入文字信息，创建多个文字图层。结合"椭圆工具"、"矩形工具"、"钢笔工具"绘制图形形状，为文字添加装饰。

④ 调整色调

　　单击"创建新的填充或调整图层"按钮 ◎ ，选择"照片滤镜"命令，在弹出的属性面板中设置参数值，调整画面整体色调。

○ 制作步骤详解

01 用填充图层制作背景

创建新文件，单击"渐变工具"按钮■，在属性栏设置一个灰色R168、G167、B163到白色的线性渐变，设置完成后从下向上拖曳渐变，制作背景。

02 添加艺术品图片丰富背景

打开艺术品素材文件，将其全选、复制、粘贴到当前文件中，按快捷键Ctrl+T结合自由变换命令调整图像大小和位置，完成后按下Enter键结束命令，生成"图层1"。

03 添加"图层蒙版"隐藏部分图像

单击"添加图层蒙版"按钮■，为图层添加图层蒙版，单击"画笔工具"，设置前景色为黑色，在属性栏设置参数值，设置完成后在画面中涂抹，涂抹过程中适当调整画笔参数，隐藏部分图像。

04 添加更多图片

打开另外一张素材文件，将其全选、复制、粘贴到当前文件中，按快捷键Ctrl+T结合自由变换命令调整图像大小和位置，将其放置于画面合适位置，完成后按下Enter键结束命令，生成"图层2"。

05 添加"图层蒙版"隐藏部分图像

单击"添加图层蒙版"按钮■，为图层添加图层蒙版，单击"画笔工具"，设置前景色为黑色，在属性栏设置参数值，设置完成后在画面中涂抹，涂抹过程中适当调整画笔参数，隐藏部分图像。

06 创建选区并填充颜色

使用"矩形选框工具"，在画面中绘制矩形创建选区。新建"图层3"，使用"渐变工具"，在属性栏设置一个黄灰色R154、G151、B133到绿灰色R236、G242、B233的线性渐变，设置完成后从下向上拖曳渐变，填充选区，最后按快捷键Ctrl+D取消选区。

07 设置图层不透明度

在图层面板设置"图层3"图层"不透明度"为73%，使其与背景衔接融洽。

08 隐藏部分图像效果

单击"添加图层蒙版"按钮■，为图层添加图层蒙版，单击"画笔工具"，设置前景色为黑色，在属性栏设置参数值，设置完成后在画面中涂抹，涂抹过程中适当调整画笔参数，隐藏部分图像。

09 添加杂色增加质感

新建"图层4"并填充白色,执行"滤镜>杂色>添加杂色"命令,在弹出的属性面板中设置参数值,设置完成后单击"确定"按钮,最后设置图层的"不透明度"为15%,使画面效果更加自然。

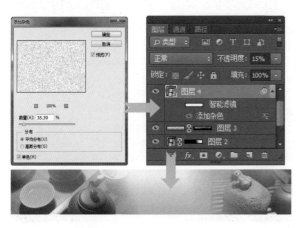

10 添加文字

新建"组1"图层组,单击"横排文字工具"按钮，在属性栏单击"切换字符和段落面板"按钮，设置文字各项参数值,设置完成后在画面中输入文字信息。

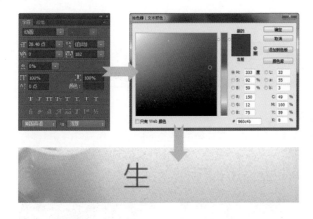

11 添加多个文字

继续使用"横排文字工具",在"字符"面板中设置文字字号参数值,设置完成后在画面中输入多个文字信息。

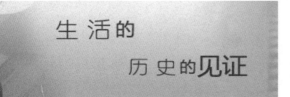

12 添加重要文字

继续使用"横排文字工具",在"字符"面板中设置文字字号参数值,设置完成后在画面中输入多个文字信息。

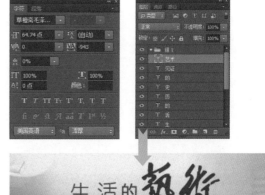

13 添加文字装饰图形

使用"椭圆工具",在属性栏设置参数值,设置完成后按住Shift键在画面合适位置绘制圆形,生成"椭圆1"图层。

14 添加更多装饰图形

复制多个"椭圆1"图层,生成"椭圆1副本3"图层,按快捷键Ctrl+T结合自由变换命令分别调整圆形的位置和大小。

15 添加更多装饰图形

使用"矩形工具",在属性栏设置参数值,设置完成后在画面合适位置绘制矩形图形,生成"矩形1"图层。

16 添加白色文字

单击"横排文字工具"按钮**T**,在属性栏单击"切换字符和段落面板"按钮,在"字符"面板中设置文字各项参数值,设置完成后在画面中输入文字信息。

17 添加形状

使用"钢笔工具",在属性栏中设置各项参数值,设置完成后在画面中绘制形状,生成"形状1"图层。

18 添加文字

单击"横排文字工具"按钮**T**,在属性栏单击"切换字符和段落面板"按钮,在"字符"面板中设置文字各项参数值,设置完成后在画面中输入文字信息。

19 调整图片色阶

单击"创建新的填充或调整图层"按钮,并选择"色阶"选项,在弹出的属性面板中设置参数值,调整图片色调,加深画面色彩对比。

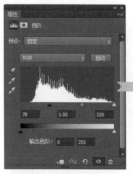

20 隐藏色阶部分效果

单击"添加图层蒙版"按钮,为图层添加图层蒙版,单击"画笔工具",设置前景色为黑色,在属性栏设置参数值,设置完成后在画面中涂抹,涂抹过程中适当调整画笔参数,隐藏部分效果。

21 添加文字

单击"创建新的填充或调整图层"按钮,并选择"照片滤镜"选项,在弹出的属性面板中设置参数值,调整图片色调,使画面色彩更加通透。完成本例的编辑。

6.5 实例：休闲装店招设计

本例是为休闲装设计的店招页面，通过手绘的方式能更好地亲近客户，营造一种自由、悠闲的氛围，同时使店招具有独特的魅力。带有纹理、质感的天蓝色背景，添加上云朵和小鸟，奠定了画面清新、自由的基础，结合手绘方式的服装展示，加深画面感染力，营造出轻松愉悦的氛围。

〇 效果展示

源文件：源文件\06\休闲装店招设计.psd

〇 设计鉴赏

- 分析1：选择代表自由的天蓝色作为背景符合休闲风格，并添加特殊纹理和质感增强背景层次；
- 分析2：添加上云彩、小鸟形状图形，适当调整形状的大小、颜色、位置、方向，以及调整形状图层的透明度来将其合理地排列到画面中，为背景添加生机和活力。整个背景画面以蓝天白云的色彩搭配，带给人舒适、自由的感觉；
- 分析3：通过手绘服装的方式展示店铺的服装产品，清晰地告诉客户店铺的销售范围，同时容易使客户接受产品；
- 分析4：主题文字选择圆润的字体样式，搭配画面整体风格，结合字体大小的编排增加设计感，以及填充不同的色彩，达到吸引人眼球的效果，结合形状工具绘制图形装饰文字，使文字更加精致，增加文字版面的可视性。

〇 版式分析

在版式的设计中，将界面进行黄金分割，把店铺的名称放在黄金分割点上，使其形成视觉上的焦点。店招的左侧添加了手绘效果的修饰素材，占据较大的版面部分用于展示店铺的商品，能给人留下深刻的印象。店招的右侧添加云朵、小鸟装饰元素点缀画面，平衡画面。通过划分每个部分画面所占比例的大小来增加画面活力和视觉冲击力。

〇 配色剖析

R95、G85、B82	R132、G188、B192	R134、G215、B177	R181、G221、B201	R243、G237、B213
C68、M66、Y64、K17	C53、M15、Y27、K0	C51、M0、Y41、K0	C35、M3、Y28、K0	C7、M8、Y20、K0

133

⭕ **制作解析**

① **使用滤镜制作质感背景**

在Photoshop中先创建一个纯色的填充图层作为底色，复制背景图层，执行"滤镜>杂色>添加杂色"命令，在弹出的对话框中设置参数值，设置完成后单击确定按钮，为图像添加杂色效果，调整图层"不透明度"使其与背景相融合。继续复制背景图层，执行"滤镜>滤镜库>龟裂缝"命令，设置参数值，为图像添加裂缝效果，同时调整图层"不透明度"使其与环境相融合。

② **添加云彩、鸟形状图形丰富画面**

选择"自定形状工具"，在属性栏设置填充、描边等参数值，并选择"云彩1"形状，在画面中绘制多个大小不一的云彩形状，并适当调整个别图层的"不透明度"，使画面富有变化。继续使用"自定形状工具"设置参数值并选择"鸟2"形状，在画面中绘制大小不一的图形，结合快捷键Ctrl+T调整形状的方向，并适当调整图层不透明度，从而丰富背景。

③ **手绘服装类元素**

新建图层，设置前景色为棕色，选择柔角的"画笔工具"，在属性栏设置参数，在画面中拖曳鼠标绘制一条直线，绘制过程中要求随意。继续新建多个图层，分别绘制裤子、衣服、袜子等图像。

④ **添加主题文字**

选择工具箱中的"横排文字工具"，打开"字符"面板对文字的颜色、字号、字体、字间距等文字的属性进行设置，在图像窗口中单击，输入文字信息，创建多个文字图层。再结合"自定形状工具"、"圆角矩形工具"绘制图形，使文字表现效果更加精致。

6.6　实例：个性服装店招设计

本例是为个性服装设计的店招页面，整个编排设计主次分明，极具个性，具有很强的视觉冲击力，能够使客户快速地接收到页面所传递的信息。店铺名称选择较大字号的粗体文字表现，大面积占据画面的中心位置，彰显个性。选择冷艳、中性的人物素材图片添加到画面两侧，点缀画面，营造出个性、时尚的氛围。

◎ 效果展示

源文件：源文件\06\个性服装店招设计.psd

◎ 设计鉴赏

> 分析1：选择风格相似的女孩图片，并将图片放置于画面两端，既增加画面的感染力又不影响主题文字内容的表现；
>
> 分析2：选择坚固挺拔字体样式的主题文字，显得格外醒目，可表现出富有力度的文字效果，其中适当地调整个别文字的角度，打破文字深沉的格局，填充个别文字鲜艳的颜色以提升画面的明艳度。通过对文字添加描边和填充渐变使文字展现一定的扩张力，增加文字的细节表现；
>
> 分析3：制作出文字的倒影效果，增强文字的立体感，加深文字版面的力度；
>
> 分析4：简介的广告语使用倾斜的方式编排，与文字的走势大致上保持一致，在倾斜的力度上不可太过，切记过于夸张，以免降低文字的可读性；
>
> 分析5：添加淡淡的白色圆点作为点缀，为画面添加少量体现轻盈的元素。

◎ 版式分析

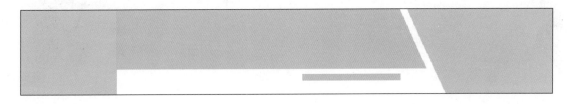

在版式的设计中，以图文面积对比来赋予版面活力，其中文字部分以较大的面积占据画面中心位置，并且选择格外醒目的粗体字体样式，决定了文字的主导地位和视觉中心，左右两边添加人物图片，占据画面的较小面积，丰富画面的同时不影响主体物的视觉传递，起到点缀的作用。

◎ 配色剖析

R247、G86、B43	R142、G125、B105	R212、G199、B155	R250、G238、B198	R255、G252、B219
C1、M80、Y83、K0	C52、M52、Y59、K1	C22、M22、Y43、K0	C4、M8、Y28、K0	C2、M1、Y20、K0

○ 制作解析

1 使用滤镜制作质感背景

在Photoshop中先创建一个灰色到白色的线性渐变填充图层作为底色。接着添加人物图片，将其放置于画面合适位置，为图层添加图层蒙版，结合柔角的"画笔工具"隐藏部分图像，让背景与图片融合。

2 添加文字并结合图层样式添加效果

选择工具箱中的"横排文字工具"，在属性栏打开"字符"面板对文字的颜色、字号、字体、字间距等文字的属性进行设置，在图像窗口中单击，输入文字信息，创建两个文字图层。使用快捷键Ctrl+T结合自由变换命令调整部分文字的角度。双击图层打开图层样式对话框，选择"描边"、"渐变叠加"选项设置参数值，分别为文字添加效果。

3 制作文字投影、添加装饰元素

选中所有文字图层，快捷键Ctrl+Alt+E合并选中图层，按快捷键Ctrl+T结合自由变换命令将其垂直翻转并移动到画面合适位置。结合"图层蒙版"和"渐变工具"隐藏部分投影图像。继续使用"横排文字工具"在画面中输入文字，适当调整文字角度的大小。新建图层，选择"画笔工具"并设置前景色为白色，在属性栏单击"切换画笔面板"按钮 ，在弹出的面板中选择"画笔笔尖形状"、"形状动态"、"散布"设置参数值。设置完成后在画面中随意涂抹，添加白色圆点，装饰画面。

4 调整画面整体效果

单击"创建新的填充或调整图层"按钮 ，依次选择"照片滤镜"、"颜色填充"、"选取颜色"和"曲线"命令，在弹出的属性面板中设置参数值，调整画面整体色调。

6.7　实例：古董销售店招设计

　　本例是为古董销售设计的店招页面，在设计中选择了可以带给视觉平静和理智的深蓝色作为店招的背景，这样的构思符合行业人群的喜好，此外，在店铺名称的编辑中，用白色的主题文字搭配黑色的欢迎语，黑白色搭配简洁有力，最后通过多种调整命令修饰商品颜色，同时改变商品的颜色和材质，让客户体会到设计所营造出来的遐想、沉着的氛围。

◉ 效果展示

源文件：源文件\06\古董销售店招设计.psd

◉ 设计鉴赏

　　分析1：选择使人联想到无限的宇宙、令人感到神秘的深蓝色作为背景，带给人平静和理智的感觉，为背景填充图案加深背景视觉效果；

　　分析2：画面中主题文字填充白色，与暗调的背景形成鲜明对比，增强了文字的可视性和准确传达性，通过搭配黑色的欢迎语，经典的黑白配大大增强了主题文字的表现力；

　　分析3：广告语使用小字号文字，与主题文字形成对比，使画面更具冲击力，给客户传递主次的观念；

　　分析4：通过调整商品大小、位置、分布的不同来平衡画面，将画面中背景、文字、商品三个部分的前后层次清晰地表现出来；

　　分析5：添加商品后，通过一定的调整，改变商品本来的颜色，使其与背景的色调相统一，制作商品的倒影效果，加深商品的空间感。

◉ 版式分析

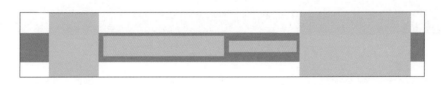

　　在版式的设计中将该图像分为左中右三个区域，左边和右边区域为商品展示区域，通过调整商品大小、位置，以简洁且合理的方式组织图片，提升版面的吸引力。中间区域文字使用大小字号对比，黑白色对比，以及通过文字编排来提升文字的可看性，适当地加入带有装饰性的视觉元素，增加文字板块的感染力。

◉ 配色剖析

R27、G29、B38 C87、M84、Y71、K59	R46、G45、B61 C85、M83、Y62、K40	R93、G116、B103 C71、M50、Y61、K4	R168、G190、B178 C40、M19、Y32、K0	R139、G130、B121 C53、M49、Y50、K0

◯ 制作解析

1 使用填充图案制作质感背景

在Photoshop中先创建一个填充深蓝色图层作为底层，单击"创建新的填充或调整图层"按钮 ◯，选择"图案"命令，在弹出的属性面板中设置参数值，最后调整图层"不透明度"为背景添加图案。结合"矩形工具"在画面中心绘制矩形继续填充图案，同样调整图层"不透明度"并创建剪贴蒙版，制作质感背景。

2 添加文字和装饰文字图形

新建图层组，选择工具箱中的"横排文字工具"，打开"字符"面板对文字的颜色、字号、字体、字间距等文字的属性进行设置，在图像窗口中单击，输入文字信息，创建多个文字图层。结合"图层样式"、图层混合模式、图层"不透明度"为文字图层添加效果，再结合"矩形工具"绘制矩形，装饰文字。

3 加入商品图片

接着添加商品图片，将其放置于画面合适位置，分别为图层添加图层蒙版，结合"钢笔工具"沿着罐子边缘勾勒形状，勾勒完成后按快捷键Ctrl+Enter将其转换为选区，反选选区并填充黑色，隐藏图片背景图像，只显示商品图片。

4 调整画面整体效果

单击"创建新的填充或调整图层"按钮 ◯，依次选择"亮度/对比度"、"色阶"、"黑白"、"颜色填充"命令，在弹出的属性面板中设置参数值，分别结合图层蒙版填充部分黑色，只调整商品色调。最后复制图层，按快捷键Ctrl+T结合自由变换命令调整图像方向、位置。结合"图层蒙版"和"渐变工具"隐藏部分效果，适当调整图层"不透明度"，为商品制作投影效果。

第 **7** 章
帮助顾客精确定位
——导航条

7.1 导航条的设计分析

导航条是网店首页中不可缺少的部分，它是指通过一定的技术手段，为店铺的顾客提供一定的途径，使其可以方便地访问到所需的内容，是浏览网店时可以快速从一个页面转到另一个页面的快速通道，利用导航条，我们可以快速找到想要浏览的商品或信息。

在设计网店导航的过程中，对于导航的尺寸有一定的限制，例如淘宝网规定导航的尺寸为950像素的宽度，50像素的高度，如下图所示，我们可以看到这个尺寸能够设计的空间非常的有限，除了可以对颜色和文字内容进行更改之外，很难进行更深层次的创作，但是，随着网页编辑软件的逐渐普及，很多设计师都开始对网店首页的导航倾注更多的心血，通过对首页整体进行切片来扩展首页的装修效果。

尺寸为950像素×50像素

在设计网店首页的导航条的时候，要考虑到导航条的色彩和字体的风格，应当从整个首页装修的风格出发，定义导航条的色彩和字体，毕竟导航条的尺寸较小，使用太突兀的色彩会形成喧宾夺主的效果。鉴于导航条的位置都是固定在店招下方的，因此只要力求和谐和统一，就能够创作出满意的效果，如下图所示分别为两个不同店铺中的导航设计，它们都与整个网店的风格一致。

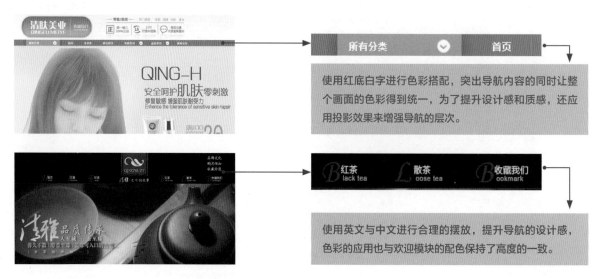

使用红底白字进行色彩搭配，突出导航内容的同时让整个画面的色彩得到统一，为了提升设计感和质感，还应用投影效果来增强导航的层次。

使用英文与中文进行合理的摆放，提升导航的设计感，色彩的应用也与欢迎模块的配色保持了高度的一致。

除了使用文字和单一色彩的背景进行组合设计导航条以外，现在很多的设计师还会挖空心思设计出更有创意的作品，从而提升店铺装修的品质感和视觉感，如下图所示就是使用较为独特外形设计出来的导航条。

7.2　实例：清爽风格导航条设计与详解

　　本例是为清爽风格设计的导航条页面，浅灰色的背景添加白色装饰线条给人轻柔，舒适的感觉，画面主体以深灰绿的色彩表达清爽、通透的色彩情感，添加的绿色植物更是增加了整个画面的活力。通过这些设计让客户体会到设计所营造出来的清爽，舒适的气氛。

◎ 效果展示

源文件：源文件\07\清爽风格导航条设计.psd

◎ 设计鉴赏

- 分析1：导航条选择饱和度较低的深灰绿，是为了给客户传递一种舒适的色彩感受，避免高饱和度的纯绿色，造成客户视觉疲劳。添加嫩绿色的植物在导航条上，模仿大自然中植物破地而出，迎风生长的自然状态，为画面添加生机；

- 分析2：视觉中心位置的六边形图形，填充灰色到白色的渐变增加图形的层次感，白色给人洁净、朴素的感觉，适当加入灰色加深色彩的重量感，弱化白色的单调感；

- 分析3：画面中心选择装饰性强的文字，以简单的段落排列，美化文字的同时不降低文字可读性。

◎ 版式分析

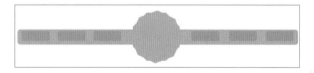

　　本案例在布局的设计中，使用十字交叉来划分版面，给人稳定、踏实、富有创意的视觉感受，十字线上的内容是画面的主要内容，交叉位置是视觉中心点，并通过添加几何图形美化版面的同时平衡版面，水平方式放置的导航按钮上使用相同字体、字号的文字，以等比例的间距横向排列，按照常见的导航条排列方式来处理，更容易被顾客接受。

◎ 配色剖析

R140、G166、B139	R127、G165、B104	R70、G94、B72	R126、G143、B124	R235、G238、B243
C52、M27、Y49、K0	C57、M25、Y69、K0	C77、M56、Y76、K18	C58、M39、Y53、K0	C10、M6、Y4、K0

○ 制作解析

① **制作格子背景**

在Photoshop中先创建一个纯色的填充图层作为底色，选择"自定形状工具"，在属性栏设置填充、描边，在画面中绘制白色格子形状，复制多个调整位置填满画面，最后设置图层"不透明度"。继续复制多个并调整位置和"不透明度"，制作格子效果。

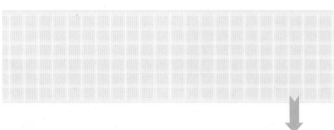

② **添加导航条形状和绿草装饰形状**

选择"圆角矩形工具"，在属性栏设置填充、描边、半径等参数值，在画面中绘制绿色导航条形状，结合"图层样式"添加立体感。选择"自定形状工具"，在属性栏设置填充、描边、半径等参数值，在画面中心处绘制渐变"六边形"形状，复制图层调整角度并添加投影效果，最后为其添加高光丰富层次。

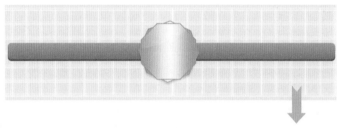

③ **制作绿草装饰形状**

选择"画笔工具"载入绿草笔刷，设置前景色为绿色在画面中添加绿草，适当调整画笔角度绘制倾斜的绿草，使其与形状边缘衔接自然。

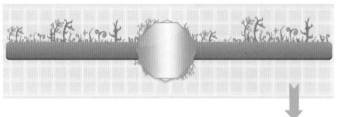

④ **制作装饰线框并添加文字**

使用"圆角矩形工具"，在属性栏设置填充、描边、半径等参数值，在画面中添加线框。选择工具箱中的"横排文字工具"，打开"字符"面板对文字的颜色、字号、字体、字间距等文字的属性进行设置，在图像窗口中单击，输入文字信息，创建多个文字图层，最后结合"图层样式"为个别文字添加渐变效果，丰富文字色彩。

○ 制作步骤详解

01 用填充图层制作背景
创建新文件，设置前景色为R235、G239、B243的颜色，按快捷键Alt+Delete填充图层，制作浅灰色背景。

02 添加格子形状
新建"格子"图层组，选择"自定形状工具"，在属性栏设置填充色为白色，选择"网格"形状，在画面最左边绘制网格生成"形状1"。

03 复制多个格子形状
复制多个格子形状，生成"形状1拷贝7"图层，使用"移动工具"分别调整位置，使其均匀排列并铺满整个画面。最后设置"格子"图层组的图层"不透明度"为82%。

04 复制图层组并调整位置
复制"格子"图层组，生成"格子拷贝"图层组，使用"移动工具"向上稍稍调整位置，最后设置图层组的图层"不透明度"为52%。

05 继续复制图层组
复制多个"格子拷贝"图层组，生成"格子拷贝4"图层组，使用"移动工具"分别向下、向左、向右稍稍调整位置。

06 制作导航条
选择"圆角矩形工具"，在属性栏设置填充色为深灰绿到浅灰绿的线性渐变，设置半径为14像素，在画面中绘制绿色导航条形状。

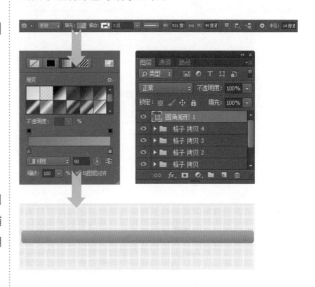

07 添加导航条立体感
双击该图层，打开"图层样式"对话框，在对话框中选择"斜面和浮雕"选项设置参数值，设置完成后单击"确定"按钮，添加立体感。

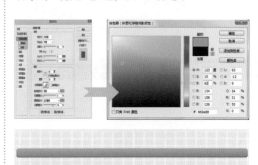

08 添加"六边形"形状

选择"自定形状工具",在属性栏设置填充色为渐变色,选择"六边形"形状,在画面中心绘制形状生成"形状2"。

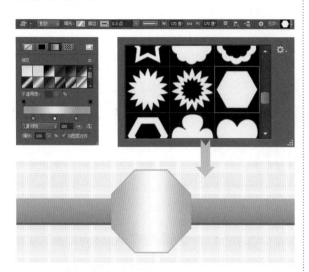

09 复制形状并添加投影

复制"形状2"生成"形状2拷贝"图层,将其移至"形状2"图层下方,按快捷键Ctrl+T结合自由变换命令适当调整角度,双击该图层,打开"图层样式"对话框,在对话框中选择"投影"选项设置参数值,设置完成后单击"确定"按钮。

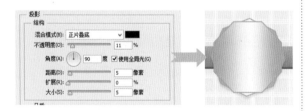

10 添加高光

选择"钢笔工具"在属性栏设置填充色为白色,在画面中绘制形状,重命名为"高光"图层,设置图层"不透明度"为17%,按快捷键Ctrl+Alt+G为其创建剪贴蒙版。

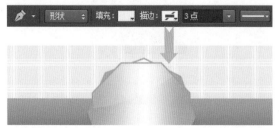

11 添加绿草装饰导航条

在"格子拷贝4"图层组上方新建图层,重命名为"绿草",选择"画笔工具"载入绿草笔刷,选中绿草画笔后设置画笔大小为200像素,设置前景色为深绿,在导航条上方涂抹,涂抹过程中稍稍调整画笔大小,注意导航条与绿草的衔接问题。

12 添加绿草装饰形状

新建"绿草2"图层,继续使用"画笔工具",适当调小画笔参数值后在形状周围涂抹。

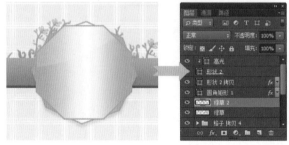

13 继续添加绿草装饰形状

复制"绿草2"图层,生成"绿草2拷贝"图层,按快捷键Ctrl+T结合自由变换命令,调整图层方向,并向下调整图层位置,调整完成后单击Enter键确定调整。

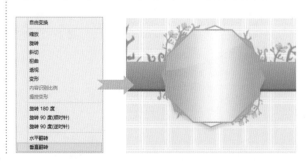

14 制作线框

选择"圆角矩形"工具，在属性栏设置参数值，完成后在导航条上绘制白色线框，生成"圆角矩形2"图层，重命名为"线框"图层，并将其移至图层面板最上方。

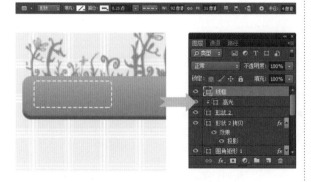

15 复制多个线框

复制多个"线框"图层，生成"线框拷贝5"图层，分别使用"移动工具"调整其位置。

16 调整个别线框颜色

选择"线框拷贝3"图层，在属性栏更改填充色为深绿色。

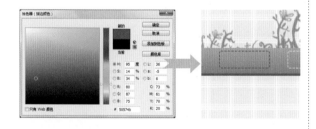

17 添加菜单文字

新建"文字"图层组，选择"横排文字工具"，打开"字符"面板对文字的颜色、字号、字体等文字的属性进行设置，在最左边线框中输入白色文字信息。

18 添加更多文字

继续使用"横排文字工具"，在剩余的线框中输入白色文字信息。

19 添加不同风格文字

使用"横排文字工具"，打开"字符"面板对文字的颜色、字号、字体等文字的属性进行设置，在画面中心输入灰色文字信息。

20 添加文字并填充渐变颜色

使用"横排文字工具"，打开"字符"面板对文字的字号进行设置，在画面中输入文字信息。双击该图层，打开"图层样式"对话框，选择"渐变叠加"选项，在"渐变编辑器"对话框中设置一个深绿色R77、G128、B65到嫩绿色R202、G226、B115的渐变，设置完成后单击"确定"按钮，最后设置图层"不透明度"为70%。完成本列编辑。

7.3 实例：时尚风格导航条设计与详解

本例是为时尚风格设计的导航条页面，将丝带运用到导航条的设计中，增加时尚感，同时卷装的带子、黄色的装饰线条，给人动态的感受，通过动静结合的表现方式吸引人眼球，这些设计让客户体会到设计所营造出来的时尚、活跃的气氛。

◉ 效果展示

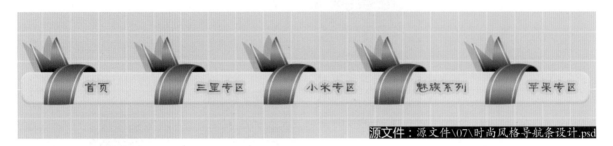

源文件：源文件\07\时尚风格导航条设计.psd

◉ 设计鉴赏

- 分析1：背景填充灰蓝色传递平静的视觉感受，避免影响主体物的视线，添加白色装饰线条制作时尚、流行的格子风格；

- 分析2：导航条的倒角的半径较大，给人圆润的感觉，填充白灰色能增加空间延伸感，再为其适当地添加厚度，增加导航条的视觉力度，使其更加精致可观；

- 分析3：卷装的带子形状以缠绕的方式放置于导航条上，有一种立体的空间感，通过有序的排列在导航条上形成一定的节奏和韵律；

- 分析4：为导航条上的菜单文字添加淡淡的蓝色描边，丰富文字效果的同时使深色的文字和浅色的导航条衔接融洽。

◉ 版式分析

本案例由于设定的导航条的材质为丝带，因此在排版布局的过程中使用了等距离的方式进行设计，有效地把握画面的空间感、平衡感，让导航条表现出一定的韵律感，也让画面体现出干净舒适、轻快明朗的视觉感受。布局中水平走向易于把握画面的平衡性，导航条上的卷装带子以线面组合形成，给画面增加了设计感，同时使得设计效果更加精彩动人。

◉ 配色剖析

R73、G81、B92	R87、G97、B109	R211、G218、B224	R230、G230、B230	R192、G203、B81
C78、M68、Y56、K15	C74、M62、Y51、K5	C21、M12、Y10、K0	C12、M9、Y9、K0	C34、M13、Y78、K0

○ 制作解析

① 制作格子背景

　　在Photoshop中先创建一个文件，填充灰蓝色作为背景。新建"格子"图层组，选择"自定形状工具"，在属性栏设置参数值，在画面左上方绘制白色格子形状，复制多个格子形状，结合移动工具分别调整图层位置，使其均匀填满整个画面，最后调整图层组的"不透明度"。选择"圆角矩形工具"，在属性栏设置填充、描边、半径等参数值，在画面中绘制浅灰色导航条形状。

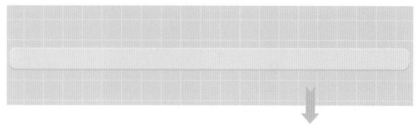

② 添加卷状带子前面部分形状

　　新建"带子前面"图层组，选择"钢笔工具"，在属性栏设置参数值，在画面中绘制卷状带子形状，继续使用"钢笔工具"绘制黄色线条，设置图层混合模式并添加剪贴蒙版，按照相同方法绘制另一个装饰线条。复制多个"带子前面"图层组，分别调整位置。

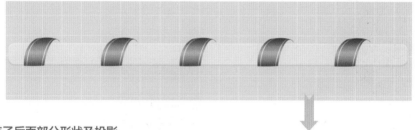

③ 添加卷状带子后面部分形状及投影

　　新建"带子后面"图层组，按照相同方法绘制带子后面部分形状及装饰线条，最后新建图层结合尖角的"画笔工具"涂抹黑色制作形状的暗部。复制多个"带子后面"图层组，分别调整位置。

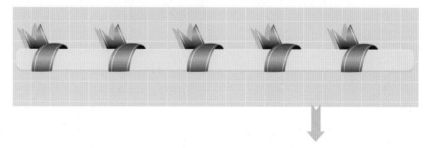

④ 添加文字

　　新建"文字"图层组，选择"横排文字工具"，打开"字符"面板对文字的颜色、字号、字体、字间距等文字的属性进行设置，在图像窗口中单击，输入文字信息，创建多个文字图层，双击"文字"图层组，打开"图层样式"对话框，选择"描边"选项设置参数值，为文字图层组添加描边效果。

● 制作步骤详解

01 用填充图层制作背景

创建新文件，设置前景色为灰蓝色R211、G218、B224，按快捷键Alt+Delete填充图层，制作浅灰蓝色背景。

02 添加格子形状

新建"格子"图层组，选择"自定形状工具"，在属性栏设置填充色为白色，选择"网格"形状，在画面左上角绘制网格生成"形状1"。

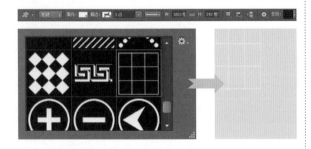

03 复制多个格子形状

复制多个格子形状，生成"形状1拷贝13"图层，使用"移动工具"分别调整位置，使其均匀排列并铺满整个画面。最后设置"格子"图层组的图层"不透明度"为38%。

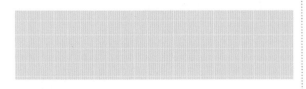

04 制作导航条

选择"圆角矩形工具"，在属性栏设置填充色为深灰绿到浅灰绿的线性渐变，设置半径为14像素，在画面中绘制浅灰色导航条形状。

05 添加导航条立体感

双击该图层，打开"图层样式"对话框，在对话框中选择"斜面和浮雕"和"投影"选项设置参数值，设置完成后单击"确定"按钮，添加立体感。

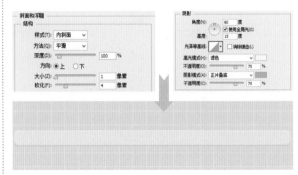

06 制作卷状带子前面部分

新建"带子前面"图层组，选择"钢笔工具"，在属性栏设置渐变填充色，在画面中绘制卷状形状，生成"形状1"图层。

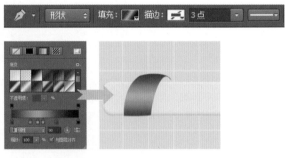

07 添加线条装饰带子

继续使用"钢笔工具"，在属性栏设置描边色和描边大小，在画面中绘制线条形状，生成"形状2"图层，设置图层混合模式为"叠加"，按快捷键Ctrl+Alt+G创建剪贴蒙版。

08 继续添加线条装饰带子

继续使用"钢笔工具",在画面中绘制线条形状,生成"形状3"图层,设置图层混合模式为"叠加",按快捷键Ctrl+Alt+G创建剪贴蒙版。

09 复制"带子前面"图层组

复制"带子前面"图层组生成"带子前面拷贝"图层组,使用移动工具,按住Shift键将其水平向右移动。

10 复制更多图层组

继续复制多个"带子前面"图层组生成"带子前面拷贝4"图层组,分别使用移动工具,按住Shift键将其水平向右移动,使其铺满整个导航条。

11 制作卷状带子的后面部分

在"格子"图层组上方新建"带子后面"图层组,选择"钢笔工具",在属性栏设置渐变填充色,在画面中绘制形状,生成"形状4"图层。

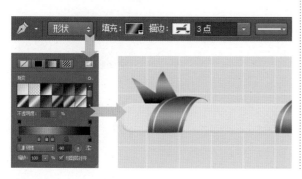

12 添加线条

使用"钢笔工具",在属性栏设置描边色和描边大小,在画面中绘制线条形状,绘制完成后按下Enter键结束编辑,生成"形状5"图层,设置图层混合模式为"叠加",按快捷键Ctrl+Alt+G创建剪贴蒙版。

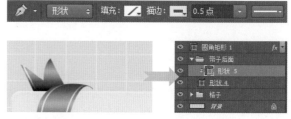

13 继续添加线条

继续使用"钢笔工具",在画面中绘制线条形状,生成"形状6"图层,设置图层混合模式为"叠加",按快捷键Ctrl+Alt+G创建剪贴蒙版。

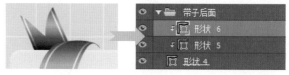

14 添加暗部

新建"图层1",设置前景色为黑色,选择尖角的"画笔工具",在属性栏设置画笔大小,在带子处涂抹,添加暗部,最后调整"图层1"至"形状4"图层下方。

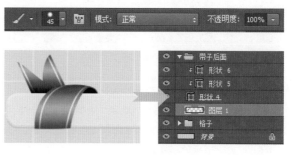

15 复制"带子后面"图层组

复制"带子后面"图层组生成"带子后面拷贝"图层组,按住Shift键将其水平向右移动。

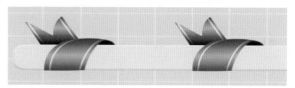

16 复制更多图层组

继续复制多个"带子后面"图层组生成"带子后面拷贝4"图层组,分别使用移动工具,按住Shift键将其水平向右移动。

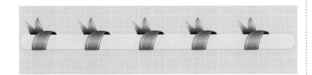

17 创建选区

按住Ctrl键单击"形状4"的图层缩览图,将其载入选区,按住Ctrl+Shift组合键单击其余图层组内的"形状4"的图层缩览图,创建多个选区。

 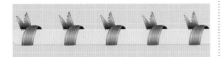

18 填充黑色

新建"图层2"重命名为"阴影"图层,并按快捷键Alt+Delete为选区填充黑色,最后按快捷键Ctrl+D取消选择。

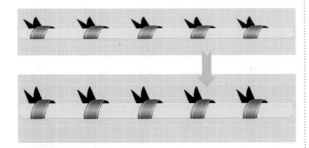

19 调整图层不透明度制作投影

调整"阴影"图层至"格子"图层组上方,使用移动工具按住Shift键水平向左移动图像位置,最后调整图层"不透明度"为16%,为带子添加投影效果。

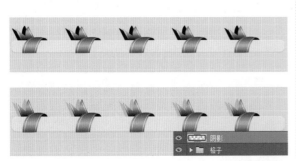

20 添加文字信息

在图层面板最上方新建"文字"图层组,选择"横排文字工具",在属性栏单击"切换字符和段落面板"按钮,打开"字符"面板对文字的颜色、字号、字体等文字的属性进行设置,在图像窗口中单击,输入文字信息。

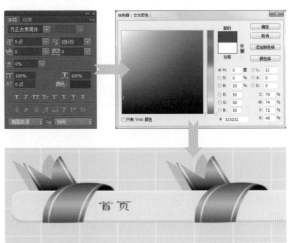

21 添加更多文字信息

继续使用"横排文字工具",在图像窗口中单击,输入更多文字信息。

22 添加效果装饰文字

双击"文字"图层组,打开"图层样式"对话框,在对话框中勾选"描边"选项设置参数值,设置完成后单击"确定"按钮,为文字添加描边效果。完成本列编辑。

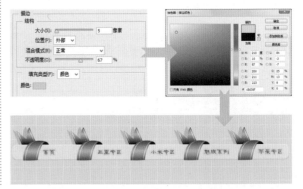

7.4　实例：简洁风格导航条设计

本例是为简洁风格设计的导航条页面，背景通过添加线条为增加了画面的时尚元素，搭配简单的导航条设计使画面整体简洁而时尚，再为圆润的导航条添加立体的视觉效果，吸引客户视线，形成既简单又吸引人视觉的效果，通过这些设计让客户体会到设计所营造出来的简洁、时尚的气氛。

◉ 效果展示

源文件：源文件\07\简洁风格导航条设计.psd

◉ 设计鉴赏

- 分析1：在灰色的背景上添加以倾斜的方式排列并交叉的白线，为背景增加设计感；
- 分析2：粉色的导航条形状圆润，添加投影后在视觉上形成立体感，导航条中心位置上的箭头形状，添加厚度和投影使其更加形象立体，吸引人注意；
- 分析3：为箭头形状上方的文字添加倒影，增强文字的空间感和立体感，使其垂直于箭头之上，形成透视的视觉效果；
- 分析4：导航条上的菜单文字选择较粗的文字样式，突出文字的同时使其在立体感强烈的导航条上稳住重心，选择较小的字号显示并以整齐有序的方式排列，体现文字的形式美。

◉ 版式分析

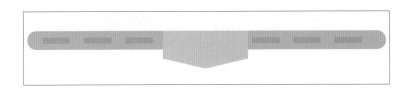

本案例在版式设计中使用锦旗外形的形状放在导航的中间，两边延伸出相同形状和大小的圆角矩形，形成自然的对称的布局效果，给人带来平静、稳定的视觉感受，是简洁主义风格版面最常用的版面形式。导航中间的锦旗形状可以避免单一圆角矩形导航带来的单调、呆板感觉，有一种指引视线向下的作用，打破人们的视觉左右平衡的习惯。

◉ 配色剖析

R116、G58、B70 C58、M84、Y64、K21	R188、G120、B133 C33、M62、Y37、K0	R238、G157、B172 C8、M50、Y19、K0	R217、G199、B175 C19、M23、Y32、K0	R232、G233、B237 C11、M8、Y6、K0

⭕ 制作解析

① **制作格子背景**

在Photoshop中先创建一个纯色的填充图层作为底色，选择"自定形状工具"，在属性栏设置填充、描边、半径等参数值，在画面中绘制白色格子形状，复制多个并调整位置，分别调整图层"不透明度"。

② **添加导航条形状**

选择"圆角矩形工具"，在属性栏设置填充、描边、半径等参数值，在画面中绘制导航条形状，结合"图层样式"添加立体感。继续使用"圆角矩形工具"，在属性栏更改填充色后，在导航条上绘制形状，结合"图层样式"添加投影效果。

③ **继续添加形状**

使用"钢笔工具"，在属性栏设置填充、描边、半径等参数值，在画面中心处添加渐变形状，新建图层创建选区，结合"渐变填充"工具填充颜色，增加形状的厚度。最后新建图层，制作形状投影。

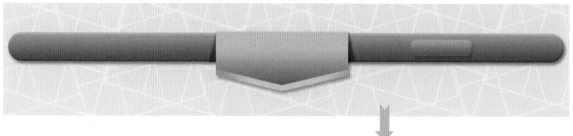

④ **添加文字**

选择"横排文字工具"，打开"字符"面板对文字的颜色、字号、字体、字间距等文字的属性进行设置，在图像窗口中单击，输入文字信息，创建多个文字图层，最后为文字添加倒影效果。

7.5　实例：阳光风格导航条设计

本例是以阳光风格为创作基调进行设计的导航条，配色时选择橙色系的色彩搭配彰显活力和阳光，橙色系可以带给人带来温暖，在字体的选择上，使用了稚拙、可爱外形的文字配合整体风格，通过这些设计让客户体会到设计所营造出来的阳光活力的气氛。

○ 效果展示

源文件：源文件\07\阳光风格导航条设计.psd

○ 设计鉴赏

- 分析1：背景填充的深棕色是稳定与保护的颜色，它代表着充满生命力的感情，体现广泛存在于自然界的真实与和谐，运用扁平化设计理念设计的导航条，符合当下视觉设计的趋势；
- 分析2：环绕在导航条上的卷状菜单使用渐变方式填充橙色，提升画面的温暖感和活跃感，与背景的色彩的搭配使整个画面色彩传递的情感统一；
- 分析3：选择具有手写风格的可爱类文字，配合线条装饰文字，丰富画面的同时增加文字的精致感。

○ 版式分析

鉴于导航条的设计尺寸和功能，在本案例的布局设计中，完全遵循了水平排列的布局方式，将文字合理整齐的分布在导航条上，避免版式上的单一，还配合线条装饰文字，增加文字的韵律感，让文字在视觉上形成焦点。根据客户单击导航条上的文字，制作出导航菜单，菜单上的文字以整齐分布的方式显示在菜单中，使得观者的视线由上至下，有着明确的视觉导向。

○ 配色剖析

R140、G92、B44 C51、M68、Y95、K12	R242、G153、B61 C6、M51、Y78、K0	R245、G181、B73 C7、M37、Y75、K0	R243、G210、B157 C7、M22、Y42、K0	R242、G242、B242 C6、M5、Y5、K0

○ 制作解析

①　制作背景和导航条

　　在Photoshop中先创建一个文件，设置前景色为深棕色R140、G95、B43，设置完成后按快捷键Alt+Delete填充前景色作为背景。在工具栏选择"圆角矩形工具"，在属性栏设置参数，绘制一个灰色的导航条图形，结合"图层样式"中的"描边"、"内阴影"、"渐变叠加"和"投影"选项设置参数值，为导航条添加效果。

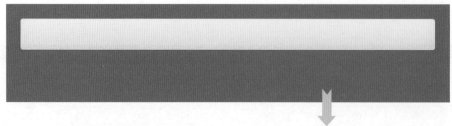

②　添加形状

　　选择"钢笔工具"，在属性栏设置填充为橙色R243、G159、B61，描边为无，在画面中绘制橙色形状，双击该图层，打开"图层样式"对话框，在对话框中选择"渐变叠加"选项设置参数值，设置完成后单击"确定"按钮，新建多个图层创建选区后填充黑色，调整图层"不透明度"为形状添加阴影。

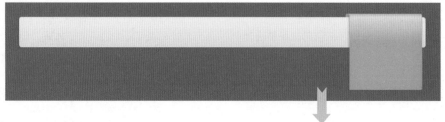

③　添加装饰线条

　　将线条素材全选、复制、粘贴到当前文件中，结合自由变换命令调整大小和位置，为导航条添加竖线。使用"钢笔工具"，在画面中添加多个水平线条，结合调整线条图层的"不透明度"使线条更加精致。

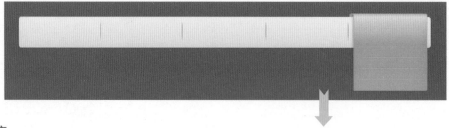

④　添加文字

　　选择工具箱中的"横排文字工具"，在属性栏单击"切换字符和段落面板"按钮，打开"字符"面板对文字的颜色、字号、字体、字间距等文字的属性进行设置，在图像窗口中单击，输入白色文字信息，继续使用"横排文字工具"创建多个文字图层，分别双击文字图层，打开"图层样式"对话框，在对话框中选择"渐变叠加"选项，设置参数值，设置完成后单击"确定"按钮，为文字添加渐变效果。

7.6 实例：精致风格导航条设计

本例通过添加多种图层样式，让导航呈现出纹理感和立体感，表现出精致的视觉效果，同时将店铺商品的搜索栏与导航条相互结合在一起，增加了导航条的实用功能，这 些设计让客户体会到设计所营造出来的精致的画面感受和实用价值。

● 效果展示

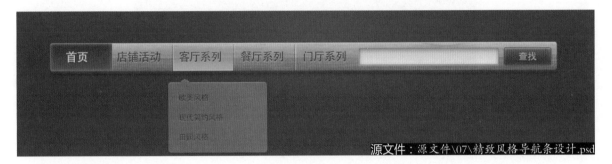

源文件：源文件\07\精致风格导航条设计.psd

● 设计鉴赏

- 分析1：导航条上添加木纹纹理装饰，使导航条具有一定的材质感和真实感，在视觉上更加细腻，给人以丰富多彩的质感感受，形成具有一定程度的冲击效果；
- 分析2：为深褐色的导航条添加木纹后，在导航条上添加亮部，通过明暗对比使导航更加丰富和真实，划分成5个区域后，在适当的区域加上暗色或者亮色使导航条富有变化且有划分功能，在实际运行中作用十分明显；
- 分析3：在导航栏末尾处添加搜索栏，在实际运行中能达到方便客户准确快速地查找到内容的目的，搜索栏结合图层样式制作成凹进去的样式，在视觉上加深了导航条的立体感。

● 版式分析

本案例中的导航条分为两个部分，其中从左至右共五分之三的范围内，以水平排列的方式进行划分，将文字合理地分布在导航条上，以一种常规的方式排列，导航条的右侧加入搜索栏划分一定的区域，增加导航条的实用功能和版式的独特性。

● 配色剖析

R64、G47、B37	R115、G87、B66	R195、G81、B19	R216、G137、B36	R231、G185、B47
C70、M75、Y82、K50	C59、M66、Y76、K18	C30、M80、Y100、K0	C20、M55、Y91、K0	C15、M32、Y85、K0

○ 制作解析

① 制作导航条及细节

在Photoshop中先创建一个纯色的填充图层作为底色，结合画笔工具为背景添加高光。选择"圆角矩形工具"，在画面中绘制橙色导航条形状，结合"图层样式"添加效果，结合素材为导航条添加纹理。按照相同方法为导航条添加亮部、暗部等细节。

② 添加文字、装饰线条

选择"横排文字工具"，打开"字符"面板对文字的颜色、字号、字体、字间距等文字的属性进行设置，在图像窗口中单击，输入文字信息，创建多个文字图层，最后结合"图层样式"为文字添加渐变效果。选择"钢笔工具"绘制线条，结合"图层样式"添加效果。

③ 添加搜索栏

选择"圆角矩形工具"结合"图层样式"对话框中的设置制作搜索栏。选择"横排文字工具"，打开"字符"面板对文字的颜色、字号、字体、字间距等文字的属性进行设置，在图像窗口中单击，输入文字信息。

④ 制作子菜单

使用"圆角矩形工具"和"多边形形状工具"，在属性栏设置填充、描边、半径等参数值，在画面中绘制子菜单形状，并结合"图层样式"为其添加纹理。选择工具箱中的"横排文字工具"，打开"字符"面板对文字的颜色、字号、字体、字间距等文字的属性进行设置，在图像窗口中单击，输入文字信息，最后结合"图层样式"为个别文字添加投影效果。

7.7　实例：古朴风格导航条设计

　　本例中的导航条选择色彩较为淡雅朴实的浅黄色和橡皮红进行搭配，是稳定、朴实又具亲和力的配色，同时选择使用针线外形的虚线进行修饰，表现出一种古朴、自然的效果，给人带来古典而又柔和的色彩感情，让客户体会到设计所营造出来的古典、朴实的气氛。

◉ 效果展示

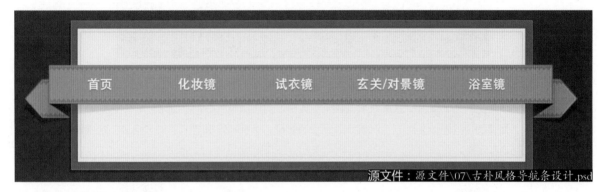

源文件：源文件\07\古朴风格导航条设计.psd

◉ 设计鉴赏

- 分析1：半透明的背景边框能制造一定的空间感，背景填充的浅黄色代表着温暖和端庄的视觉感受，最后添加的线框丰富背景，整体的背景设计给人舒适和端正的视觉感受；
- 分析2：添加具有古典风格花边元素的导航条，给画面营造一种古典气氛，将其放置于画面水平的中心位置上，形成视觉中心点；
- 分析3：导航条上的文字选择端正的字体样式，并以水平整齐的方式排列在导航条上，搭配画面整体的古典和端庄风格。

◉ 版式分析

　　本案例在布局的设计中使用丝带形状作为导航条的背景，导航条两侧相同的丝带在视觉上形成对称的效果，给人以平衡、稳定的感觉。导航条中相同距离分布的文字，带来一种简单的韵律感，让导航条在实际操作中，自然地带有视觉导向。

◉ 配色剖析

R44、G41、B36	R89、G84、B78	R216、G98、B96	R229、G127、B125	R249、G238、B208
C78、M75、Y79、K56	C70、M64、Y66、K19	C19、M74、Y55、K0	C12、M63、Y42、K0	C4、M8、Y23、K0

○ 制作解析

① 制作背景和背景框

在Photoshop中先创建一个纯色的填充图层作为底色，选择"矩形工具"，设置参数值，在画面中绘制长方形形状，结合"图层样式"添加效果。

② 丰富背景框

继续使用"矩形工具"，设置参数值绘制黄色矩形，结合"图层样式"的"描边"、"内阴影"、"投影"选项设置参数，继续使用"矩形工具"，设置参数值绘制线框，结合"图层样式"的"描边"选项设置参数，为其制作多层次的边框效果。

③ 添加导航条

打开素材文件，将其全选、复制、粘贴至当前文件中，按快捷键Ctrl+T，打开自由变换框调整素材的大小，将其放在画面适当的位置。

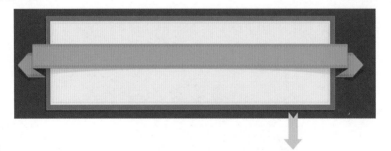

④ 添加文字信息

选择工具箱中的"横排文字工具"，在属性栏单击"切换字符和段落面板"按钮，打开"字符"面板对文字的颜色、字号、字体、字间距等文字的属性进行设置，在图像窗口中单击，输入白色文字信息，继续使用"横排文字工具"创建多个文字图层。结合"图层样式"为其添加投影效果。

第 **8** 章

第一印象很重要
——首页欢迎模块

8.1　首页欢迎模块的设计分析

　　网店的首页欢迎模块中是对店铺最新商品、促销活动等信息进行展示的区域，位于店铺导航条的下方，其设计的面积比店招和导航条都要大，是顾客进入店铺首页中观察到的最醒目的区域，接下来本小节将对首页欢迎模块的设计规范和技巧进行讲解。

● 8.1.1　欢迎模块的分类

　　由于欢迎模块在网店首页开启的时候占据了大面积的位置，如下图所示，因此其设计的空间也增大，需要传递的信息也更有讲究，如何找到产品卖点，设计创意，怎样让文字与产品结合，达到与店铺风格更好的融合，是设计欢迎模块需要考虑的一个较大的问题。

　　欢迎模块与店铺的店招不同的是，它会随着店铺的销售情况进行改变，当店铺迎合特点节日或者店庆等重要日子时，欢迎模块中的设计会以相关的活动信息为主；当店铺最近新添加了新的商品时，欢迎模块中的设计内容应当以"新品上架"为主要的内容；当店铺有较大的变动时，欢迎模块还可以充当公告栏的作用，给顾客告知相关的信息。

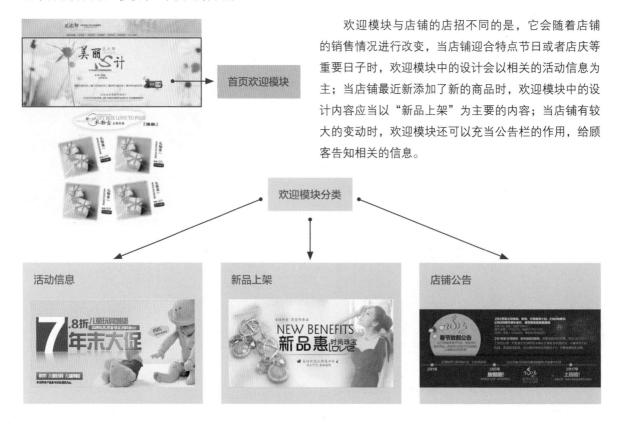

　　欢迎模块根据其内容的不同，设计的侧重点也是不同的，例如新品上架为主题的欢迎模块，其画面主要表现新上架的商品，其设计风格也应当与新品的风格和特点保持一致，这样才能让设计的画面完整地传达出店家所要表现的思想。

● 8.1.2　欢迎模块设计的前期准备和表现因素

　　在设计欢迎模块之前，我们必须明确设计的主要内容和主题，根据设计的主题来寻找合适的创意和表现方式，设计之前应当思考这个欢迎模块画面设计的目的，如何让顾客轻松地接受，了解顾客最容易接受的方式是什么，最后还要对同行业、同类型的欢迎模块的设计进行研究，得出结论后才开始着手欢迎模块的设计和制作，这样创作出来的作品才更加容易被市场和顾客认可。

总结欢迎模块设计的前期准备，通过图示进行表现，具体如下。

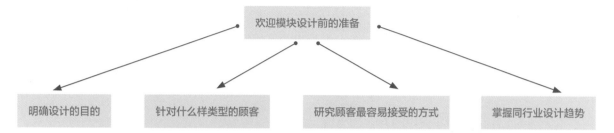

在进行欢迎模块页面设计时，文案梳理清晰，要知道表达的中心，主题是什么，衬托文字是哪些。主题文字尽量最大化让它占整个文字布局画面，可以考虑用英文来衬托主题，背景和主题元素相呼应，体现出平衡和整合，最好有疏密、粗细、大小的变化，在变化中求平衡，这样做出来的海报整体效果就比较舒服。那么在设计欢迎模块的过程中，需要注意一些什么因素呢，具体如下图所示。

8.1.3　欢迎模块设计的技巧

一张优秀的欢迎模块页面设计，通常都具备了三元素，那就是合理的背景、优秀的文案和醒目的产品信息。如果设计的欢迎模块的画面看上去不满意，一定是这三个方面出了问题，常见的有背景亮度太高或太复杂，如蓝天白云绿草地做背景，很可能会减弱文案及产品主题的体现。如下图所示的欢迎模块的背景色彩和谐而统一，让整个海报看上去简洁、大气。

◯ 注意信息元素的间距

在欢迎模块设计的页面中主要信息有主标题、副标题、附加内容，设计的时候可以分为三段，段间距要大于行间距，上下左右也要有适当的留白。如下图所示为欢迎模块中文字的表现，可以看到其中文字的间距非常的有讲究，能够让顾客非常容易抓住重点，易于阅读。

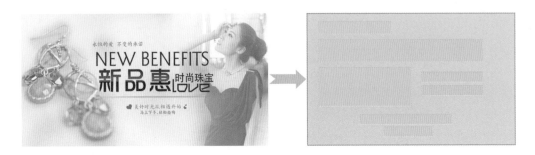

◯ 文案的字体不能超过三种

在欢迎模块的文案设计中，需要使用不同的字体来提升文本的设计感和阅读感，但是不能超过三种字体，很多看上去画面凌乱的海报，就是因为字体上使用太多而显得不统一。针对突出主标题这个目的，可以用粗大的字体，副标题小一些。字体不要有过多的描边，或与主体风格不一致的字体，具体的使用可以根据欢迎模块整体画面的风格来进行选择。

如下图所示的饰品店铺欢迎模块的设计中，中文字体就使用了三种不同的风格进行创作，将文案中的主题内容、副标题和说明性文字的主次关系呈现得非常的清晰，让顾客在浏览的过程中能够轻易地抓住画面信息的重点，提高阅读的体验。

◯ 画面的色彩不宜繁多

一张欢迎模块画面中，配色是十分关键的，画面的色调会在信息传递到顾客脑海之前提前营造出一种氛围，尽量不要超过3种以上的颜色。在具体的配色中，可以针对重要的文字信息，用高亮醒目的颜色来进行强调和突出，如下图所示的欢迎模块中，使用了色彩明度较低的颜色来对标题文字进行填充，而背景和商品的色彩明度都偏高，这样清晰的明暗对比能够让画面信息传递更醒目。

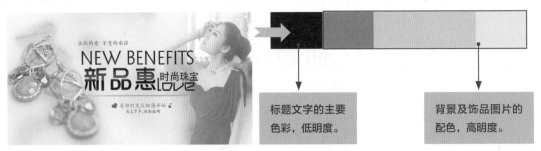

◎ 对画面进行适当的留白处理

高端、大气、上档次是对设计的要求，可是什么样的设计是大气呢？如果我们在设计中发现欢迎模块中需要突出的内容过多，将画面全部占满，此时设计出来的作品会给人密密麻麻的感觉，让人喘不过气，如果在设计中进行适当的留白，那么效果就会好很多。

其实空白就是气，要想大气就要多留白，让顾客在最短的时间内阅读完店铺的信息，减轻阅读的负担。适当的留白可以表现出一种宽松自如的态度，让顾客的想象力自由发挥，如下图所示对欢迎模块中的版式留白进行分析，可以看到适当的留白让画面中的文案更加凸显。

留白的区域让画面中的文案突出，同时给人喘息的时间，减轻阅读的压力，将画面精致、大气的风格非常明显地表现了出来，让整个版式显得错落有致。

◎ 合理构图理清设计思路

在设计欢迎模块的过程中，很多时候会模仿别人的设计，如果我们对欢迎模块的内容进行分解，很容易理解一个设计的布局是怎样形成的，有时间的时候可以把一些好的设计拿出来分析一下布局，当需要设计的时候，就可以通过平时的积累来丰富设计。

基于欢迎模块的内容以及尺寸，我们对欢迎模块的布局进行了归纳和总结，如右图所示为5种最常见，也是使用最广泛的欢迎模块的布局。在设计的过程中，我们可以根据商品图片、画面意境或者素材的外形来对画面的布局进行选择，通过大小对比，明暗的协调，或者是色彩的差异来突出画面中的重点。

Tips 版式局部在网店装修中的重要性

在制作网店装修的过程中，特别是在网页的版面设计时，应呈现出独特设计风格。店铺装修版面设计要有统一的风格，形成整体，从更深层次、更为广阔的视野中来定位自己的版面样式，给顾客带来美的感受的同时提升店铺的转化率。

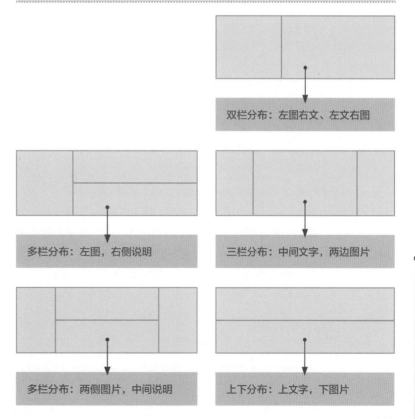

双栏分布：左图右文、左文右图

多栏分布：左图，右侧说明

三栏分布：中间文字，两边图片

多栏分布：两侧图片，中间说明

上下分布：上文字，下图片

8.2 实例：女式箱包"双十二"促销设计与详解

本例是为某女式箱包设计的促销页面，在其中使用了较为鲜艳的色彩来进行表现，同时将画面进行合理的分配，通过这些设计让浏览者体会到商家的活动内容和活动所营造的喜庆气氛，增强点击率和浏览时间，提高店铺装修的转化率。

源文件：源文件\08\女式箱包双12促销设计.psd

设计鉴赏

- 分析1：使用倾斜的字体和菱形，表现出画面的不稳定感，烘托出活动中的热闹氛围，制造紧张感；

- 分析2：以玫红色、紫色为主的颜色搭配，能够表达出"双十二"的喜庆气氛；

- 分析3：用时间表的形式描述活动的时间周期，让活动时间描述更加直观，便于顾客把握购买的时间；

- 分析4：醒目的活动主题文字占据较大的位置，将其与商品进行一定比例的排列，有效地传递出宝贝信息。

版式分析

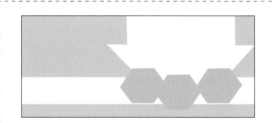

在版式的设计中将该区域分为上下两个部分，其中上部分占据四分之三，用于放置活动主题文字和宝贝照片，该部分的元素为促销区域的主要传递内容，下部分占据画面的四分之一，放置时间显示条。

配色剖析

R204、G51、B153	R153、G51、B102	R153、G51、B204	R51、G51、B102	R255、G204、B102
C27、M88、Y0、K0	C50、M92、Y43、K1	C62、M82、Y0、K0	C92、M92、Y42、K8	C2、M27、Y65、K0

● 制作解析

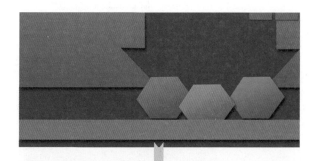

1 用填充图层制作背景

在Photoshop中根据需要创建宽度为1260像素以内，高度不限的文档，通过工具箱中的选区工具创建选区，使用"颜色填充"、"渐变填充"等填充的图层制作出促销板块中的背景，根据计划中的配色进行颜色设定。

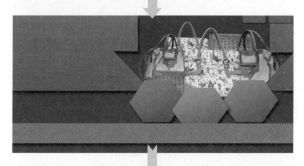

2 添加宝贝图片

对需要使用的宝贝照片进行抠图处理，并在Photoshop中创建另外一个文件，通过调整图层顺序和照片大小对抠取的宝贝图片进行组合，最后将拼合后宝贝照片放在背景中的合适位置。

3 编辑主题文字

使用"多边形套索工具"创建所需要的多边形选区，并使用"横排文字工具"添加上主题文字，最后执行"图层>图层样式"菜单命令，在子菜单中选择样式名称，为添加的主题文字和形状应用上投影、描边和渐变叠加样式。

4 添加时间显示条

通过"矩形选框工具"和"椭圆选框工具"创建选区，在新建的图层中为创建的选区填充上适当的颜色作为时间显示条，并结合"横排文字工具"输入时间显示，利用"图层>对齐/分布"菜单中的命令让文字整齐排列起来。

5 添加活动信息

使用"横排文字工具"输入活动信息，得到多个文本图层，在"字符"面板中调整文字的字号、字体和颜色，将文字放在适当的文字上，并创建图层组，命名为"说明文本"，为该图层组中的图层添加上"投影"图层样式。

● 制作步骤详解

01 用渐变填充图层制作背景

创建一个新的文件，新建一个渐变填充图层，在打开的"渐变填充"对话框中进行设置，使用渐变色作为活动区域的背景色。

02 创建矩形选区并填色

使用"矩形选框工具"创建矩形选区，为创建的选区创建颜色填充图层，设置填充色为玫红色，将其作为时间条的背景色。

03 添加"投影"图层样式

双击颜色填充图层，在打开的"图层样式"对话框中添加"投影"样式，并在相应的选项组中进行设置，让矩形条显得更加立体。

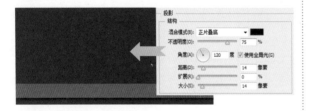

04 创建其他的矩形

使用与步骤02和步骤03中类似的方法，在区域右上角的位置创建较小的矩形条，填充上紫色，并应用适当的"投影"图层样式。

05 制作其他的填充图层

使用"多边形套索工具"创建选区，为创建的选区创建渐变填充图层，对活动区域进行分割，并应用适当的"投影"图层样式。

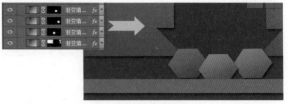

06 "钢笔工具"创建复合路径

打开包包素材，使用"钢笔工具"沿着包包的边缘创建路径，接着打开"路径"面板，单击其中的"将路径转换为选区"按钮。

07 添加蒙版抠取包包

创建选区后，单击"图层"面板下方的"添加矢量蒙版"按钮，为图层添加上蒙版，将包包图像抠取出来，去除繁杂的背景。

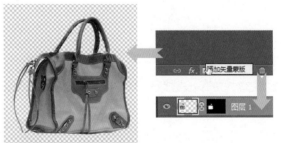

> **Tips** | **蒙版的编辑**
>
> 在抠取包包的过程中，如果遇到抠取的边缘不够理想，还可以通过执行"选择>调整蒙版"命令，在打开的对话框中对蒙版边缘进行精细的设置。

08 抠取其他的包包

使用与步骤06和步骤07类似的方法,将其余的包包素材也抠取出来,并对每个包包素材的大小和位置进行调整,将它们组合在一起。

09 创建色阶和色彩平衡调整图层

将所有的包包素材添加到选区中,为其创建色阶和色彩平衡调整图层,在分别打开的"属性"面板中对相应的参数进行设置,调整包包素材的影调和颜色。

10 创建亮度/对比度调整图层

将包包素材再次添加到选区中,为其创建亮度/对比度调整图层,在打开的面板中设置"亮度"为16,"对比度"为4,完成后将文件中的素材合并到一个图层中,便于对其进行编辑。

11 添加包包图像到背景中

返回到活动区域的编辑文件中,将编辑完成的包包素材添加其中,然后创建图层组,把编辑完成的图层都拖曳到其中,便于管理和编辑。

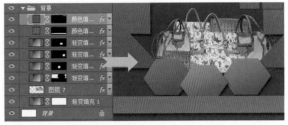

12 输入文字并调整文字方向

选择工具箱中的"横排文字工具",在图像窗口中单击并输入文字,按Ctrl+T快捷键,通过自由变换框对文字的方向进行调整。

13 添加图层样式让文字更精致

双击文字图层,在打开的"图层样式"对话框中为文字添加上"投影"、"描边"、"渐变叠加"和"内阴影"图层样式,并在相应的选项组中进行设置,让文字的表现更加精美。

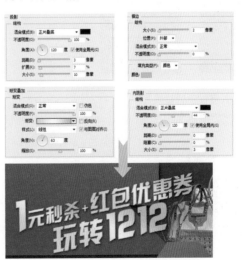

14 绘制图形并添加图层样式

使用"多边形套索工具"创建三角形的选区,并为其填充上颜色,作为文字周围的修饰形状,再添加上与文字相同的图层样式效果。

15 绘制时间表

使用"椭圆选框工具"和"矩形选框工具"创建选区,使其形成时间表的外形,接着为选区填充上适当的颜色,放在活动区域的下方。

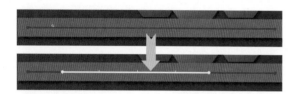

16 输入日期

使用"横排文字工具"在适当的区域单击,输入文字,并打开"字符"面板对文字的属性进行设置,将文字放在时间表上适当的位置上。

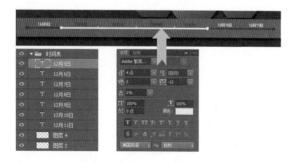

17 输入其他的活动文字

使用"横排文字工具"输入文字,并用"多边形套索工具"创建选区,填充上适当颜色,对活动区域的活动文字和修饰图形进行编辑。

18 创建图层组并添加"投影"

将编辑完成的活动文字添加到创建的图层组中,并为该图层组添加"投影"图层样式,在相应的选项组中进行设置。

19 添加素材文件

新建图层,将所需的素材文件添加到编辑的文件中,并按Ctrl+T快捷键,使用自由变换框对素材的大小进行调整,并单击拖曳到活动区域的适当位置,在图像窗口中可以看到编辑的效果。

20 应用"颜色叠加"和"投影"样式

为添加的素材文件应用"投影"和"颜色叠加"图层样式,并在打开的"图层样式"对话框中对相应的选项进行设置,最后对画面中的各个设计元素进行微调,完成本例的编辑。

8.3　实例：品牌内衣活动版块设计与详解

本例是为女式内衣设计的活动版块，在设计中采用对称构图的形式安排设计元素，并通过大小和外形不同的文字来表现活动的主题内容，使用同一色系的颜色来提升画面的品质，让设计的整体效果更加协调同一。

源文件：源文件\08\品牌内衣活动版块设计.psd

◯ 设计鉴赏

- 分析1：使用低纯度的色彩来增强画面的亲近感，在设计中通过不同饱和度、明亮度的褐色来让画面显得层次分明，增加画面的轻松和淡雅之感；

- 分析2：以对称的形式对画面进行构图，左右两侧各放置一个模特的形象，并配合不同的姿势来让版式显得更加灵活；

- 分析3：设计中使用大小不一的文字来对活动的信息进行表现，突出主次关系；

- 分析4：背景的设计中使用较为相近的两种相似色来制作底纹，避免使用单一颜色而使得画面呆板。

◯ 版式分析

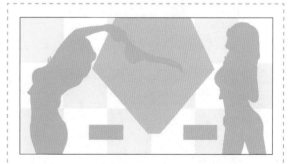

在版式的设计中用对称构图的方式对设计中的元素进行安排，左右两侧不同姿态的模特突出宝贝的多面性，并通过中点对称图形让浏览者的视线更加的集中，让人感受到协调、整齐的感觉，表现出严谨的态度。

◯ 配色剖析

R15、G14、B11	R241、G185、B133	R242、G200、B157	R90、G83、B72	R36、G33、B28
C87、M83、Y86、K74	C7、M35、Y49、K0	C7、M28、Y40、K0	C69、M64、Y70、K22	C80、M77、Y82、K62

⭕ 制作解析

1 **使用大方格作为底纹**

在Photoshop中先创建一个纯色的填充图层作为底色，接着使用"矩形选框工具"中的"与选区相加"模式创建若干个整齐的正方形选区，然后为方格选区创建较之前亮度稍微较高的填充图层，让背景显示出方格底纹效果。

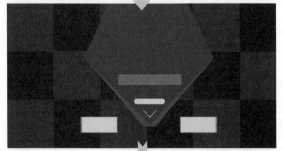

2 **绘制页面上的修饰图形**

通过使用"多边形套索工具"、"圆角矩形工具"和"圆形工具"等在适当的位置绘制出形状，并填充上不同纯度和明度的同色系颜色，也可以通过调整图层不透明度的方式来改变图像的明度，并将绘制的图形按照对称的版式进行排列。

3 **添加模特素材**

将所需要添加的模特素材添加到文件中，并使用"钢笔工具"围绕模特的边缘创建路径，再通过"路径"面板将路径转换为选区，接着为图层添加上图层蒙版，将模特从照片中抠取出来，按照一定的位置进行放置。

4 **输入活动信息文本**

选择工具箱中的"横排文字工具"，在图像窗口中单击，输入多个文本，创建若干个文字图层，并打开"字符"面板对文字的颜色、字号、字体、字间距等文字的属性进行设置，最后用"移动工具"把文字放在适当的位置。

5 **添加主题文字**

为了让页面更具设计感，主题文字的表现显得尤为重要，添加主题文字可以通过添加素材文件的方式进行编辑，也可以使用"文字工具"和路径编辑工具进行设计，本例中的主题文字就是通过添加素材的方式得到的。

○ 制作步骤详解

01 使用颜色填充图层改变背景

创建一个新的文档,新建颜色填充图层,设置填充色为黑色,将背景填充为黑色,在图像窗口中可以看到编辑后的效果。

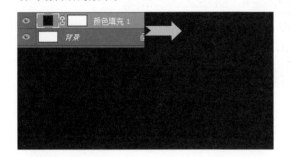

02 绘制网格

使用"矩形选框工具"创建正方形的选区,为选区创建颜色填充图层,设置填充色为R18、G18、B18,在图像窗口中可以看到编辑的效果。

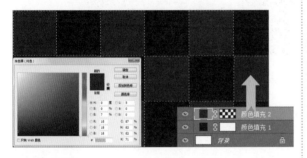

03 绘制修饰的形状

使用"钢笔工具"绘制出所需的形状,分别填充适当的颜色,把绘制的形状放在适当的位置,在图像窗口中可以看到编辑的效果。

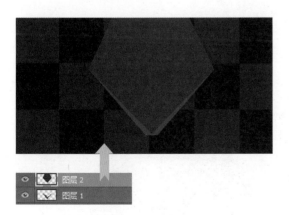

04 添加主题文字和形状

使用"钢笔工具"绘制出主题文字,接着使用"矩形工具"、"圆角矩形工具"绘制出画面所需的形状,并分别填充上适当的颜色。

05 添加辅助说明信息

使用"横排文字工具"输入所需的文字,设置好每组文字的字体、字号和颜色,放在画面中适当的位置,在图像窗口中可以看到编辑的效果。

06 抠取模特图像

将所需的模特图像添加到图像窗口中,适当调整其大小,使用"钢笔工具"将其抠取出来,利用图层蒙版对其显示进行控制。

07 应用"外发光"样式

双击模特图像图层，在打开的"图层样式"对话框中勾选"外发光"复选框，在相应的选项卡中设置参数，在图像窗口中可以看到编辑的效果。

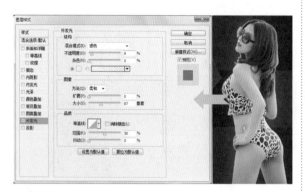

08 编辑其余的模特图像

将另一张模特图像添加到图像窗口中，适当调整其大小，并将其抠取出来，使用"外发光"图层样式对其进行修饰。

09 编辑主题文字

对前面编辑的主题文字进行复制，并更改其填充色，接着使用"投影"图层样式对文字进行修饰，在相应的选项卡中进行设置。

10 制作活动信息

使用形状工具绘制出所需的形状，填充上适当的颜色，接着添加上所需的文字，在图像窗口中可以看到编辑的效果。

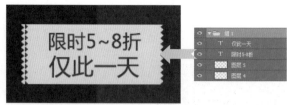

11 制作其他的活动信息

参考步骤10中的设置和编辑方法，制作出另外一组活动信息，将其放在画面的右侧，在图像窗口中可以看到编辑的效果。

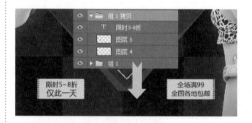

12 更改画面色调

创建照片滤镜调整图层，在打开的面板中设置选项，并对调整图层的蒙版进行编辑，更改画面的色调，在图像窗口中可以看到本案例最终的效果。

8.4　实例：首饰广告商品展示设计

　　本例是为首饰广告商品展示设计的欢迎板块页面，将饰品图片与模特照片自然地融合在一起，通过倾斜的排版方式有效地将视觉集中到画面中心的文字区域上，从而通过文字将信息传递给顾客，接下来就对其设计和制作进行简单的讲解。

源文件：源文件\08\首饰广告商品展示设计.psd

◉ 设计鉴赏

- 分析1：背景添加的产品图片和模特图片，通过渐隐的方式，使两张图片融合在画面中，清晰地传递出女性饰品的概念和视觉美感；

- 分析2：画面背景中包含的同类色，以混合叠加的方式，添加一种绚丽多彩、梦幻时尚的感觉；

- 分析3：主题文字选择笔画较粗但具有一定弧度的字体样式，填充渐变颜色，增加文字的生动感，减少文字的僵硬度；

- 分析4：画面中心的文字通过文字大小、中英文等对比加强该区域文字的视觉亮度，使其形成画面的视觉中心点。

◉ 版式分析

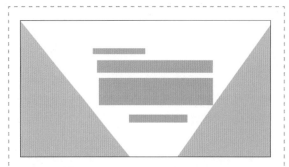

　　在版式的设计中，将画面分成3个三角形，其中左右两边的三角形区域用作图片展示，烘托画面气氛，文字放置在中间的三角形区域，凸显出视觉中心点，能将该画面信息内容通过文字迅速地传递出来。

◉ 配色剖析

R86、G30、B30	R139、G130、B133	R242、G212、B123	R243、G206、B184	R241、G234、B222
C58、M91、Y86、K48	C53、M49、Y42、K0	C10、M20、Y58、K0	C6、M25、Y27、K0	C7、M9、Y14、K0

● 制作解析

① 制作背景

在Photoshop中先创建一个纯色的填充图层作为底色，添加人物图片，添加"图层蒙版"，结合柔角的"画笔工具"，设置前景色为黑色，在涂抹过程中适当调整画笔不透明度，隐藏图片背景图像。

② 添加商品

在画面左边添加商品图片，适当调整其大小和位置，为图层添加"图层蒙版"，结合柔角的"画笔工具"，设置前景色为黑色，在涂抹过程中适当调整画笔不透明度，隐藏图片背景图像。

③ 打造晕色效果

新建图层，选择柔角的"画笔工具"，在属性栏设置画笔大小、画笔不透明度，分别设置前景色为黄色、紫色、蓝色等颜色后在画面中涂抹，添加多种淡淡的色彩，丰富背景，制作梦幻的视觉效果。

④ 添加主题文字

选择"横排文字工具"，打开"字符"面板对文字的颜色、字号、字体、字间距等文字的属性进行设置，在图像窗口中单击，输入文字信息，创建多个文字图层。

⑤ 添加辅助说明信息

选择"矩形工具"在属性栏设置参数值，在画面下方添加矩形图形，结合"图层蒙版"和"渐变填充"工具隐藏矩形的部分图像，使用"横排文字工具"、"自定形状工具"、"钢笔工具"，在属性栏设置各项参数值，在画面下方添加文字信息、心形形状和线条。

8.5 实例：母婴产品年度促销设计

本例是为母婴产品年度促销设计的欢迎板块页面，文字运用代表女性高贵典雅的粉紫色进行填充，粉紫色和婴儿的肤色十分相近，这样的配色可以很好地突出画面的主题，此外，设计中选择的修饰素材，以及背景中的柔和的米黄色，在视觉上都能营造出浓浓的温馨感。

源文件：源文件\08\母婴产品年度促销设计.psd

❍ 设计鉴赏

- 分析1：将背景制作成具有填充图案，增加画面的质感，不同于纯颜色的平滑；

- 分析2：选择有孩子、玩具元素的照片，通过渐隐的方式添加到画面中，使其与背景融合，为画面添加童趣，烘托画面气氛；

- 分析3：文字选择笔画较粗的字体样式，并填充白色，结合大块紫色的色块铺垫使用，使白色的文字跳进视线，达到醒目的视觉效果。在结合文字字号大小、渐变颜色的搭配，让整个文字区域紧凑且变化丰富；

- 分析4：文字添加倒影后，能增强文字的立体感和视觉力度。

❍ 版式分析

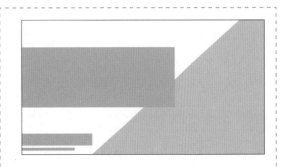

在版式的设计中，将画面用一条斜线分成两个梯形，划分成约左右对半的区域，这样的布局可以让画面产生一定的动感，与儿童活泼、好动的形象吻合，同时增添了版式布局上的趣味性，避免产生单调的印象。

❍ 配色剖析

R132、G94、B138	R165、G115、B152	R216、G162、B185	R215、G182、B140	R216、G210、B210
C59、M70、Y28、K0	C44、M62、Y23、K0	C19、M45、Y14、K0	C20、M32、Y47、K0	C18、M17、Y15、K0

○ 制作解析

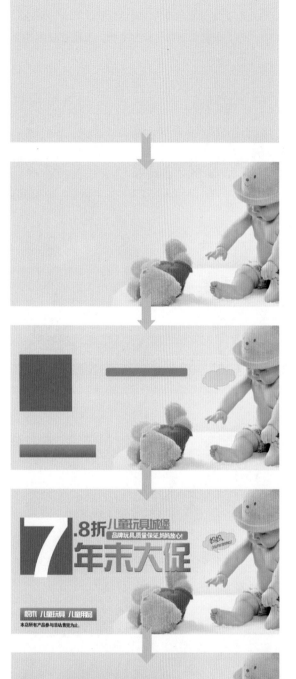

① 制作背景

在Photoshop中先创建一个纯色的填充图层作为底色，选择"创建新的填充或调整图层"，在弹出的菜单中选择"纯色"命令，在对话框中设置颜色参数值，结合"图层样式"中的"图案叠加"选项添加纹理。

② 添加儿童图片素材

添加小孩图片，选择"添加矢量蒙版"为图层添加蒙版，结合"渐变工具"，设置一个从黑色到白色的线性渐变，从左上方向右下方拖出渐变，达到虚化背景的目的。

③ 绘制画面所需的形状

使用"矩形工具"、"圆角矩形工具"、"自定形状工具"，分别在属性栏设置填充、描边、半径等参数值，在画面中添加矩形、圆角矩形和会话形状图形，为之后添加文字划分好区域。

④ 添加主题文字

选择"横排文字工具"，打开"字符"面板对文字的颜色、字号、字体、字间距等文字的属性进行设置，在图像窗口中单击，输入文字信息，创建多个文字图层，并结合"图层样式"选项设置参数值，为个别文字添加效果。

⑤ 制作部分文字倒影

选择部分文字图层，复制图层并结合自由变换命令调整文字方向和位置，使用"图层蒙版"、"渐变工具"，设置一个从黑色到白色的线性渐变，从下往上拉出渐变，隐藏部分文字，制作倒影效果，增加文字的立体感。

8.6 实例：女鞋新品发布预告设计

本例是为女鞋新品发布预告设计的欢迎模块页面，在画面的配色中借鉴商品的色彩，使用灰度显示进行配色，同时运用留白的手法增加画面的艺术感，选择具有性感和时尚感的女性腿部特写素材图片，以倾斜的方式放置在画面中，加强视觉冲击力，两侧分量相同的图片也对画面具有很好的平衡效果。

源文件：源文件\07\女鞋新品发布预告设计.psd

○ 设计鉴赏

- 分析1：选择豹纹款的鞋子产品图片符合时尚摩登的气质，通过大小对比和放置方向的不同，遵循曲线的方式排列，增强画面的线条感；

- 分析2：选择流畅纤细的文字样式，展现圆润、流畅的美感，搭配冷冷的色调填充文字，使其个性十足，其中英文文字作为符号使用，通过大小对比排列，增加文字美感并引起人们的注意，适当添加细线条装饰文字，添加的细线还起着划分文字区域的作用；

- 分析3：搭配具有完美的腿部线条，来吸引眼球，以倾斜的角度放置的模特图片，带来强烈的视觉感受。

○ 版式分析

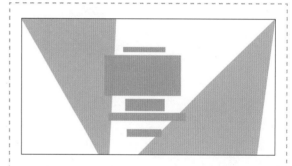

本案例在设计的过程中对图片进行合理的布局，并使用适当区域进行留白处理，让画面更加具有艺术感。文字部分以中对齐的排列方式，放置在画面的中心区域，形成视觉中心，能直观地展示画面的信息内容。

○ 配色剖析

R12、G66、B52	R81、G92、B98	R166、G178、B177	R168、G168、B168	R204、G204、B204
C91、M62、Y82、K40	C75、M63、Y56、K10	C41、M26、Y29、K0	C39、M31、Y30、K0	C23、M18、Y17、K0

○ 制作解析

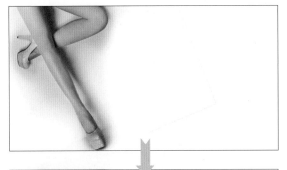

1 将模特图片添加到背景中

　　在Photoshop中先创建一个白色的填充图层作为底色，添加人物素材图片，结合"图层蒙版"、柔角的"画笔工具"隐藏图片背景图像，选择"色阶"命令，在属性面板中拖曳滑块调整参数值，调整人物对比度，结合柔角的"画笔工具"隐藏部分色阶效果。

2 添加商品图片

　　添加商品图片，选择"钢笔工具"沿着鞋子的边缘创建形状，完成后将其转换为选区，选中鞋子图层后在选择"添加矢量蒙版"为图层添加蒙版，达到抠取鞋子的目的，最后删除形状图层。复制鞋子图层并调整图像的方向、大小和位置，将其放置于画面合适位置。

3 调整商品色调

　　选择"创建新的填充或调整图层"，在弹出的菜单中选择"黑白"命令，在属性面板中拖曳滑块调整参数值，改变商品的原来的颜色，达到预想的画面效果。

4 绘制画面所需的修饰形状

　　选择"钢笔工具"、"圆角矩形工具"、"自定形状工具"，分别在属性栏设置填充、描边等参数值，在画面中添加线条、圆角矩形和箭头指示形状，为之后添加的文字划分好区域。

5 添加主题文字

　　选择"横排文字工具"，打开"字符"面板对文字的颜色、字号、字体、字间距等文字的属性进行设置，在图像窗口中单击，输入文字信息，创建多个文字图层，添加文字说明，丰富页面信息。

第 **9** 章

巧用心思赢得回头客
——店铺收藏区

9.1 收藏区的设计分析

收藏区是网店装修设计中的一部分，它的添加可以提醒顾客对店铺进行及时的收藏，以便下次再次访问，是增加顾客回头率的一项设计，接下来本小节将对收藏区的设计进行系统的讲解。

● 9.1.1 收藏区的设计要点

收藏区主要显示在网店装修的首页位置，在很多网商平台的固定区域，都会用统一的按钮或者图标对店铺收藏进行提醒，下图所示为淘宝中网店首页"收藏店铺"的置顶显示效果，但是店家为了提升店铺的人气，增加顾客的回头率，往往还会在店铺的其他位置设计和添加收藏区域。

店铺收藏就是顾客将感兴趣的店铺添加到收藏夹中，以便再次访问时可以轻松地找到相应的商品，在同类店铺中，店铺收藏数量较高的店铺，往往曝光量要比其他同行要高，要火热得多。店铺收藏的设计较为灵活，它可以直接设计在网店的店招中，也可以单独显示在首页的某个区域。网店装修中，收藏区可以存在网店首页或者详情页面的多个位置，例如将收藏店铺设计到店招和网店首页底部的效果，如下图所示，但是"店铺收藏"不是一味地胡乱添加，它的设计也是有讲究的，是要与周围的设计元素相互融合，且风格一致，在不影响整体视觉的情况下添加的。

在网店店招中添加"收藏店铺"链接

在首页底部中添加"收藏本店"链接

店铺收藏通常由简单的文字和广告语组成，一般情况下设计的内容较为单一，而有的商家为了吸引顾客的注意，也会将一些宝贝图片、素材图片等添加到其中，达到推销商品和提高收藏量的双重目的。如下图所示为单独设计的收藏区，不仅在其中添加了商品的照片，还添加了很多店铺优惠信息。

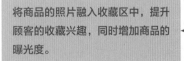

将商品的照片融入收藏区中，提升顾客的收藏兴趣，同时增加商品的曝光度。

把众多的优惠信息添加到收藏区，提升顾客的收藏兴趣，表现出商家的活动力度。

通常情况下，店铺收藏的设计会使用JPEG这种静态的图片来进行表现，除此之外，还可以使用GIF格式的图片，即使用帧动画制作的动态图片，这种闪烁的图片效果可以使其更容易引起顾客的注意，提高网店的收藏数量。

> JPEG格式，同时添加上收藏链接，单击即可完成店铺收藏操作。

9.1.2　练习：如何将设计的收藏区发布到店铺

每一个宝贝页面都有一个宝贝收藏链接，而每个店铺都有店铺的收藏链接，做一个精美的图片，再配上收藏链接，这样可以大大提高收藏量，还可以提高店铺整体层次。但是，当设计好收藏区的图片后，如何将其发布到店铺中，并且同时产生有效的链接呢，接下来我们就通过具体的步骤来对其进行讲解。

01 登录卖家账号，单击"收藏店铺"，由于自己的店铺不能进行收藏，因此，会弹出相应的警示框进行提醒，显示出"不能收藏自己的店铺！"。

02 在"不能收藏自己的店铺！"字样上单击鼠标右键，在弹出的菜单中选择"属性"命令，打开"属性"对话框，复制其中的"地址"后面的链接路径，这个就是该店铺的收藏链接。

03 进入卖家的后台，在"店铺管理"中单击"店铺装修"，进入店铺的装修画面中，在需要添加模块的区域单击"添加模块"按钮，在打开的"添加模块"对话框中单击"自定义内容区"后面的"添加"按钮，添加一个新的模块。

04 在添加的"自定义内容区"中单击"编辑"按钮，进入模块的编辑中，打开相应的"自定义内容区"对话框，单击其中的"插入图片空间图片"按钮，接下来我们将设计好的网店收藏区的图片上传到淘宝的图片空间中。

05 在弹出的选项卡中选择"上传新图片"标签，在其中将设计好的收藏区图片上传到其中，上传成功后，鼠标指针放在预览按钮上，可以查看到上传的照片的缩览图效果。

06 完成图片的上传操作后，单击"完成"按钮，返回到"自定义内容区"对话框中，在其中可以看到上传的图片。

07 在图片上单击鼠标右键，在弹出的菜单中选择"图片属性"菜单命令，即可打开"图片"对话框，在其中可以看到相关的设置选项。

08 在"图片"对话框中将前面我们获取到的店铺的收藏链接复制到"链接地址"选项后面的文本框中，完成设置后单击"确定"按钮，关闭"图片"对话框，再在"自定义内容区"中单击"确定"按钮，完成收藏图片的发布操作。

09 关闭"自定义内容区"对话框之后，返回到网店装修的页面中，在添加新模块的区域可以看到编辑后的页面效果，我们将装修好的网店进行发布，再次单击该区域的时候，就会提示"不能收藏自己的店铺！"警示对话框，即表示收藏链接添加成功。

Tips 收藏店铺代码的使用

　　以淘宝网为例，对于普通店铺，可以在"店铺公告"、每个宝贝的"宝贝描述"里添加该代码；对于旺铺，使用的地方很多，如"左侧模块"、"旺铺促销"、"添加模块"和"宝贝描述"等都可以使用。

9.2 实例：以店庆为主题的收藏区设计与详解

本案例将店庆与收藏区结合起来设计，通过暖色调营造出浓浓的欢乐、喜庆气氛，让顾客在浏览店铺页面的时候，利用及时的收藏提示信息，能够大幅提升顾客的回头率，其具体的操作如下。

◎ 效果展示

源文件：源文件\09\以店庆为主题的收藏区设计.psd

◎ 设计鉴赏

- 分析1：使用红色和橘色进行搭配，利用暖色调制造出画面色彩的协调感，而明度高、纯度高的暖色调具有引起心理亢奋的作用，能够刺激消费者的情绪，产生积极、欢乐的感觉，有助于表现出店庆的喜庆氛围；
- 分析2：在设计本案例的过程中，使用圆形的光斑和白色的星光作为修饰，让画面呈现出一种闪耀、夺目的感觉，丰富画面效果的表现，引燃顾客的激情；
- 分析3：为标题文字制作出渐隐的投影效果，使得文字更加立体，并且更显精致；
- 分析4：文字字体、大小和位置的合理设置，让画面显得更加协调、美观，能够使信息得到有效的传达。

◎ 版式分析

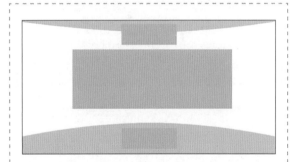

使用两个大小不同的弧形将画面分为3个不同的区域，从上到下依次放置"收藏本店"、"标题"和"品牌信息"，利用色彩之间的差异让中间部分的标题内容更加突出，通过将文本进行居中排列，显示出一种均衡、对称的稳定感，而大小不同的文字设置，能有效地划分画面，并且突显出主次关系。

◎ 配色剖析

R144、G3、B10	R206、G2、B14	R245、G9、B29	R244、G189、B90	R244、G207、B148
C47、M100、Y100、K19	C24、M100、Y100、K0	C1、M97、Y89、K0	C8、M32、Y69、K0	C7、M24、Y46、K0

○ 制作解析

① 绘制出画面的背景

在Photoshop中创建一个文档，使用"渐变填充"将画面填充上径向渐变效果，接着绘制出弧形的形状，通过"渐变叠加"图层样式对下面弧形的色彩进行调整，为上面的弧形应用上"描边"图层样式，制作出画面背景。

② 添加上主题文字

添加上所需的文字，使用"渐变叠加"和"投影"样式对标题文字进行修饰，接着对编辑好的标题文字进行复制，翻转文字后为其添加上图层蒙版，使用"渐变工具"编辑蒙版，为标题文字制作出逼真的投影效果。

③ 添加辅助文字

使用"矩形工具"绘制出所需的矩形，将"横排文字工具"添加的文字放在矩形的上方，接着绘制出红包，对绘制的红包进行复制，放在矩形的两侧，形成对称的效果，辅助文字的表现，最后调整编辑对象的位置。

④ 制作出详尽的说明信息

使用"横排文字工具"添加多组文字信息，得到多个文本图层，在"字符"面板对文字的字体、字号、颜色等信息进行设置，并按照一定的顺序进行排列，接着使用"矩形工具"绘制出所需的形状，对文字进行修饰。

⑤ 使用光斑和星光进行修饰

使用"椭圆工具"绘制出圆形，填充上适当的颜色，接着降低图层的不透明度，对编辑的图层进行复制，调整圆形的大小和位置，制作出光斑效果，使用光斑对画面上下两个区域进行修饰，最后绘制出星光修饰主题文字。

○ 制作步骤详解

01 制作出径向渐变填充的背景

创建一个新的文件, 新建一个渐变填充图层, 在打开的"渐变填充"对话框中进行设置, 使用渐变色作为收藏区域的背景色。

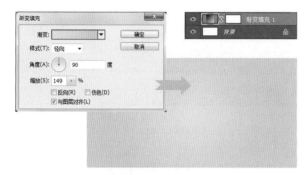

02 绘制下方的弧形

使用"钢笔工具"绘制出弧形, 使用"渐变叠加"图层样式对其进行修饰, 在相应的选项卡中对各个选项的参数进行设置。

03 绘制上方的弧形

使用"钢笔工具"绘制出上方位置的弧形, 填充上适当的颜色, 放在合适的位置, 接着双击图层, 在打开的"图层样式"对话框中勾选"描边"复选框, 在相应的选项卡中进行设置。

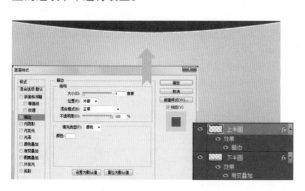

04 添加文字

使用"横排文字工具"添加上所需的文字, 打开"字符"面板对文字的属性进行设置, 并使用"图案叠加"样式对其进行修饰。

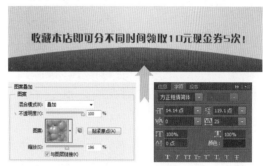

05 添加"收藏本店"字样

绘制一个矩形, 使用"渐变叠加"样式对其进行修饰, 接着添加"收藏本店"字样, 打开"字符"面板对文字属性进行设置。

06 编辑标题文字

添加上"店庆送豪礼"字样, 打开"字符"面板设置文字的属性, 接着使用"渐变叠加"和"投影"样式对文字进行修饰。

07 编辑辅助文字

使用"矩形工具"绘制一个矩形,填充上适当的颜色,通过"横排文字工具"添加上所需的文字,放在矩形上适当的位置。

08 制作标题文字的投影

对前面编辑完成的标题文字进行复制,对其进行翻转处理,放在适当的位置,降低其图层的不透明度,使用"渐变工具"对其图层蒙版进行编辑。

09 绘制出红包进行修饰

使用"矩形工具"和"钢笔工具"制作出红包的形状,填充上适当的颜色,将包含红包编辑的图层合并在一起,命名为"红包"。

10 绘制光斑

使用"椭圆工具"绘制出圆形,填充上适当的颜色,并降低图层的不透明度,按Ctrl+J快捷键对绘制的图层进行复制,适当调整光斑的大小和位置,使用创建的图层组对图层进行管理。

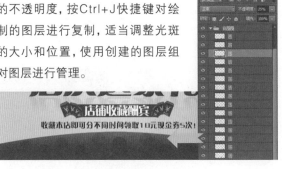

11 添加文字完善画面内容

使用"横排文字工具"为画面添加上所需的文字,对文字的大小、颜色等属性进行适当的设置,并使用"矩形工具"绘制矩形,完善画面内容。

12 绘制星光修饰文字

使用"画笔工具"绘制出星光的效果,填充上白色,将绘制的星光放在文字上,对文字进行修饰,在图像窗口中可以看到编辑的效果。

13 复制光斑完成制作

对前面编辑的光斑图层进行复制,将光斑放在画面的上方,并细微调整其余对象的位置,完成本案例的制作。

9.3 实例：收藏区添加大量优惠券信息与详解

对欢迎板块的设计有一定的了解之后，接下来通过实际的案例来对欢迎板块中的设计思路进行讲解，利用不同内容和风格的欢迎板块案例来让读者深刻地体会到该部分在淘宝装修中的重要性。

◎ 效果展示

源文件：源文件\09\收藏区添加大量优惠券信息.psd

◎ 设计鉴赏

- 分析1：使用蓝色将画面营造出一种双色调的效果，蓝色是冷色调的代表，也具有理智和权威性的象征，这样的配色与手表这种商品的形象更加贴合；

- 分析2：使用笔画宽度和风格迥异的字体来凸显出画面中不同类别的信息，让画面中文字的主次关系更加清晰；

- 分析3：画面的背景使用蓝色的荧光，表现出一定的空间感，也让画面的质感和内容更加丰富，凸显出黑暗环境下商品的材质，显得和谐而上档次。

◎ 版式分析

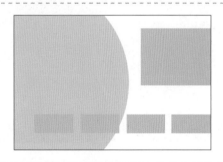

将商品放在画面的左侧作为背景，把优惠券的信息整齐地排列在画面的下方位置，显得极具节奏感，右侧的收藏文字，让人一目了然，凸显出画面的主要信息。

◎ 配色剖析

R0、G51、B51	R0、G102、B153	R51、G204、B255	R0、G255、B255	R255、G102、B0
C94、M71、Y73、K47	C89、M59、Y26、K0	C64、M0、Y2、K0	C55、M0、Y18、K0	C0、M73、Y92、K0

○ 制作解析

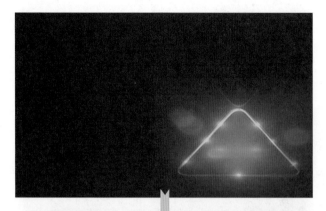

1 制作画面背景

在Photoshop中先创建一个文档，对前景色色块进行设置，按Alt+Delete快捷键，把背景填充上纯色，接着添加上所需的荧光素材，适当调整素材的大小，放在画面的右下角位置。

2 添加商品素材

将所需的手表的素材添加到图像窗口中，适当调整其大小，放在画面的左侧，设置图层的混合模式为"浅色"，接着创建黑白调整图层，在"属性"面板中勾选"色调"复选框，将手表素材调整为双色调的效果，让整个画面的颜色得到有效的统一。

3 制作优惠信息

使用"矩形工具"绘制出矩形，使用"描边"和"渐变叠加"图层样式对绘制的矩形进行修饰，接着在矩形上方添加上所需的优惠文字信息，打开"字符"面板对文字的属性进行设置，制作出风格一致的四组优惠信息。

4 添加"加入收藏"字样

使用"横排文字工具"添加所需的文字，打开"字符"面板对文字的字体、字号等属性进行设置，接着利用"渐变叠加"和"投影"图层样式对文字和添加的形状进行修饰，放在画面的右侧位置，完成本案例的制作。

○ 制作步骤详解

01 制作画面的背景

创建一个的新的文档,将"背景"图层填充上黑色,接着将所需的光晕素材添加到图像窗口中,适当调整其大小,放在画面的右下角位置。

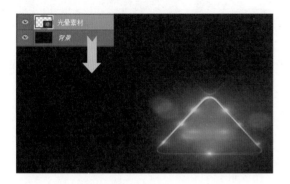

02 添加手表素材

将手表素材添加到图像窗口中,适当调整素材的大小,在"图层"面板中设置该图层的混合模式为"浅色",在图像窗口中可以看到编辑的效果。

03 创建黑白调整图层

将手表素材添加到选区,为选区创建黑白调整图层,在打开的"属性"面板中对各项参数进行设置,将手表图像调整为双色调效果。

04 绘制矩形

使用"矩形工具"绘制一个矩形,使用"描边"和"渐变叠加"图层样式对矩形进行修饰,在相应的选项卡中对各项参数进行设置。

05 添加上所需的信息

选择"横排文字工具"在图像窗口中单击,输入所需的信息,打开"字符"面板对文字的属性进行设置,在图像窗口中可以看到编辑的效果。

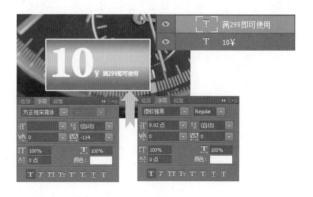

06 添加"马上领取"字样

使用"矩形工具"绘制出白色的矩形,接着使用"横排文字工具"添加上"马上领取"的字样,打开"字符"面板对文字的属性进行设置。

07 制作其余的优惠信息

参考前面的编辑方法和设置，制作出其余的优惠信息，使用图层组对图层进行管理，按照一定的位置对优惠信息进行排列。

08 添加BOOK字样

使用"横排文字工具"添加上BOOK字样，打开"字符"面板对文字的属性进行设置，利用"渐变叠加"和"投影"样式对文字进行修饰。

09 添加英文说明信息

使用"横排文字工具"添加上英文说明信息，打开"字符"面板对文字的属性进行设置，利用与BOOK字样相同的图层样式对英文信息进行修饰。

10 添加"加入收藏"字样

使用"横排文字工具"添加上"加入收藏"的字样，打开"字符"面板对文字的属性进行设置，利用与BOOK字样相同的图层样式对文字进行修饰。

11 绘制加号形状

使用"椭圆工具"和"矩形工具"绘制出加号的形状，通过形状的加减设置来绘制出镂空的形状效果，在图像窗口中可以看到编辑的结果。

12 使用图层样式进行修饰

参考前面编辑BOOK字样的图层样式，使用"渐变叠加"和"投影"图层样式对绘制的加号形状进行修饰，在图像窗口中可以看到编辑的效果，完成本案例的编辑。

9.4 实例：将收藏与侧边栏进行结合

本案例是将收藏店铺的设计图与侧边栏结合起来设计的效果，将画面分为两个区域，使用饱和度较高的多种色彩进行搭配，形成活泼、跳跃的氛围，其具体的制作如下。

◉ 效果展示

源文件：源文件\09\将收藏与侧边栏进行结合.psd

◉ 设计鉴赏

- 分析1：设计中使用多种色相反差较大的色彩，通过鲜艳的饱和度让画面呈现出活泼、亲切的氛围，显得鲜明、清晰，给人强烈的、浓重的色彩感受，具有很强的视觉愉悦感；
- 分析2：画面中的文字有的外形坚硬、有的可爱、有的圆润，多种不同风格组合在一起，通过外形、色彩和特效上的区别来区分主次，让信息的表现更具层次感；
- 分析3：在构成版式的设计中，使用了圆形、箭头、圆角矩形、三角形等图形对画面进行分割，有助于对视线进行引导。

◉ 版式分析

在画面的左侧，是店铺的分类区域，使用不同色彩的圆角矩形来对不同类别的信息进行区分，显示出一定的阶梯型和层次感。右侧为收藏区域，使用半圆形放在画面的中间，其中放置简要的文字信息，并通过箭头指示的方式指引出左侧的信息，对顾客的视线有很强的引导作用。整个画面给人一种错落有序、分类清晰的感觉，适当的留白和色彩之间的分割，可以给人一种视觉上的舒适感，将重要的信息有效地展示出来。

◉ 配色剖析

R51、G153、B0	R0、G128、B128	R255、G204、B102	R255、G153、B0	R153、G0、B0
C77、M23、Y100、K0	C84、M40、Y53、K0	C2、M27、Y65、K0	C0、M52、Y91、K0	C45、M100、Y100、K15

画面中搭配的各种色彩，其饱和度都非常的高，是一些最纯粹、最鲜艳的色彩组成的画面，给人一种鲜明、热烈、奔放的感受，在配色中称为"锐色调"，具有单纯的视觉表现，能够发挥出非凡的视觉表现力，展示出浓厚的热情感。

◯ 制作解析

1 绘制出画面的背景

在Photoshop中创建一个新的文档，接着将"背景"图层填充上适当的色彩，使用形状工具绘制出所需的形状，分别设置所需的色彩，制作出画面背景。

2 添加上所需的主题文字

使用"横排文字工具"在画面中适当的位置添加上所需的文字，并打开"字符"面板对文字的属性进行设置，应用"渐变叠加"和"投影"图层样式对文字进行修饰。

3 绘制出侧边栏

使用"矩形工具"、"圆角矩形工具"和"钢笔工具"绘制出侧边栏所需的各种形状，并为形状各自设置所需的填充色，按照一定的位置进行排列。

4 为侧边栏添加文本信息

使用"横排文字工具"为侧边栏添加上所需的文字，打开"字符"面板对文字的字体、字号、色彩等进行设置，并放在画面适当的位置，使用"描边"和"渐变叠加"图层样式对数字10进行修饰，适当调整"店铺动态"字样的角度。

9.5　实例：将收藏与欢迎模块进行结合

在设计欢迎模块的时候，有时候也会将其与收藏店铺的链接组合在一起，让顾客在对商品产生兴趣的同时，及时提供收藏店铺的功能，接下来本案例将通过具体的设计来讲述如何在欢迎模块中添加收藏店铺，具体如下。

◎ 效果展示

源文件：源文件\09\将收藏与欢迎模块进行结合.psd

◎ 设计鉴赏

- 分析1：画面的背景使用手举相机的模特作为主要的内容，通过自然的合成来使它们之间产生联系，利用不透明度的差异，让画面的层次展示出来，凸显出商品；

- 分析2：整个画面的色彩搭配以背景图像中的色彩为基调，通过橡皮红与浅墨绿色的搭配来突显出一种撞色的效果，而高明度的色彩让整个画面显得清新、自然；

- 分析3：在画面的中间使用多个矩形组成一个十字形的形状，给人一种视觉上的延伸感，而矩形中放置的相机图像、文字等信息，让整个画面显得饱满而丰富；

- 分析4：纤细的字体让画面表现出精致感，避免产生喧宾夺主的感觉。

◎ 版式分析

在本案例的设计中，通过合并的方式将背景中的图像融合在一个画面中，形成一个统一的整体。画面的中间使用七个大小相同的矩形进行排列，组成十字形的外观，中间竖直方向的矩形全部放置相机的图像，而其余的矩形上使用纯色进行填充，同时添加上纤细的字体，给人一种视觉上的延伸感，利用独特的十字形外形让画面中的商品信息和收藏店铺信息重点突显出来。

◎ 配色剖析

R146、G165、B78	R215、G206、B163	R241、G165、B164	R254、G136、B142	R244、G72、B71
C51、M28、Y81、K0	C21、M18、Y40、K0	C6、M46、Y27、K0	C0、M61、Y31、K0	C2、M84、Y65、K0

案例中主要包含了淡墨绿色和橡皮红两种色相，通过明度和纯度的细微变化来产生层次，较高明度的色彩给人一种温馨、飘逸和浪漫的感觉。

○ 制作解析

1 制作背景左侧图像

新建一个文档，将所需的模特图片添加到图像窗口中，适当调整其大小，放在画面的左侧，使用"渐变工具"对添加的图层蒙版进行编辑，使其边缘形成自然过渡效果。

2 完善画面背景

添加另外一张模特图像，调整其画面的大小，同样使用"渐变工具"对添加的图层蒙版进行编辑，使其边缘形成自然过渡效果，并适当降低图像的不透明度。

3 绘制矩形

选中工具箱中的"矩形工具"绘制出所需的矩形，按照一定的顺序进行排列，分别设置不同的填充色，使用"描边"图层样式对矩形进行修饰。

4 添加文字信息

使用"横排文字工具"在画面上添加所需的文字信息，打开"字符"面板设置文字的字体、字号和字间距等信息，并调整文字的色彩为白色。

5 添加相机图像

将所需的相机图像添加到图像窗口中，适当调整图像的大小，通过"创建剪贴蒙版"命令对相机图像的显示进行控制，完成本案例的制作。

9.6　实例：热情风格的收藏区设计

　　收藏区设计的作用就是要让顾客感受到店铺的热情，因此，在设计的过程中使用色彩较为热烈的暖色调进行配色，可以让画面中浓烈的热情表现出来，接下来本案例将使用暖色调进行创作，具体如下。

◎ 效果展示

源文件：源文件\09\热情风格的收藏区设计.psd

◎ 设计鉴赏

- 分析1：画面的背景使用热火燃烧的花朵，由于火焰具有较高的温度和艳丽的色彩，可以轻易地表现出一种热情、奔放的感觉，与案例设计的宗旨一致；

- 分析2：画面中的色彩以暖色调为主，其中的红色、橘色等都是暖色调中的代表色，通过色彩之间细微的明度和纯度的变化，让文字和图像之间的层次显得清晰；

- 分析3：在文字的编辑上使用了几种不同外形的字体，并利用特效上的差异、大小上的对比来形成主次关系，让重要的信息清晰、有效地突显出来。

◎ 版式分析

画面中使用燃烧的花朵环绕在文字的周围，形成一个自然的椭圆，对视线有集中的效果，合理的文字、红包图像的分布，让画面中的信息表现和色彩的表现更加合理，给人一种视觉上的舒适感。

◎ 配色剖析

R204、G153、B0	R255、G204、B0	R255、G102、B51	R255、G51、B0	R204、G51、B51
C27、M44、Y99、K0	C4、M25、Y89、K0	C0、M74、Y77、K0	C0、M89、Y95、K0	C25、M92、Y83、K0

○ 制作解析

① 制作画面背景

在Photoshop中新建一个文档，将所需的素材添加到图像窗口中，适当调整其大小，使其铺满整个画布，接着创建颜色填充图层，使用橘黄色进行填充，对图层蒙版进行编辑，只对画面中间部分应用色彩。

② 添加主题文字

使用"横排文字工具"在画面适当的位置上单击，输入所需的文字信息，打开"字符"面板对文字的字体、字号和字间距等信息进行设置，并利用"渐变叠加"和"描边"图层样式对文进行修饰。

③ 添加辅助说明文字

使用"横排文字工具"为画面上添加所需的辅助说明文字，分别填充上橘色和白色，放在适当的位置，设置好文字的字体和字号，并对其中的部分文字应用上"投影"图层样式，丰富文字的表现力。

④ 制作红包和气泡

使用形状工具绘制出红包的图像，并分别使用适当的色彩对各个区域进行修饰，使用"画笔工具"涂抹出红包的阴影，接着绘制出气泡，利用"横排文字工具"添加上所需的文字，放在气泡的上方。

PANTS 裤装	DRESSI 裙装
长裤 / 马裤	一步裙 / 长裙
直筒 / 西裤	短裙 / 打褶裙
/ 铅笔裤 / 小脚裤	鱼尾裙 / 片裙
八裤 / 斜裁裤	小喇叭裙 / 大喇叭裙
裤 / 正装裤	牛仔裙 / 太阳裙
直筒	节裙
西裤	罗马裙 / 螺旋裙
型裤 / 铅笔裤	松紧裙
小脚裤	连衣裙

第 **10** 章

给顾客解惑答疑
——客服区

10.1 客服区的设计分析

网店的客服与实体店铺中的售货员功能是一样的，存在的目的都是为顾客答疑解惑，不同的是网店的客服是通过聊天软件与顾客进行交流的。那么，设计成什么样子的客服区、放在哪个位置，才能提升顾客咨询的兴趣呢，在本小节将对网店客服区的设计规范进行讲解。

● 10.1.1 客服区的设计原则

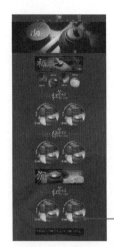

网店客服是网店的一种服务形式，利用网络和网商聊天软件，给客户提供解答和售后等服务，称为网店客服。目前网店客服主要是针对淘宝网、拍拍网、易趣网等网购系统，比如淘宝网，网店客服就是阿里软件提供给淘宝掌柜的在线客户服务系统，旨在让淘宝掌柜更高效地管理网店、及时把握商机消息，从容应对繁忙的生意。接下来本小节将以淘宝旺旺为例，讲解网店装修中客服区图片的设计，如下图所示为网店中客服区的设计效果。

网店的客服区会存在于网店首页的多个区域，如下图所示，此外，网商平台都会在网店首页的最顶端统一定制客服的联系图标，便于对顾客形成固定的思维，当然这些都是不够的，很多专业的网店，为了突显出店铺的专业性和服务品质，在首页的多个区域都会添加上客服，以便顾客可以及时联系工作人员。

侧边栏客服区

将客服区与商品分类组合在一起，便于顾客及时掌握更多信息。

将客服区与质保、服务信息组合在一起，突显店铺服务品质。

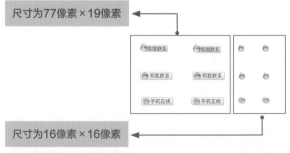

在设计网店客服的时候，对于聊天软件的图标尺寸是有具体要求的。以淘宝中的旺旺头像为例，使用单个旺旺的图标作为客服的链接，那么旺旺图标的尺寸宽度为16像素，高度为16像素；如果使用添加了"和我联系"或者"手机在线"字样的旺旺图标，图标的尺寸宽度为77像素，高度为19像素，制作的过程中一定要以规范的尺寸来进行创作，具体如右图所示。

尺寸为77像素×19像素

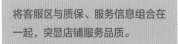

尺寸为16像素×16像素

● 10.1.2　练习：将设计的客服区上传到店铺

在将客服区的图片设计完成之后，需要把设计好的图片上传到店铺中进行使用，需要做一系列的工作，例如添加链接、制作代码、新建模块等，完成这些复杂的操作后，才能将设计的客服区图片进行正确的应用，让顾客能够看到设计的效果，接下来以步骤的方式来讲解如何将设计的客服区图片上传到店铺中。

01 运行DreamweaverCC应用程序，执行"文件>新建"菜单命令，在打开的"新建文档"对话框中单击"页面类型"下方的HTML，新建一个文件，将设计好的客服区图片拖曳到其中，以"拆分"模式查看插入的图片和代码。

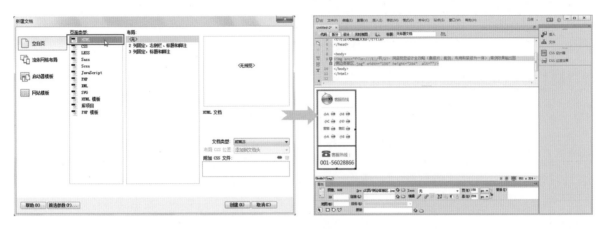

02 将设计好的客服区图片上传到网络空间中，在网页中打开图片，以100%比例显示出来，接着用鼠标右键单击图片，在打开的菜单中选择"复制图片地址"菜单命令，接着在Dreamweaver CC中选中图片，在Src选项后面的文本框中将复制的图片网址粘贴到其中，完成操作后，可以看到代码区域的图片显示地址发生了改变。

03 单击"属性"面板中的绘制链接工具中的一个，即RectangleHotspotTool按钮□，使用该工具在需要添加超链接的旺旺头像区域上单击并进行拖曳，绘制出链接的区域，此时该区域将以半透明的蓝绿色进行显示，即表示该区域为绘制的超链接区域，这个区域由于顾客单击时会直接链接到客服的旺旺，因此需要添加超链接。

04 在网页中打开店铺，用鼠标右键单击旺旺头像，在弹出的菜单中选择"复制链接地址"菜单命令，接着返回到Dreamweaver CC应用程序中，选中创建的链接区域，在"属性"面板的"链接"文本框中将旺旺的链接地址复制到其中，同时可以看到"代码"区域中的代码发生了相应的变化。

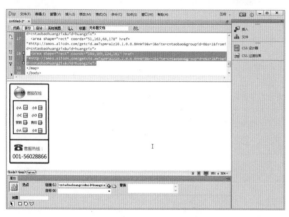

05 参考前面步骤03和步骤04的操作方法，在Dreamweaver CC中将其余的旺旺头像创建为链接的区域，接着对每个旺旺头像的链接进行编辑，使旺旺头像的链接与每个客服旺旺的链接一致。在对每个创建的链接区域都进行编辑之后，也可以实时地观察到"代码"区域中代码的变化，如左图所示。

Tips 使用"旺遍天下"功能制作代码

在阿里旺旺的官方首页，在"功能介绍"栏目中，单击"旺遍天下"按钮，页面右侧可以看到"旺遍天下"生成代码的步骤，根据步骤进行逐一的操作，可以得到旺旺图标的代码，操作非常简单快捷。

06 单击Dreamweaver CC中的"代码"按钮，切换到代码显示模式，在其中可以看到那些由字母、数字和标点符号组成的代码，在其中单击鼠标并按Ctrl+A快捷键，将全部的代码选中，单击鼠标右键，在弹出的菜单中选择"拷贝"命令，对全部代码进行复制。

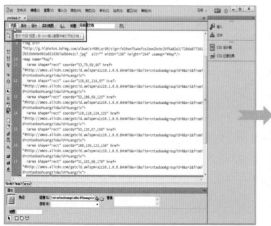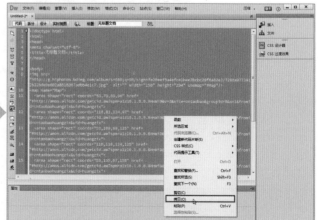

07 登录淘宝卖家的账号，进入卖家后台，单击"店铺管理"下的"店铺装修"，进入店铺装修模式，在网页的右侧边栏中单击"添加模块"按钮，为网页中添加一个新的模块，使用新创建的模块来显示客服区。

08 添加模块之后，会打开"添加模块"对话框，在"自定义内容区"后面的"添加"按钮上单击，接着在网页中可以看到新添加的模块，单击其中回形针形状的按钮，开始对新添加的模块进行编辑。

09 打开"自定义内容区"对话框，在其中勾选"编辑源代码"复选框，以代码编辑模式进行设计，将DreamweaverCC中编辑完成的代码粘贴到其中，完成后单击"确定"按钮，关闭"自定义内容区"对话框。

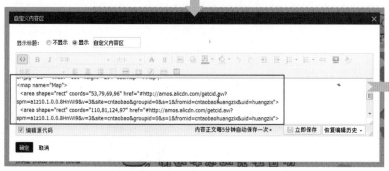

10 关闭"自定义内容区"对话框后返回到装修页面中，可以看到编辑完成的客服区图片在新添加的模块区域显示出来，如果我们确定了这些编辑效果，在顾客进行网店浏览的过程中，单击旺旺头像，就会链接到相应的旺旺用户，与其进行对话。

10.1.3 使用淘宝装修助手制作在线客服

想要快速地制作出美观的客服区，还可以使用很多辅助的小软件来进行操作。DreamweaverCC中复杂的代码编辑可能会让某些非专业的店家不能快速、有效地完成店铺的装修，接下来我们就以淘宝装修助手为操作平台，介绍如何快速制作出客服区代码。

启动淘宝装修助手之后，在软件界面的左侧可以看到两个用于设计客服的功能，一个是"950客服"，一个是"客服在线"，其具体的操作和功能如下。

在"在线客服模块"对话框中可以看到很多设置的选项，如下图所示，在其中可以对客服区的背景颜色、客服旺旺的代码、客服区的背景图片、客服中心图片等选项进行设置，通过这些简单的编辑和设置，就可以快速制作出较为简单且理想的网店客服区。

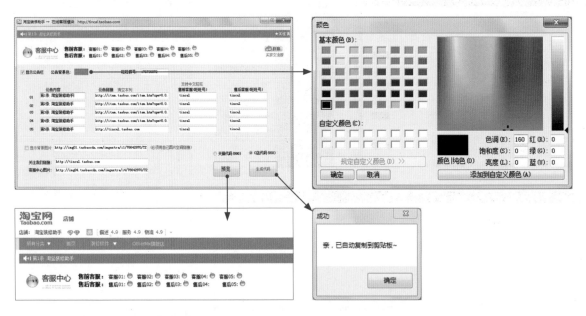

"在线客服模块"的右下方，有两个单选按钮，一个是"天猫代码（990）"，一个是"C店代码（950）"，这两个选项是对生成后的客服区的宽度进行控制的，由于淘宝中的店铺版本和类型较多，因此具体的不同类型店铺的设计尺寸也是不相同的。

切换到"客服在线"对话框中，从预览图中可以看到该页面中的设置选项是为网店中的侧边栏设计客服区域的，由于该区域中的图片宽度是固定的，因此只需进行简单的设置，即可制作出画质精美的客服区效果。下图所示为"客服在线"对话框显示效果和网页中编辑后的预览页面。

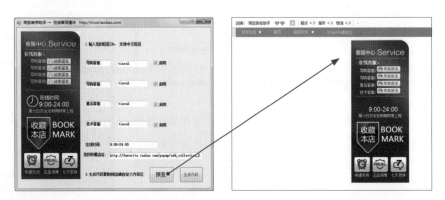

10.2　实例：素雅风格的客服区设计与详解

本案例是为某女式服装店铺设计的客服区，在设计中将女装模特与店铺客服组合在一起，参考模特图片的色彩和风格来设计画面，使其呈现出素雅、怀旧的风格，其具体的设计和制作如下。

效果展示

源文件：源文件\10\素雅风格的客服区设计.psd

设计鉴赏

分析1：把模特图片安排在画面中，参考图片的色彩对文字和修饰元素的色彩进行搭配，利用低纯度的褐色来营造出朴素、淡雅的视觉效果，整个画面的色彩浓度都偏低，给人以怀旧之情；

分析2：将二维码、客服和商品分类以横向的方式整齐地排列在一起，显得工整、一目了然，有助于提升易读性；

分析3：画面的下方利用"官方正品"、"完美导购"和"100%实物拍摄"三项内容来提升客服区的服务品质，提高店铺的档次，通过图文结合的方式进行表达，更加生动、形象；

分析4：旺旺图标的色彩与整个画面的色调形成强烈的反差，显得更为醒目。

版式分析

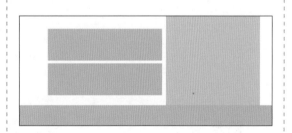

在本案例的版式设计中，使用了左右大致对称的方式，整体给人的感觉非常工整，左侧上半部分的二维码、客服和专区整齐地排列在一起，与右侧的模特图像完美组合，整个版面显得饱满而丰富。

版面底端通过对信息进行三等分，能够直观地为观者传递出相关的信息，提升店铺的专业度和信赖度。

配色剖析

R254、G254、B254	R219、G216、B209	R194、G180、B170	R104、G87、B93	R0、G0、B0
C0、M0、Y0、K0	C17、M14、Y17、K0	C29、M30、Y31、K0	C66、M68、Y57、K11	C93、M88、Y89、K80

◎ 制作解析

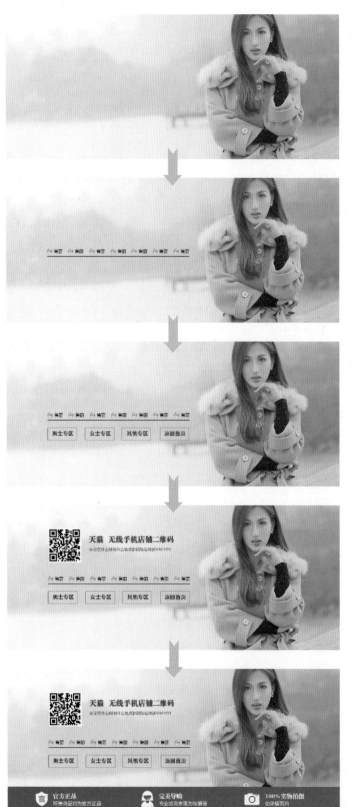

1 添加模特图像

创建一个新的文档，将所需的模特素材拖曳到图像窗口中，得到一个智能对象图层，调整图像的大小，使其铺满整个画布，接着用色阶调整图层对其部分图像进行提亮。

2 添加客服图标和文字

将所需的旺旺的图标添加到文件中，适当调整位置和大小，接着使用"横排文字工具"输入所需的客服名称和符号，对客服图标进行完善，在图像窗口中可以看到编辑的效果。

3 添加分类信息

使用"圆角矩形工具"绘制出黑色的边框，再进行复制，按照等距的间隔进行排列，使用"横排文字工具"输入所需的分类信息的文字，打开"字符"面板对文字的属性进行设置。

4 添加二维码信息

将所需的二维码图像添加到图像窗口中，适当调整其大小，放在适当的位置，接着使用"横排文字工具"添加所需的文字，打开"字符"面板设置各个参数。

5 制作底部服务信息

选择工具箱中的"钢笔工具"，绘制出所需的图标，设置填充色为白色，无描边色，接着将其放在矩形适当的位置，最后添加所需的文字，完善画面的内容。

● 制作步骤详解

01 添加素材图像

创建一个新的文档，将所需的模特素材拖曳到图像窗口中，得到一个智能对象图层，调整图像的大小，使其铺满整个画布。

02 使用色阶调整图像亮度

创建色阶调整图层，在打开的"属性"面板中对参数进行设置，接着使用"渐变工具"对其图层蒙版进行编辑，对左侧的图像应用效果。

03 输入客服的名称

使用"横排文字工具"输入客服的名称以及修饰的符号，打开"字符"面板分别对文字的属性进行详细的设置，并按照所需的位置排列对象，在图像窗口中可以看到编辑后的效果。

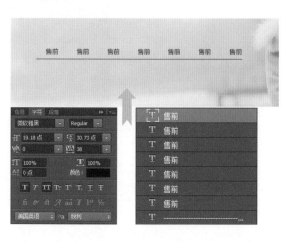

04 添加旺旺头像

将所需的旺旺图像添加到图像窗口中，按Ctrl+T快捷键对图像的大小进行调整，复制旺旺头像，进行位置调整后，在图像窗口中可以看到编辑后的效果。

05 绘制圆角矩形边框

使用"圆角矩形工具"绘制出黑色的边框，再进行复制，按照等距的间隔进行排列，在图像窗口中可以看到编辑的效果。

06 添加分类信息文字

使用"横排文字工具"输入所需的分类信息的文字，打开"字符"面板对文字的字体、字号和颜色等属性进行设置，接着创建图层组，对编辑的图层进行归类和整理。

07 添加二维码和文字

将所需的二维码图像添加到图像窗口中,适当调整其大小,放在适当的位置,接着使用"横排文字工具"添加所需的文字,打开"字符"面板设置参数。

08 绘制矩形

使用"矩形工具"绘制一个矩形,填充适当的颜色,无描边色,接着将其放在画面的底部,在图像窗口中可以看到编辑的效果。

09 绘制图标

选择工具箱中的"钢笔工具",绘制出所需的图标,设置填充色为白色,无描边色,接着将其放在矩形适当的位置。

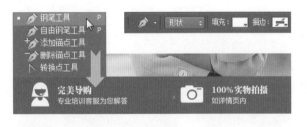

10 绘制其他图标

使用"钢笔工具"绘制出所需的盾牌图标,接着使用"横排文字工具"添加上所需的文字,打开"字符"面板设置属性即可。

11 添加文字

选择工具箱中的"横排文字工具"输入所需的文字,打开"字符"面板对文字的字体、字号和颜色进行设置,放在图标的右侧。

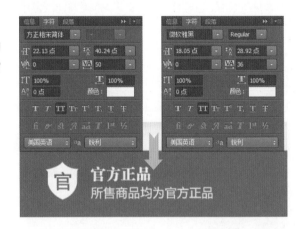

12 添加其余的文字

参考上一步骤中文字的设置,为其他的图标后面都添加相应的文字,接着在"图层"面板中使用图层组对图层进行归类和整理,在图像窗口中可以看到本例最终的编辑效果。

Tips ▶ "钢笔工具"的使用

"钢笔工具"与其他形状工具一样有3种不同的绘制模式,如果要绘制出带有镂空效果的复合路径,可以使用工具选项栏中路径相加、相减、相交等功能来实现。

10.3　实例：可爱风格的客服区设计与详解

本案例是为某店铺设计的客服区，在设计中使用了大量外形可爱的字体，以及俏皮可爱的卡通形象，能够更好地拉近顾客与客服的距离，显得亲近、自然，其具体的制作和设计如下。

◉ 效果展示

源文件：源文件\10\可爱风格的客服区设计.psd

◉ 设计鉴赏

- 分析1：画面中使用了大量的卡通形象进行修饰，给人可爱、亲近的感觉，拉近客服与顾客的距离；
- 分析2：画面中使用了多种色相丰富、纯度高、明度适中的色彩，营造出鲜艳、活泼的视觉效果，给人带来愉悦的心情；
- 分析3：使用外形稚拙的字体，与卡通素材风格一致，营造出一种童趣、天真的氛围，提升客服的亲和力；
- 分析4：上下分割的版式布局让功能划分更加准确。

◉ 版式分析

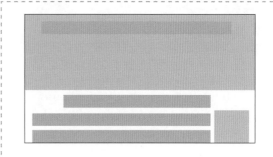

本案例在版式布局中将画面分为两个区域，上半部分为图像，下半部分为客服，这种标题式的分布，让功能分布清晰，易于读者接受，给人整齐的感觉。

◉ 配色剖析

R0、G153、B204 C78、M28、Y14、K0	R153、G204、B51 C48、M3、Y91、K0	R255、G204、B153 C1、M28、Y42、K0	R255、G124、B128 C0、M66、Y37、K0	R255、G102、B102 C0、M74、Y49、K0

○ 制作解析

① 制作画面背景

在Photoshop中创建一个新的文档，使用"图案叠加"样式修饰画面背景，用"矩形工具"绘制一个矩形，接着将所需的卡通形象的素材添加到其中，通过创建剪贴蒙版的方式来对图像的显示进行控制。

② 制作标题文字

选择工具箱中的"横排文字工具"，在适当的位置单击，输入所需的标题文字，打开"字符"面板对文字的属性进行设置。双击添加的文字图层，在打开的"图层样式"对话框中勾选"描边"和"渐变叠加"复选框，对标题文字进行修饰。

③ 添加旺旺头像和图标

将所需的旺旺图像添加到图像窗口中，按Ctrl+T快捷键对图像的大小进行调整，接着将所需的旺旺图标添加到其中，将其排列成两行，按照等距组合在一起。

④ 添加文字信息

使用"横排文字工具"添加上所需的文字，打开"字符"面板设置文字的属性，接着使用"投影"和"描边"图层样式对编辑后的文字图层进行修饰，并在相应的选项卡中对各个选项的参数进行设置，完成后在图像窗口中可以看到编辑的效果。

⊙ 制作步骤详解

01 使用"图案叠加"修饰背景

创建一个新的文件,为背景填充上适当的颜色,使用"图案叠加"图层样式对其进行修饰,使其呈现出细小的斜纹效果。

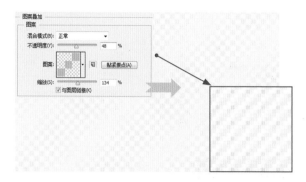

04 使用图层样式修饰文字

双击添加的文字图层,在打开的"图层样式"对话框中勾选"描边"和"渐变叠加"复选框,使用这两个样式对标题文字进行修饰。

02 添加卡通形象素材

使用"矩形工具"绘制一个矩形,接着将所需的卡通形象的素材添加到其中,通过创建剪贴蒙版的方式来对图像的显示进行控制。

05 制作背景

绘制一个矩形,使用"渐变叠加"和"图案叠加"图层样式对矩形进行修饰,并在相应的选项卡中对相应的参数进行设置。

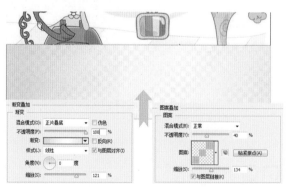

03 添加标题文字

选择工具箱中的"横排文字工具",在适当的位置单击,输入所需的标题文字,打开"字符"面板对文字的属性进行设置。

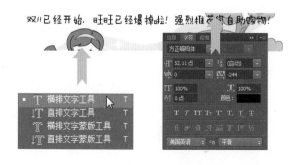

06 添加旺旺头像

将所需的旺旺图像添加到图像窗口中,按Ctrl+T快捷键对图像的大小进行调整,在图像窗口中可以看到编辑后的画面效果。

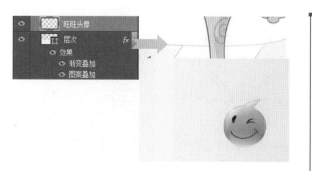

07 添加旺旺图标

将所需的旺旺图标添加到图像窗口中,适当调整其大小,将其分别合并在两个图层中,在图像窗口中可以看到添加旺旺图标后的效果。

08 添加客服名称

选择"横排文字工具"输入所需的客服的名称,打开"字符"面板对文字的属性进行设置,最后将文字放在旺旺图标的上方位置。

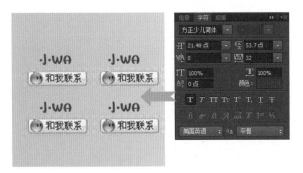

09 添加文字信息

选择工具箱中的"横排文字工具",在适当的位置单击,输入所需的文字,打开"字符"面板设置文字的字体、字号和颜色等。

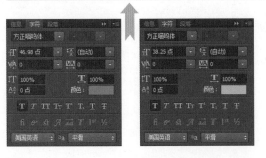

10 使用图层样式修饰文字

使用"投影"和"描边"图层样式对编辑后的文字图层进行修饰,并在相应的选项卡中对各个选项的参数进行设置,完成后在图像窗口中可以看到编辑的效果。

11 微调设计元素

完成本案例的制作后,使用"移动工具"对设计元素进行细微的调整,并在"图层"面板中创建图层组,对编辑后得到的图层进行管理和分类,在图像窗口中可以看到本案例的最终编辑效果。

Tips "移动工具"的使用技巧

在Photoshop中"移动工具"在很多编辑过程中都是必备的工具之一,也是最为常用的工具。不管当前使用什么工具,只要按Ctrl键切换到"移动工具",其中"钢笔工具"、"抓手工具"、"缩放工具"和"切片工具"除外,在移动对象时,按Alt键可以复制对象。

"钢笔工具"、"抓手工具"、"缩放工具"和"切片工具"除外的情况下,按Ctrl+Alt快捷键可复制对象,但是复制的对象会直接在当前选择的图层中。

10.4　实例：清爽风格的客服区设计

本案例是为某电器城设计的客服区，在设计中使用代表科技的蓝色作为画面主色调，利用大量的修饰图形来美化文字，加深顾客的记忆，同时给人专业的品质感，其具体的设计和制作如下。

○ 效果展示

源文件：源文件\10\清爽风格的客服区设计.psd

○ 设计鉴赏

- 分析1：设计中使用了代表科技、智慧的蓝色作为画面的主色调，给人以清爽、稳定的感觉，符合店铺中商品的特点；

- 分析2：画面中使用了盾牌作为质量保证、服务、发货和退换等售后的修饰图形，寓意坚定、信任，提升顾客的信赖度，同时在画面左上角使用心形的图像来修饰"放心购物"字样，让文字的表现更加贴切、自然；

- 分析3：本案例中包含了多组的信息，具体的制作中通过字体风格的变化，以及使用背景矩形条来对信息进行归类和分组，显得更加系统，易于顾客阅读和理解。

○ 版式分析

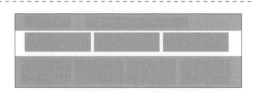

本案例在布局中将画面横向分为3个区域，在各个区域中，又将画面进行了合理的分割，显得错落有致，让人感觉在统一中产生了细微的变化，整个布局显得灵活、自然，同时能够包含多组不同的信息，利于画面信息的表现和传递。

○ 配色剖析

R22、G22、B22	R0、G51、B153	R0、G102、B204	R204、G204、B153	R241、G241、B241
C86、M81、Y81、K68	C100、M89、Y7、K0	C87、M59、Y0、K0	C26、M17、Y46、K0	C7、M5、Y5、K0

○ 制作解析

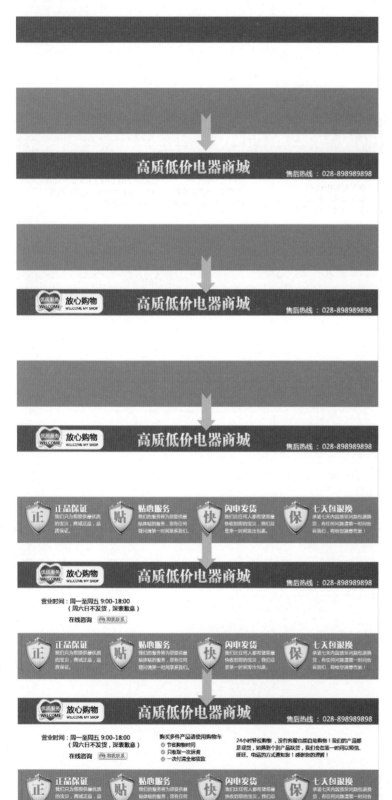

1 制作画面背景

在Photoshop中创建一个新的文档，绘制出不同色彩的矩形，对画面进行分割。

2 添加标题文字

选择"横排文字工具"输入所需的标题文字，设置好文字的字号、字体等，放在适当的位置，使用"渐变叠加"对文字进行修饰。

3 制作"放心购物"图标

使用"圆角矩形工具"绘制圆角矩形，并使用"钢笔工具"绘制出其他的形状，添加上所需的文字，组合成"放心购物"图标。

4 修饰下方矩形

添加盾牌素材，使用"横排文字工具"在盾牌上和旁边添加所需的文字，调整每组信息的位置，按照等距的方式进行排列。

5 添加客服

添加上客服区域所需的文字，接着将所需的旺旺图像添加到图像窗口中，按Ctrl+T快捷键对图像的大小进行调整。

6 添加其余信息

使用"横排文字工具"添加所需的其他的文字信息，接着绘制出圆形，使用图层样式对其进行修饰，提升形状的表现力。

10.5 实例：简约风格的客服区设计

本案例是为某品牌的服装店铺设计的客服区，在设计中将分类栏与客服区合并在一起，使用文字、图片之间的完美组合营造出一种工整、专业的氛围，其具体的制作和分析如下。

○ 效果展示

源文件：源文件\10\简约风格的客服区设计.psd

○ 设计鉴赏

- 分析1：使用棕色作为画面的主色调，给人复古、怀旧的感觉，同时有助于提升店铺的品质感和专业感；

- 分析2：分类栏使用服装简约画与文字组合的方式进行表现，让信息的表现更加具象，给人一目了然的感觉；

- 分析3：客服区与分类栏进行自然的融合，通过简单的文字和色彩上的变化来实现简约、直观的视觉效果；

- 分析4：合理地应用不同的字体来增强文字的主次感和层次感。

○ 版式分析

在本案例的版式布局中，使用了标题栏来对画面内容进行提示，下方的内容利用纵向和横向混合编排的方式来提升版式的丰富程度，同时也让信息之间的差距区分开，便于顾客理解和阅读，提升版式的灵活度，显得更加专业和系统。

○ 配色剖析

R51、G153、B204	R153、G51、B51	R51、G51、B0	R173、G169、B144	R215、G215、B215
C74、M30、Y13、K0	C45、M91、Y84、K11	C76、M69、Y100、K51	C39、M32、Y44、K0	C18、M14、Y13、K0

Tips 色彩搭配的技巧

在网店装修中，通常会使用一种色彩作为主色调，使其占据画面的大部分面积，而使用两种或者三种色彩作为辅助色来对画面中的重点信息进行配色，起到点缀、醒目的作用，而小面积的色彩不但不会对整体配色产生影响，反而提升了画面配色的艺术性，丰富了整体的色彩，不至于呈现出呆板的感觉。

◉ 制作解析

1 **制作背景和标题**

在Photoshop中创建一个新的文档，使用不同的色彩对画面的背景和标题栏的背景进行填充，接着选择"横排文字工具"在标题栏中添加文字信息。

2 **制作新品上市标题**

选择工具箱中的"横排文字工具"在适当的位置单击，输入所需的文字，打开"字符"面板对文字的颜色、字体、字号等属性进行设置，将其放在画面左侧。

3 **制作分类区**

将所需的服装素材添加到图像窗口中，使用图层混合模式将其叠加到其中，接着添加所需的文字，使用居中排列的方式对其进行布局。

4 **绘制分割线**

使用"横排文字工具"输入所需的符号，在"字符"面板中设置文字的属性，使其呈现出虚线的效果，适当调整其角度，对画面进行分割。

5 **添加信息**

选择"横排文字工具"输入所需的文字信息，设置好文字的字体、颜色和大小，放在适当的位置，最后添加旺旺图标，完成本案例的制作。

10.6 实例：侧边栏客服区设计

本案例是为店铺中的侧边栏设计的客服区，鉴于侧边栏的尺寸，在设计的时候会有很多的限制，只能通过简单的修饰来完成创作，其具体的设计和制作如下。

○ 效果展示

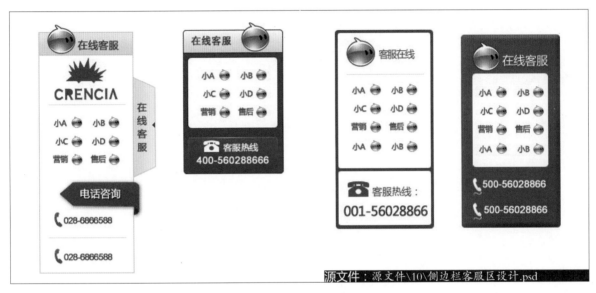

源文件：源文件\10\侧边栏客服区设计.psd

○ 设计鉴赏

- 分析1：鉴于侧边栏的尺寸考虑，在设计中都对画面进行了横向的分割，使其产生一定的层次感；

- 分析2：设计的过程中，为了体现出客服区的亲切感和功能性，为画面添加了电话、丝带等修饰的形状，点缀整个画面；

- 分析3：旺旺头像的色彩为蓝色，为了使其更加突显，在设计中使用了与之成为对比色的玫红色来进行搭配，体现出画面中的旺旺头像，便于顾客一目了然，但是在具体的设计中，要根据店铺的整体配色来进行搭配，避免使用大面积的蓝色而削弱客服头像的表现。

○ 版式分析

在本案例的版式布局中，使用了横向分割的方式来对侧边栏的客服区进行布置，给人以总、分、总的信息表现感觉，便于顾客直观地寻找到需要的内容，也提升了版式布局的工整性，将客服的图标置于版式的中间，使顾客操作更加方便。

○ 配色剖析

R218、G12、B124	R223、G9、B149	R244、G138、B195	R242、G243、B245	R50、G119、B193
C18、M96、Y20、K0	C17、M93、Y0、K0	C7、M59、Y0、K0	C6、M4、Y3、K0	C80、M51、Y4、K0

⊙ 制作解析

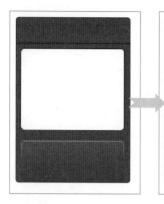  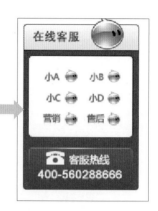

① 绘制大致背景

　　使用"圆角矩形工具"和"矩形工具"绘制所需的形状，将其组合在一起，并为其设置相应的填充色和描边，提升其质感。

② 添加文字信息

　　选择工具箱中的"横排文字工具"在适当的位置单击，输入所需的信息，设置"字符"面板后将文字放在适当的位置。

③ 添加旺旺图标

　　将所需的旺旺图像添加到图像窗口中，按Ctrl+T快捷键对图像的大小进行调整，复制旺旺图像后，分别放在所需的位置。

④ 绘制电话图标

　　选择工具箱中的"钢笔工具"绘制出所需的电话图标，或者直接使用"自定形状工具"绘制自定义的电话图标，将其放在适当的位置。

  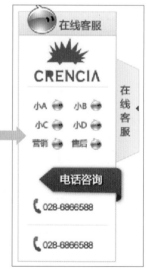

⑤ 绘制背景

　　使用"矩形工具"绘制出背景，接着使用"钢笔工具"绘制出修饰的矩形，填充上渐变色，最后使用文字工具为画面添加所需文字。

⑥ 标题和丝带

　　使用"矩形工具"绘制标题栏的背景，填充渐变色，接着绘制出丝带，使用图层样式进行修饰，最后添加所需的标题文字和丝带文字。

⑦ 添加Logo和电话

　　将店铺的Logo添加到其中，适当调整其色彩，并绘制出电话的图标，使用"横排文字工具"输入所需的电话号码，放在电话图标的后面。

⑧ 添加旺旺

　　将所需的旺旺图像添加到图像窗口中，按Ctrl+T快捷键对图像的大小进行调整，同时添加客服的名称，使用玫红色对文字进行颜色填充。

第 11 章
体现宝贝的专业品质
——宝贝描述

11.1 宝贝描述的设计分析

宝贝描述区域的装修设计，就是对网店中销售的单个商品的细节进行介绍，在设计的过程中需要注意很多规范，以求用最佳的图像和文字来展示出商品的特点，其具体的设计原则和技巧如下。

● 11.1.1 宝贝描述的设计原则

网店装修的过程中，由于网商平台的不同，对于各个区域宝贝图片尺寸的要求也是非常严格的，不管是首页还是详情页，每个展示的图片都有相应的要求，了解宝贝的图片尺寸的大小显得格外重要。只有图片大小合格，才能让顾客觉得你的店铺看起来很正规、很专业。在设计宝贝描述页面的过程中，我们会对宝贝的橱窗照和详情页面进行设计，接下来就对这两个区域的图片尺寸和设计原则进行讲解。

◎ 商品橱窗照

商品详情页面中的橱窗照位于宝贝详情页面的最顶端位置，基本的尺寸要求是宽度为310像素，高度为310像素，如果宽度和高度大于800像素，那么顾客在单击查看图片时，会使用放大镜功能进行查看。

在设计橱窗照的过程中，只要能够将商品清晰、完整地展示出来即可，图片色彩、清晰度和完整度是最重要的，也是最基本的设计要求。

尺寸保持在310x310像素

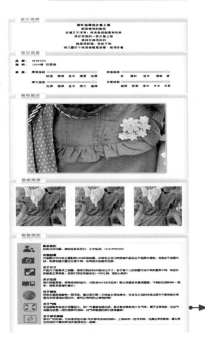

◎ 宝贝详情页面

宝贝详情页面是对商品的使用方法、材质、尺寸、细节等方面的内容进行展示，同时，有的店家为了拉动店铺内其他商品的销售，或者提升店铺的品牌形象，还会在宝贝详情页面中添加搭配套餐、公司简介等信息，以此来树立和创建商品的形象，提升顾客的购买欲望。

在本章的内容中主要对宝贝详情页面的设计进行介绍，在进行具体案例的创作之前，我们在这里对宝贝详情页面设计中需要注意的一些问题进行讲解。

宝贝描述图的宽度是750像素，高度不限，宝贝详情页是直接影响成交转化率的，其中的设计内容要根据商品的具体内容来定义，只有图片处理的合格，才能让店铺看起来比较正规，以及更加的专业，这样对顾客才更有吸引力，这也是装修宝贝详情页面中最基础的要求。

尺寸保持在宽度为750像素，高度不限，通常会使用标题栏的表现形式对页面中各组信息的内容进行分组，便于顾客阅读和理解，并掌握所需的商品信息。

11.1.2　在宝贝描述中突出卖点的技巧

在网店交易的整个过程中，没有实物，没有营业员，也不能口述、不能感觉，此时的宝贝描述页面就承担起推销一个商品的所有工作。在整个推销过程中是非常静态的，没有交流、没有互动，客户在浏览宝贝的时候也没有现场氛围来烘托购物气氛，因此。客户在这个时候会变得相对理性。

宝贝描述页面在重新排列商品细节展示的过程中，只能通过文字和图片，这种静态信息类的沟通方式，就要求卖家在整个宝贝详情页面的布局中注意一个关键点，那就是阐述逻辑，如下图所示为宝贝描述页面的基本营销思路。

宝贝详情页 → 描述商品 → 展示商品 → 说服顾客 → 产生购买

在进行宝贝描述页面设计的过程中，会遇到几个问题，一个是商品展示类型、细节展示和产品规格及参数的设计，这些图片的添加和修饰都是有讲究的，接下来就对这三个方面的设计进行讲解，让读者能够从这三个方面突显出商品的卖点和特征，提升宝贝描述页面的转化率。

◎ 商品图片的展示类型

用户购买宝贝最主要看的就是宝贝展示的部分，在这里需要让客户对宝贝有一个直观的感觉。通常这部分是以图片的形式来展现的，分为摆拍图和场景图两种类型，具体如下图所示。

场景图能够在宝贝展示的同时，在一定程度上烘托宝贝的氛围。通常需要较高的成本和一定的拍摄技巧，这种拍摄手法适合有一定经济实力，有能力把控产品的展现尺度的客户。因为场景的引入，运用得不好，反而增加了图片的无效信息，分散了主体的注意力。

摆拍图能够最直观地表现产品，画面的基本要求就是能够把宝贝如实地展现出来，倾向于平实无华路线，有时候这种态度也能够打动消费者。实拍的图片通常需要突出主体，用纯色背景，讲究干净、简洁、清晰。

不论是以场景图的形式展示商品，还是以摆拍图的形式展示商品，最终的目的都是想让顾客掌握更多的商品信息，因此在设计图片的时候，首先要注意的就是图片的清晰度，其次是图片色彩的真实度，力求逼真而完美的表现出商品。

◎ 商品细节的展示

在宝贝描述页面中，客户可以找到产品的大致感觉，通过对商品的细节进行展示，能够让商品在顾客的脑海中形成大致的形象，当客户有意识想要购买商品的时候，宝贝细节区域的恰当表现就要开始起作用了。细节是让客户更加了解这个商品的主要手段，客户熟悉商品才是对最后的成交起到关键作用的一步，而细节的展示可以通过多种表现方法来进行，接下来就通过具体的图例来进行讲解。

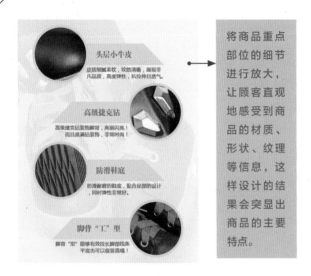

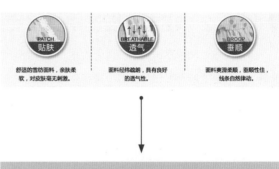

将商品重点部位的细节进行放大，让顾客直观地感受到商品的材质、形状、纹理等信息，这样设计的结果会突显出商品的主要特点。

通过图解的方式表现出商品的一些物理特征，例如透气性、手感、垂直感等一些触觉和功能上的特点，利用简短的文字说明恰到好处地告知顾客这些信息，准确传递了商品的特点。

其实大多数的商家都知道宝贝详情页应注重很多细节图的展现，于是很多淘宝网店卖家的细节图中包含了很多的内容，这样的设计反而适得其反，信息的重复会让顾客失去阅读的耐心。细节图只要抓住买家最需要的展示就行了，其他能去掉的就去掉。此外，过多的细节图展示，会让网页中图片显示的内容过多而产生较长的缓冲时间，造成顾客的流失。

◎ 商品尺寸和规格设置的重要性

图片是不能反映宝贝的真实情况的，因为图片在拍摄的时候是没有参照物的，即便有的商品图片有参照物作为对比，但是没有具体的尺寸进行说明，让顾客进行真实的测量，就不能形成具体的宽度和高度的概念。经常有买家买了宝贝以后要求退货，其中很大一部分的原因就是比预期相差太多，而商品的预期印象就是商品照片给予顾客的，所以我们需要加入产品规格参数的模块，才能让客户对宝贝有正确的预估。

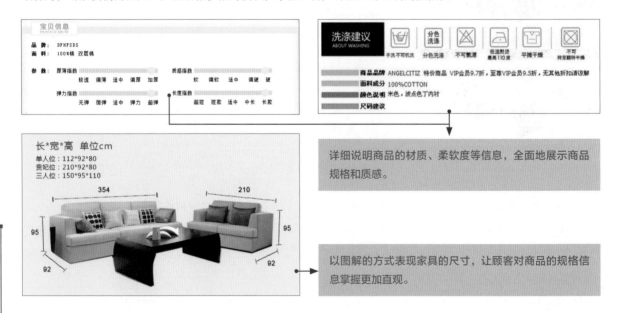

详细说明商品的材质、柔软度等信息，全面地展示商品规格和质感。

以图解的方式表现家具的尺寸，让顾客对商品的规格信息掌握更加直观。

服饰商品在尺寸上的说明相对于其他的商品而言就显得格外的重要，对于店家来说，在尺寸方面采用越接近用户认知的方式去描述、描述的内容越全面，就在很大程度上避免消费者在尺寸方面遇到问题与担忧，同时也减少了由于尺寸问题造成的退换货的频率。

● 11.1.3 宝贝详情图片框架结构分析

一个严谨的、成功的、优秀的宝贝详情页面，能够让顾客在短暂的停留时间里面，产生购买商品的欲望，并且提升店铺的转化率，在进行宝贝详情图片的设计中，需要对该页面中的信息结构有一定的了解，接下来我们以服饰或者装饰品类的商品作为案例中的宝贝，对宝贝详情页面中的信息结构进行讲解。

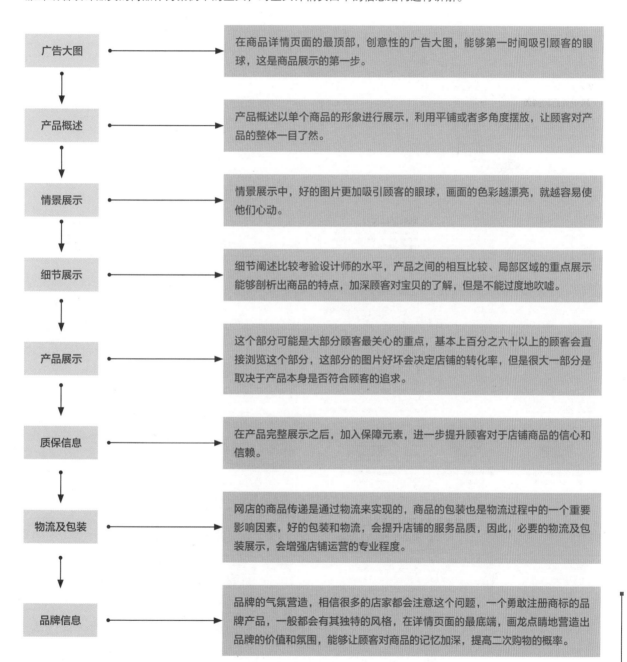

以上所述的详情页面的框架结构，是针对服饰、鞋帽、饰品类商品进行讲解的，在实际的设计过程中，可能会因为商品的差异和店铺的需求对页面中的信息进行合理的删减，但是无论怎么的设计和编排，其目的都是提升店铺的转化率，让顾客对商品产生兴趣。

11.2 实例：柔和风格的宝贝描述设计与详解

本案例是为某品牌女装设计和制作的商品详情页面，画面中利用灰度图像和彩色图像进行配色，色彩之间的差异让商品形象更加突显，同时搭配相关的文字信息，为顾客呈现出完整的商品视觉效果。

◉ 效果展示

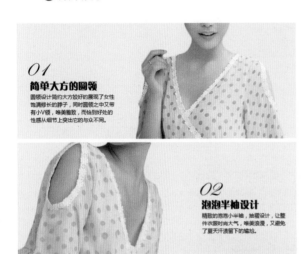

源文件：源文件\11\柔和风格的宝贝描述设计.psd

◉ 设计鉴赏

- 分析1：无彩色和有彩色的搭配，让有彩色更加醒目，配色中将女式服装设置为有彩色，其余图像均为无彩色，削弱辅助图像的同时，让顾客的注意力更集中在商品上；

- 分析2：在商品图像的适当位置，添加上必须的说明文字，利用字体之间的差异，让标题与说明文字呈现更清晰；

- 分析3：在服装的材质和透气性，这些无法在视觉上感知的方面，通过设计元素、图像和文字生动形象地再现出来，便于顾客理解；

- 分析4：页面布局设计上版式较为灵活，呈现出错落有致的视觉效果。

◉ 版式分析

本案例在布局上较为灵活，上半部分通过文字作引导线，对版式布局进行分割，中间部分利用三等分对服装的三种特性进行讲解，末端以图片和文字平等分割的方式对商品特点进行归纳总结，整个布局错落有致不会造成凌乱的感觉。

◉ 配色剖析

R239、G124、B152 C7、M65、Y22、K0	R241、G175、B168 C6、M41、Y27、K0	R240、G230、B196 C9、M10、Y27、K0	R0、G0、B0 C93、M88、Y89、K80	R244、G244、B244 C5、M4、Y4、K0

○ 制作解析

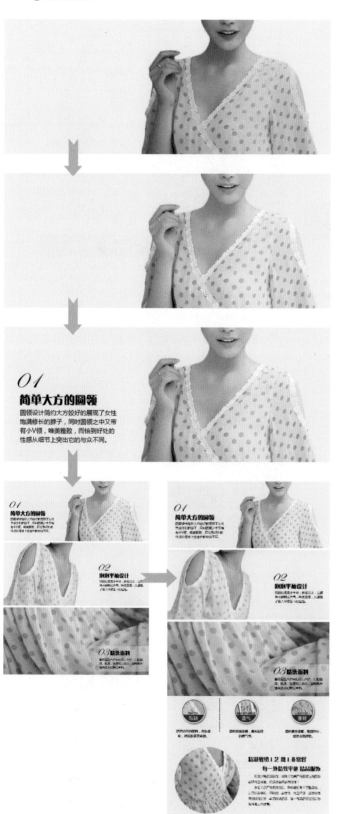

1 抠取模特素材

　　在Photoshop中新建一个文档，将所需的模特素材添加到其中，适当调整其大小，通过创建剪贴蒙版和添加图层蒙版的方式对图像的显示进行控制，只显示出部分图像，放在画面适当位置。

2 调整区域图像颜色及影调

　　创建"黑白"调整图层，将衣服以外的图像都设置为灰度色彩，使用"色阶"调整图层衣服图像的影调，并通过"色相/饱和度"调整图层改变衣服图像的色彩饱和度，让衣服图像更加突显。

3 添加文字信息

　　选择工具箱中的"横排文字工具"，在适当的区域单击，输入所需的文字，打开"字符"面板对文字的字体、字号和字间距等进行设置，按左对齐进行排列。

4 编辑其他区域内容

　　参考前面的编辑方法和设置，制作出其他区域图像的内容，按照所需的位置进行排列。

5 添加其他商品信息

　　使用形状工具绘制出所需的形状，将服装素材添加到图像窗口中，适当调整其大小和显示范围。并添加所需的文字，调整文字的位置、字体、字号和色彩，使用调整图层对图像的影调和色彩进行修饰，使其呈现出最佳的显示效果，最后对画面中的元素进行细微的调整，完成案例的制作。

◉ 制作步骤详解

01 绘制选区填充色彩

创建一个新的文档,新建图层,命名为"背景",使用"矩形选框工具"创建矩形的选区,填充适当的颜色,在图像窗口中可以看到编辑的效果。

04 调整特定颜色饱和度

将衣服图像添加到选区中,为选区创建色相/饱和度调整图层,在打开的"属性"面板设置"红色"选项下的"饱和度"选项为-25。

02 添加模特素材并抠取图像

将所需模特素材添加到图像窗口中,适当调整其大小,并创建剪贴蒙版控制其显示,接着使用"钢笔工具"抠取人物,用图层蒙版遮盖不需要显示的区域。

05 调整衣服的影调

再次将衣服图像添加到选区中,为其创建色阶调整图层,在打开的"属性"面板中对色阶滑块的位置进行调整,改变衣服的影调。

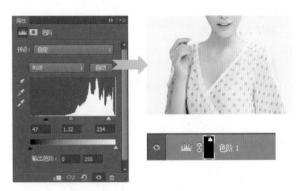

03 创建黑白调整图层

创建黑白调整图层,在打开的"属性"面板中对各个选项的参数进行设置,接着将该调整图层的图层蒙版填充为黑色,使用白色的"画笔工具"对其蒙版进行编辑,在图像窗口中可以看到编辑的结果。

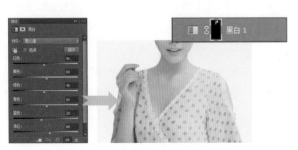

06 添加文字信息

选择工具箱中的"横排文字工具",在适当的区域单击,输入所需的文字,打开"字符"面板对文字的属性进行设置,在图像窗口中可以看到编辑的效果。

07 制作另外一组信息

参考前面的编辑方法，制作出另外一组商品展示信息，添加上适当的文字，并使用图层组对图层进行管理和分类，在图像窗口中可以看到编辑的效果。

08 添加素材文件

新建一个图层，命名为"背景"，将所需的素材添加到其中，命名图层为"面料"，再通过剪贴蒙版对其显示进行控制，在图像窗口中可以看到编辑的效果。

09 调整图像明暗

将图像添加到选区中，为选区创建色阶调整图层，在打开的"属性"面板中对色阶滑块的位置进行调整，调整图像的明暗和层次。

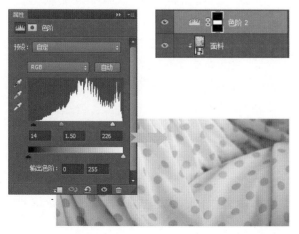

10 绘制渐变色矩形

新建图层，使用"矩形选框工具"绘制一个选区，使用"渐变工具"对其进行填充，并设置其图层的"不透明度"为50%。

11 添加文字信息

选择"横排文字工具"在适当的位置单击，添加所需的文字，参考前面的设置对文字的字号、字体和字间距等进行调整。

12 添加圆形图像及说明文字

绘制一个圆形，添加所需的素材，通过创建剪贴蒙版来控制其显示，最后添加上所需的说明文字，放在适当的位置，完成制作。

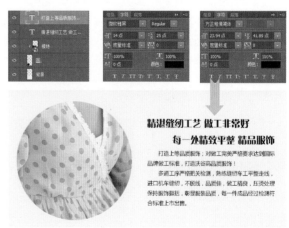

13 绘制圆形

使用"椭圆工具"绘制一个白色的圆形，接着双击该图层，在打开的"图层样式"对话框中勾选"投影"复选框，进行相关的选项设置。

14 绘制带描边的圆形

再次绘制一个白色的圆形，接着使用"描边"图层样式对其进行修饰，适当调整圆形的大小，放在适当的位置。

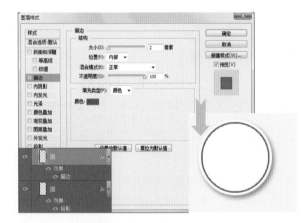

15 添加细节图和半圆形

添加细节图像素材，通过创建剪贴蒙版来控制其显示的范围，接着绘制出矩形，同样创建剪贴蒙版来使其呈现出半圆的效果。

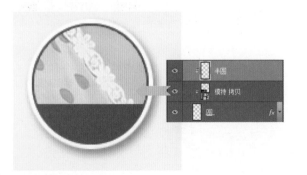

16 制作其他的图像

参考前面的编辑方法，对绘制的圆形进行复制，把其余的细节图像添加到图像窗口中，适当调整其大小，使用剪贴蒙版来控制图像的显示，按照等距的方式进行排列。

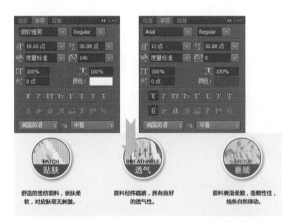

17 添加文字信息

选择工具箱中的"横排文字工具"，在适当的位置单击，输入所需的内容，在"字符"面板中进行设置，完善画面的内容。

18 添加修饰线条

选择工具箱中的"横排文字工具"，输入所需的符号，打开"字符"面板对其属性进行设置，适当调整其角度，旋转后放在适当的位置，对画面信息进行分割，在图像窗口中可以看到编辑的效果。

11.3　实例：高雅风格的宝贝描述设计与详解

本案例是为某品牌家具设计的详情页面，通过对商品进行指示并配以文字说明来展示出家居的特点和功能，让顾客能够全方位、清晰地认识到商品的细节，案例的具体制作和分析如下。

◎ 效果展示

源文件：源文件\11\高雅风格的宝贝描述设计.psd

◎ 设计鉴赏

- 分析1：家居图片的配色以怀旧的棕色调为主，在标题栏、文字和修饰元素的配色上，基本使用了与之相互协调的色彩进行搭配，力求呈现出高雅、高档次的视觉效果；

- 分析2：在"商品细节"内容中，使用简短的文字说明对家居各个区域的作用和名称进行说明，显得直观，易于阅读；

- 分析3：在画面文字的编排上，版式较为灵活，使用的字体外形也比较硬朗，色彩主要以黑色和大红色为主；

- 分析4：在家居尺寸的标注上使用标尺进行指示，让顾客一目了然。

◎ 版式分析

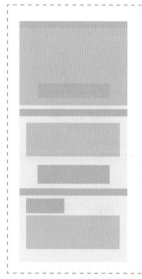

在版式的设计中本案例基本上使用了左对齐和居中排列两种方式搭配来安排画面元素，画面信息整齐而有韵律感，让顾客的视线更加集中，也符合人们浏览的视觉习惯。画面中使用标题栏对信息进行分组，体现出布局的整洁性。

◎ 配色剖析

R240、G238、B241 C7、M7、Y4、K0	R223、G206、B196 C15、M21、Y21、K0	R192、G173、B158 C30、M33、Y36、K0	R130、G85、B64 C54、M70、Y77、K15	R12、G10、B11 C88、M85、Y84、K75

○ 制作解析

① **制作"商品展示"区**

在Photoshop中创建一个文档，将所需的家居图片添加到其中，适当调整其大小和位置，并使用"矩形工具"和"横排文字工具"制作出标题栏。

② **抠取家居素材**

将标题栏进行复制，更改标题中的文字，接着抠取家居图像，使用"亮度/对比度"和"色相/饱和度"对家居的亮度和色彩进行调整。

③ **添加文字信息**

选择工具箱中的"横排文字工具"，在适当的位置单击，输入所需的文字，并适当调整文字的属性，接着绘制线条对文字进行分割。

④ **添加"商品尺寸"区的标题和家居图片**

对前面绘制的标题栏进行复制，更改标题栏的文字为"商品尺寸"，接着复制抠取的家居图像，适当调整其大小，把标题栏和家居图像放在适当的位置，开始"商品尺寸"区域的制作。

⑤ **添加标尺信息**

使用"横排文字工具"输入所需的文字信息，打开"字符"面板对文字的颜色、大小、字号等进行设置，放在画面适当的位置，对家居的尺寸进行说明，必要时需要对文字的角度进行细微的调整。

○ 制作步骤详解

01 添加家居素材
创建一个新的文档,将所需的素材照片拖曳到文档中,得到一个智能对象图层,适当调整图像的大小,放在画面顶部位置。

02 创建亮度/对比度调整图层
将图像添加到选区,为选区创建亮度/对比度调整图层,在打开的"属性"面板中设置"亮度"为72,"对比度"为20,提升画面的亮度和对比度。

03 调整画面色彩
再次将图像添加到选区,为选区创建色相/饱和度调整图层,在打开的面板中设置"黄色"选项下的"色相"为-15,"明度"为+56。

04 添加文字信息
选择工具箱中的"横排文字工具",在适当的位置单击,输入所需的文字信息,打开"字符"面板对文字的属性进行调整,放在适当的位置。

05 制作标题栏
使用"矩形工具"绘制一个黑色的矩形,作为标题栏的背景,接着输入所需的文字,设置文字颜色为白色,放在矩形的左侧。

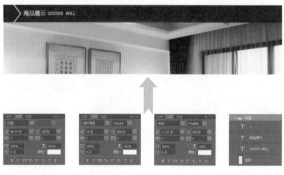

06 抠取家居图像
将家居商品再次添加到图像窗口中,适当调整其大小,使用"钢笔工具"将家居图像抠取出来,放在"商品细节"标题栏的下方。

07 调整家居的色彩

将抠取的家居添加到选区中，为选区创建色彩平衡调整图层，在打开的"属性"面板中设置"中间调"选项下的色阶值分别为0、0、+29。

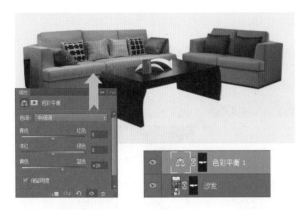

08 调整家居的影调

再次将家居图像添加到选区，创建色阶调整图层，在打开的"属性"面板中设置RGB选项下的色阶值分别为0、1.89、217。

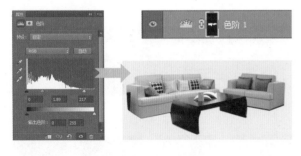

09 添加文字说明和圆形

使用"椭圆工具"绘制圆形图像，接着使用"横排文字工具"添加上标注性文字，利用"描边"样式对文字进行修饰，在图像窗口可看到编辑的效果。

10 添加文字信息

选择工具箱中的"横排文字工具"，在适当的位置单击，输入所需的文字，并适当调整文字的属性，接着绘制线条对文字进行分割。

11 制作"商品尺寸"区内容

对前面绘制的标题栏进行复制，更改标题栏的文字，接着复制抠取的家居图像，调整标题栏和家居图像的位置，开始"商品尺寸"区域的制作。

12 完善"商品尺寸"区文字信息

使用"横排文字工具"输入所需的文字信息，打开"字符"面板对文字的颜色、大小、字号等进行设置，放在画面适当的位置，完成本案例的制作。

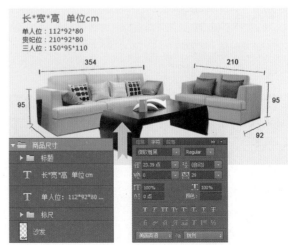

11.4　实例：清爽风格的宝贝描述设计

本案例是为某童装商品店铺设计的宝贝描述页面，在设计中使用标题栏对每组信息进行分类，通过直观的标尺、图片和文字来对商品进行展示，其具体的制作和设计分析如下。

◉ 效果展示

◉ 设计鉴赏

- 分析1：童装店铺的配色一般较为鲜艳，本案例中为了突显出儿童的天真和稚嫩，选择了色彩明度较高，纯度较高的色彩进行搭配，即淡蓝色和淡粉色；

- 分析2：画面中使用简约风格的标题栏对每组信息进行分类，让顾客浏览时能够更加系统地了解商品的信息；

- 分析3：通过直观的方式呈现商品的信息，例如在"设计说明"中用简短的文字进行说明，"宝宝信息"中使用标尺对服装的特性进行标注，"购物须知"中添加图标说明每组信息主题等。

◉ 版式分析

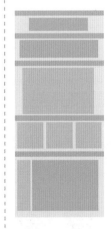

在本案例的版式设计中，使用标题栏对五组信息进行分割，在每组信息中，基本使用居中、两等分、三等分对画面进行分割，形成了典型的居中排列效果，这样的布局让画面显得规整，类别性很强，能够清晰地展示出商品的特点，给人系统的感觉。

◉ 配色剖析

R5、	R32、	R254、	R201、	R117、
G165、	G233、	G218、	G238、	G171、
B118	B202	B202	B254	B194
C78、	C61、	C0、	C25、	C58、
M14、	M0、	M21、	M0、	M24、
Y67、K0	Y37、K0	Y19、K0	Y2、K0	Y21、K0

源文件：源文件\11\清爽风格的宝贝描述设计.psd

◎ 制作解析

① 制作"设计说明"区

使用"渐变工具"对背景进行填充，用"矩形工具"和"圆角矩形工具"绘制出所需的形状，接着添加上所需的文字，使用居中排列的方式进行展示。

② 制作"宝贝信息"区

添加上"宝贝信息"区的标题，使用"矩形工具"绘制出标尺的效果，接着添加上适当的文字说明，罗列出服装各个方面的特点。

③ 制作"宝贝展示"区

添加上"宝贝展示"区的标题，将所需的模特图片添加到其中，控制其显示的大小，并对图片进行适当的修饰，展示出宝贝的细节。

④ 制作"搭配推荐"区

添加上"搭配推荐"区的标题栏，接着将所需的图片添加到其中，适当调整图像的显示区域，按照三等分的方式显示出商品，整齐地展示出同等信息的商品。

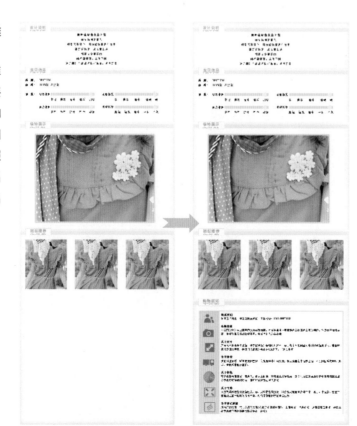

⑤ 制作"购物须知"区

添加上"购物须知"区所需的标题栏，使用"横排文字工具"添加所需的文字，使用"矩形工具"绘制出矩形，并利用"钢笔工具"绘制出图标，并整齐地排列在一起，完成本案例的制作。

11.5　实例：甜美风格的宝贝描述设计

　　本案例是为某品牌的女装设计的宝贝详情页面，在画面中使用圆形对衣服特定的区域进行放大显示，同时添加必要的说明文字，制作出甜美可爱的视觉效果，具体的制作和分析如下。

◉ 效果展示

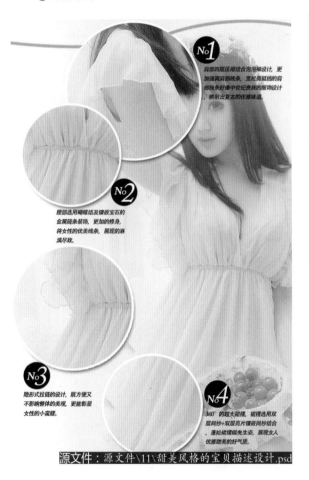

源文件：源文件\11\甜美风格的宝贝描述设计.psd

◉ 设计鉴赏

- 分析1：使用圆形作为细节显示图像的外形，同时用圆形修饰编号数字，表现出一种圆润、柔和的视觉效果；

- 分析2：由于画面中的商品色彩为粉色，其明度较高，纯度较高，因此大面积的粉色组合在一起，让画面色彩给人甜美、粉嫩的效果；

- 分析3：画面中使用波浪的线条在画面顶部进行修饰，蜿蜒的线条可以给人流线型的视觉感受，在点缀的同时与整个画面风格一致。

◉ 版式分析

本案例在版式布局中使用圆形的图像对版面进行分割，在画面的左侧形成半圆的弧形，具有引导观者视线的作用，画面的右侧使用色彩较淡的模特图片对空白区域进行填充，能够让整个版面内容显得更加丰富。

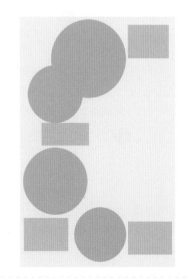

◉ 配色剖析

R242、G244、B243 C7、M4、Y5、K0	R232、G226、B228 C11、M12、Y8、K0	R226、G192、B185 C14、M30、Y23、K0	R251、G166、B140 C0、M47、Y40、K0	R0、G0、B1 C93、M88、Y88、K80

○ 制作解析

① **制作画面背景**

在Photoshop中创建一个新的文档，将所需的模特图片素材添加到其中，适当调整其大小，接着为图层添加图层蒙版，使用"渐变工具"编辑图层蒙版。

② **添加细节及修饰线条**

使用"钢笔工具"绘制出所需的修饰线条，填充上适当的颜色，接着将所需的服装的细节图添加到文件中，使用"椭圆选框工具"对其蒙版进行编辑。

③ **修饰细节图像**

使用"描边"和"投影"图层样式对每个细节图像的图层进行修饰，在相应的选项卡中对各个选项进行设置，让细节图像的显示变得更加立体。

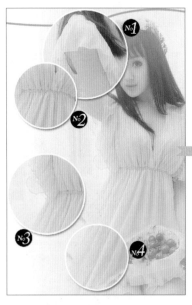

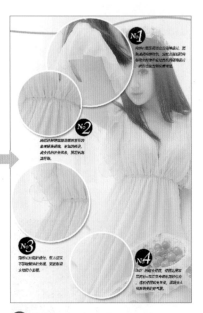

④ **为每个细节图像添加编号**

使用"椭圆工具"绘制出黑色的圆形，无描边色，接着使用"横排文字工具"添加上所需的编号文字，放在黑色圆形的上方。

⑤ **添加上所需的说明文字**

选择工具箱中的"横排文字工具"，在适当的位置单击，输入所需的说明文字，打开"字符"和"段落"面板对文字的属性和对齐方式进行设置。

11.6　实例：轻快风格的宝贝描述设计

本案例是为某品牌的女鞋设计的商品详情页面，在设计中使用灰度的图像作为背景，把女鞋的细节放大，通过图形和文字对细节图像进行点缀和说明，表现出轻快、简约的效果。

◉ 效果展示

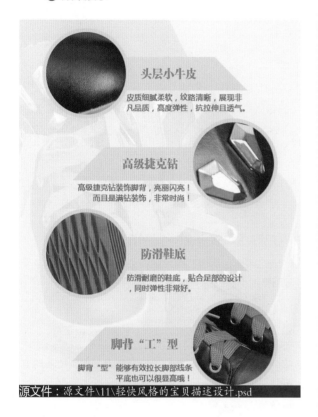

源文件：源文件\11\轻快风格的宝贝描述设计.psd

◉ 设计鉴赏

- 分析1：使用灰度的女鞋图像作为画面的底色，除了对画面进行修饰，还可以起到点缀的作用；

- 分析2：参考女鞋中橘红色和黑色，对画面中的修饰形状和文字进行配色时，也使用了这两种颜色，显得协调而统一，避免画面色彩凌乱；

- 分析3：画面中使用圆形和梯形进行组合，将细节图像与文字联系在一起，完美的组合让观者的视线能够集中到女鞋的细节上，提高阅读的兴趣和易读性。

◉ 版式分析

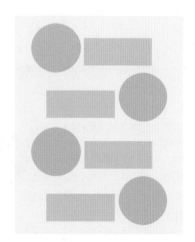

本案例在进行版式编排的时候，使用圆形外观的细节图像与梯形的形状组合在一起，利用交错式的排列来增强版式的灵活感，营造出类似对称的布局，显得整齐而工整，同时还给人一种曲线形的流线感，能够引导观者的视线，让顾客一目了然地看到画面中的商品细节图像，更显画面信息的主次感。

◉ 配色剖析

R254、G98、B33 C0、M75、Y85、K0	R239、G98、B104 C6、M75、Y48、K0	R60、G57、B56 C77、M72、Y71、K40	R221、G221、B219 C16、M12、Y13、K0	R245、G245、B245 C5、M4、Y4、K0

○ 制作解析

① 使用女鞋制作成背景

在Photoshop中创建一个新的文档，将所需的女鞋素材添加到其中，按Ctrl+T快捷键适当调整其大小，将其铺满整个画布，并在"图层"面板中对图层的混合模式和不透明度进行设置，使其呈现出淡淡的灰度色彩。

② 绘制修饰形状

选择"椭圆选框工具"绘制出一个圆形的选区，通过对选区进行相减，创建出圆环形状的选区，为选区填充上适当的灰度色彩，接着使用"钢笔工具"绘制出梯形，将其与圆环形状组合在一起，作为画面所需的修饰形状。

③ 添加细节图像

将所需的女鞋细节图像添加到图像窗口中，按Ctrl+T快捷键，打开自由变换框对图像的大小进行调整，使用"椭圆选框工具"对添加的图层蒙版进行编辑，最后适当调整图像的位置，将其分别放在相应的圆环中。

④ 添加标题和说明文字

选择工具箱中的"横排文字工具"在适当的位置单击，输入所需的文字，打开"字符"面板和"段落"面板，对文字的字体、字号和颜色等进行设置，把标题文字和说明文字放在适当的位置，在图像窗口中可以进行细微的调整。

Tips 相同格式文字的编辑技巧

对多组的、相同格式的文字进行编辑的过程中，可以通过复制文字图层再修改文本内容的方式来进行快速的编辑，能够提高设计和制作的效率，避免多次进行重复的文字属性设置而大量耽误编辑时间。

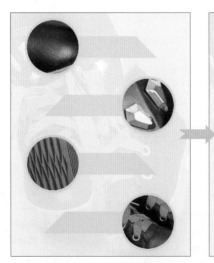

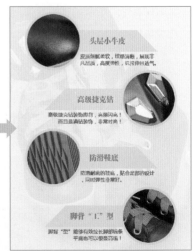

第三篇 统一整店风格强化客户对店铺及品牌的意识

第 **12** 章

服装类店铺装修大集合

12.1 实例：复古色调的女性服装店铺装修设计与详解

本实例是为某品牌的女装设计和制作的店铺首页，页面中使用了棕黄色来渲染画面的色调，营造出一种复古的氛围，通过合理的布局来对各项产品和活动内容进行表现，其具体制作和分析如下。

12.1.1 布局策划解析

源文件：源文件\12\复古色调的女性服装店铺装修设计.psd

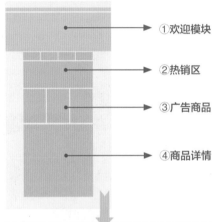

①欢迎模块

②热销区

③广告商品

④商品详情

①欢迎模块：使用了宽幅的画面作为欢迎模块的背景，将人物放在界面的左侧黄金分割点位置，并使用广告文字对其进行修饰和美化，突出活动的内容；

②热销区：在该区域的上方使用四个大小一致的图像来对商品进行分类，用多角度的模特形象来展现热销商品的特点；

③广告商品：将特定区域进行三等分划分，通过价格的对比来突显出商品的优惠力度，展示出广告商品的内容；

④商品详情：将商品的局部以放大的形式突出表现出来，并通过画龙点睛的文字进行说明，详细地剖析出商品的特点。

12.1.2　主色调：复古的棕色系

本例在进行设计和制作的过程中，使用了大量的棕色色调的照片作为网页的主色调，由此来营造出一种复古的时尚感，使得首页中的颜色协调而统一。除了追求整个页面的色调统一以外，在对商品进行描述和分类的区域中，还是使用了色彩较为鲜艳的多种颜色进行点缀，赋予画面生机勃勃的感觉，同时避免整个网页因为颜色太多相似而显得呆板。

○ 设计元素配色：低纯度棕色系

R0、G0、B0 C93、M88、Y89、K80	R75、G67、B56 C71、M68、Y76、K35	R176、G88、B35 C38、M81、Y99、K3	R90、G52、B26 C60、M78、Y98、K42	R153、G108、B51 C47、M62、Y91、K5

○ 辅助配色：高纯度的颜色

R251、G172、B171 C1、M67、Y8、K0	R133、G16、B133 C62、M100、Y12、K0	R20、G173、B216 C73、M14、Y15、K0	R150、G131、B2 C51、M48、Y100、K1	R239、G11、B134 C6、M94、Y10、K0

12.1.3　案例配色扩展

如左图所示为用黑色作为店铺首页背景的效果，利用黑色可以让服饰传递出高档、时尚和冷酷的感觉，给人以厚重之感，但是能够成功地营造出一种高贵的氛围。

如左图所示为使用淡棕灰色作为店铺首页背景作设计出来的效果，这样的配色可以烘托出商品干净、利落的感觉，整个页面显得亮度适中，层次鲜明，可以清晰地传递出简洁明了的商品信息。

○ 扩展配色

R243、G239、B232 C6、M7、Y10、K0	R218、G194、B158 C18、M26、Y40、K0	R152、G108、B50 C48、M61、Y92、K5	R177、G78、B36 C38、M81、Y98、K3	R0、G0、B0 C93、M88、Y89、K80
R185、G177、B154 C33、M29、Y40、K0	R176、G162、B125 C38、M36、Y53、K0	R156、G141、B106 C47、M44、Y61、K0	R0、G0、B0 C93、M88、Y89、K80	R171、G75、B32 C40、M82、Y100、K4

📍 12.1.4　案例设计流程图

① 制作网页背景和欢迎模块

使用纯色的背景来对网页背景的颜色进行修饰，并使用处理完成的模特图像和适当的文字说明来制作出欢迎模块。

② 绘制导航条

为页面添加上黑色的矩形条，制作出导航区域的背景，同时添加文字来完成店铺区域的分类，并使用素材制作出收藏区域。

③ 添加指示小模块

通过使用相同大小的图像来对每个小的模块进行布局，并用不同颜色的文字来对模块中的内容进行修饰。

④ 制作商品推荐栏

添加上大小适当的图像作为商品推荐栏的背景，使用"横排文字工具"在界面上适当的位置添加文字说明。

⑤ 制作促销区

使用"矩形工具"绘制出促销区的背景，并通过图层样式对促销区中的元素进行修饰，最后添加上适当的模特图像。

⑥ 添加广告商品解析区

使用图层蒙版对图像的显示区域进行控制，通过文字说明来完成商品信息的传递，最后对页面中的内容进行微调。

12.1.5　案例步骤详解

01 创建颜色填充图层

创建一个新的文件，新建一个颜色填充图层，在打开的"拾色器"对话框中对填充的颜色进行设置，让图像窗口填充上棕色。

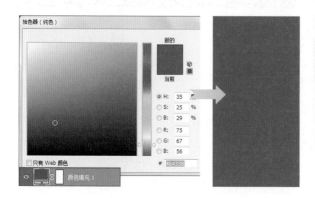

02 使用图层蒙版控制图像大小

将所需的模特图像添加到图像窗口中，适当调整其大小，使用"矩形选框工具"创建选区，通过蒙版对图像的显示进行控制。

03 绘制渐变色彩的矩形条

绘制一个矩形，使用"渐变叠加"图层样式对其进行修饰，将其放在适当的位置，在图像窗口中可以看到编辑的效果。

04 调整图层的顺序

在"图层"面板中将绘制的"线条"图层拖曳到模特图像的下方，作为画面底部的修饰，在图像窗口中可以看到编辑的效果。

05 添加主题文字

选择工具箱中的"横排文字工具"，在适当的位置单击，输入所需的文字，打开"字符"面板对文字的属性进行设置，在图像窗口中可以看到编辑的效果。

06 添加辅助文字

继续使用"横排文字工具"添加上所需的辅助说明的文字，打开"字符"和"段落"面板对文字的属性和排列方式进行设置。

07 添加醒目的主题文字

使用"横排文字工具"输入"时尚"字样，在"字符"面板中对文字的属性进行设置，并调整文字的颜色，对文字的角度进行细微的旋转。

08 使用"描边"样式修饰文字

创建图层组，将编辑的文字图层拖曳到其中，为该图层组添加上"描边"图层样式，使用该样式对文字进行修饰。

09 绘制导航的背景

创建一个新的图层，命名为"黑色矩形"，使用"矩形选框工具"创建矩形的选区，为选区填充上黑色，作为导航条的背景。

10 为导航条添加文字

使用"横排文字工具"在导航条上适当的位置单击，添加所需的文字，打开"字符"面板对文字的属性进行设置。

11 绘制收藏图标

使用"横排文字工具"和"矩形工具"绘制出收藏区的图像，并将编辑的图层合并在一起，接着创建图层组，对导航条中编辑的图层进行管理。

12 添加模特图像

添加所需的模特的照片到图像窗口中，按Ctrl+T快捷键，对图像的大小进行调整，将图像放在适当的位置，在图像窗口可以看到编辑的效果。

13 添加文字

使用"横排文字工具"在所需的位置添加文字，打开"字符"面板对文字的属性进行设置，在图像窗口中可以看到编辑的效果。

14 添加小标题

选择工具箱中的"横排文字工具"添加上"满就送"的字样，打开"字符"面板对文字的属性进行设置，将文字放在适当的位置。

15 绘制其他的小模块

参考前面的方法，绘制出其余的小模块，使用图层组对编辑的图层进行合理的管理和分类，在图像窗口中可以看到编辑后的效果。

16 制作海报区的背景

使用"矩形工具"和"横排文字工具"绘制出海报区的背景，接着将所需的图像添加到其中，使用图层蒙版对其显示进行控制。

17 绘制圆形

选择工具箱中的"椭圆工具"绘制出所需的圆形，设置所需的填充色，放在画面适当的位置，在图像窗口中可以看到编辑后的效果。

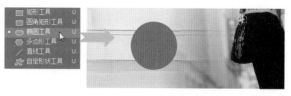

18 制作路径文字

使用"椭圆工具"绘制出圆形，使用"横排文字工具"在圆形上单击，输入所需的标点符号，制作出路径文字，在图像窗口中可以看到编辑的效果。

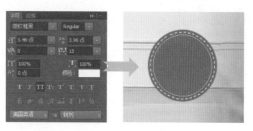

19 添加文字

使用"横排文字工具"输入"热卖价"，在打开的"字符"面板中对文字的属性进行设置，把文字放在适当的位置。

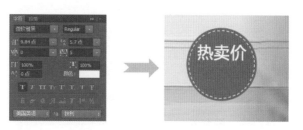

20 添加价格

使用"横排文字工具"输入价格，在打开的"字符"面板中对文字的属性进行设置，把文字放在适当的位置。

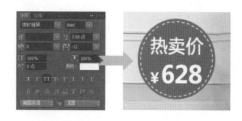

21 使用"渐变叠加"修饰价格

双击创建的价格文字图层，在打开的"图层样式"对话框中为其添加"渐变叠加"图层样式，使用该样式对文字进行修饰。

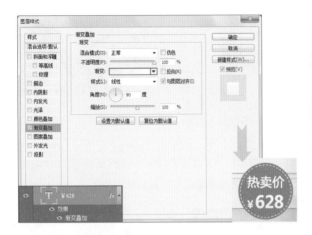

22 绘制矩形条

使用"矩形工具"绘制出所需的矩形条，用"投影"图层样式对其进行修饰，放在画面适当的位置，在图像窗口中可以看到编辑的效果。

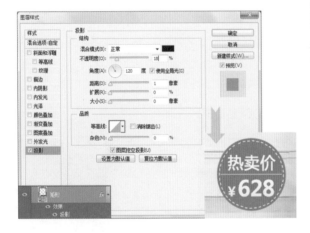

23 微调画面中的元素

完成网店首页中小海报的制作后，在图像窗口中可以使用"移动工具"对编辑的图层进行细微的调整。

24 绘制带有阴影的矩形

使用"矩形工具"绘制一个黑色的矩形，放在适当的位置，使用"投影"样式对绘制的形状进行修饰，在图像窗口中可以看到编辑的效果。

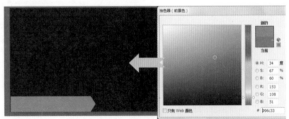

25 绘制箭头

选择工具箱中的"钢笔工具"，绘制出所需的箭头形状，设置适当的填充色，放在黑色矩形的左下角位置。

26 添加所需的文本信息

选择工具箱中的"横排文字工具"，在黑色的矩形上添加所需的商品的名称、价格和日期等信息，对文字进行设置，在图像窗口中可以看到编辑后的画面效果。

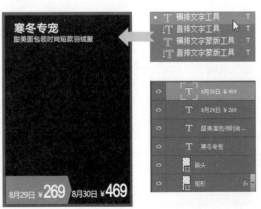

27 绘制所需的圆角矩形

选择工具箱中的"圆角矩形工具"，绘制出所需的形状，放在适当的位置，为其设置渐变色，在图像窗口中可以看到编辑的效果。

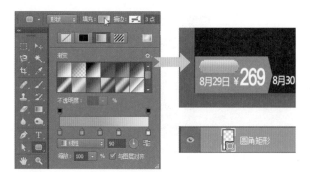

28 添加"立即抢购"字样

选择工具箱中的"横排文字工具"，添加"立即抢购"的字样，打开"字符"面板对文字的属性进行设置，在图像窗口中可以看到编辑的效果。

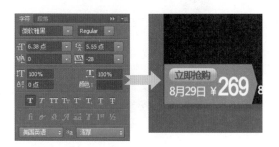

29 添加所需的模特图像

在适当的位置添加所需的模特图片，为其应用"描边"样式，在相应的选项卡中设置参数，在图像窗口中可以看到编辑的效果。

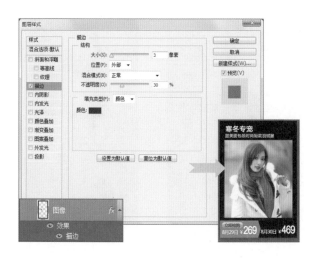

30 制作其余的促销区图像

参考前面编辑的方法，制作出其余的促销区的图像，按照所需的位置进行放置，并使用图层组对编辑的图层进行管理。

31 制作出背景图像

使用"矩形工具"和"钢笔工具"绘制出背景图像，并将绘制的图层合并在一个图层中，使用"描边"样式对其进行修饰。

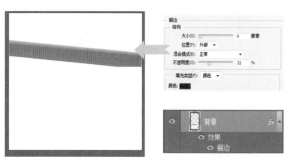

32 创建颜色填充图层

使用"魔棒工具"将背景中白色部分选中，为创建的选区创建颜色填充图层，在打开的对话框中设置填充色。

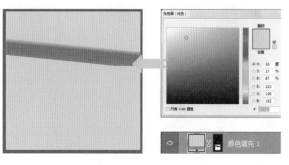

33 添加模特图像

为图像窗口添加所需的模特图像，使用图层蒙版对图像的显示进行控制，在图像窗口中可以看到编辑的效果。

34 制作细节展示效果

对添加的图像进行复制，使用"椭圆选框工具"创建圆形的选区，为图像的显示进行控制，在图像窗口中可以看到编辑的效果。

35 抠取图像

对模特图像进行复制，适当调整图像的大小，使用"多边形套索工具"将模特图像抠取出来，放在画面适当的位置。

36 添加文字和矩形

使用"横排文字工具"添加所需的文字，并绘制出矩形条，适当调整文字和矩形的位置和角度，在图像窗口中可以看到编辑的效果。

37 添加上细节说明文字

使用"横排文字工具"添加上细节图像所需的说明文字，使用图层组对文字进行管理，在图像窗口中可以看到添加文字后的编辑效果。

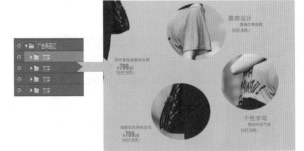

38 对整个画面进行微调

完成前面的编辑后，基本完成本案例的制作，在最后可以使用"移动工具"对画面效果进行细微的调整，在图像窗口中可以看到案例最终的制作效果。

12.2　实例：清新风格的女装店铺装修设计

本案例是为某品牌的女装所设计和制作的店铺首页效果，在设计中使用了大量的粉色和黄绿色的图像，并通过清新的色彩搭配营造出一种清爽、良好的氛围。

● 12.2.1　布局策划解析

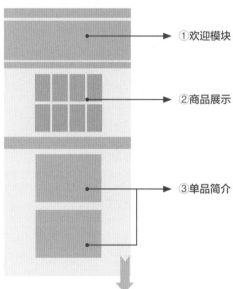

源文件：源文件\12\清新风格的女装店铺装修设计.psd

→ ①欢迎模块

→ ②商品展示

→ ③单品简介

①欢迎模块：在欢迎模块中使用了色调为粉色的图像作为主要的页面背景，通过绿色和白色的文字来对店铺的活动和商品的信息进行介绍，固定了整个页面的基调；

②商品展示：使用绿色的藤蔓作为素材添加在该区域的上方，能够起到很好的点缀和修饰作用，密集的商品展示让页面显得更加饱满，但不同明亮度的绿色又表现出一种柔和、健康的感觉；

③单品简介：该区域主要对单个商品进行主要介绍，通过不同大小的矩形对页面进行拼凑，使用图像和文字混排的方式来表现商品的信息，并利用适当的留白让商品的部分信息更加突出。

💡 12.2.2　主色调：清新浅墨绿色

本例的页面背景，标题栏、店招和导航等都使用相同的色相进行填充，即绿色，通过调整其明度和彩度来呈现出不同的特色，表现出一种秩序井然的感觉，而绿色在心理上可以给人一种舒服和安定的感觉，所以这样的配色可以让女性服装的清新、自然之感淋漓尽致地表现出来。除此之外，在辅助色的搭配上使用了纯度较高的颜色来对页面进行修饰，赋予了画面生动感和活力感。

◎ 设计元素配色：清新的浅墨绿色

R106、G73、B43 C59、M70、Y90、K28	R149、G193、B47 C50、M10、Y93、K0	R109、G124、B57 C65、M46、Y94、K4	R142、G152、B99 C52、M36、Y69、K0	R201、G209、B134 C29、M13、Y56、K0

◎ 辅助配色：纯度较高的色彩

R200、G192、B81 C30、M22、Y77、K0	R250、G249、B1 C11、M0、Y84、K0	R254、G145、B196 C1、M57、Y0、K0	R234、G173、B154 C11、M40、Y36、K0	R44、G114、B220 C81、M54、Y0、K0

💡 12.2.3　案例配色扩展

　　如左图所示为使用粉色作为页面背景的制作效果，粉红色可以给人甜美的感觉，与商品图像中人物的形象和衣着一致，能够突显出女性的柔美，表现出商品清新、自然的风采，更能迎合消费者。

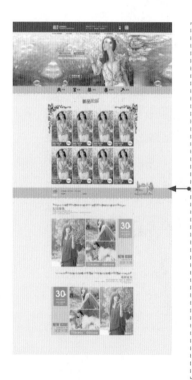

　　如左图所示为使用紫色和淡棕色作为页面设计元素主要配色后的制作效果，由于紫色象征着高贵和神秘，可以突显出商品的档次，在设计中使用这样的配色需要把商品的图像色彩进行重新搭配，以平衡好整个页面的色调。

◎ 扩展配色

R38、G82、B168 C89、M72、Y5、K0	R242、G241、B1 C14、M0、Y86、K0	R251、G225、B238 C2、M18、Y0、K0	R201、G209、B134 C29、M13、Y56、K0	R109、G124、B57 C65、M46、Y94、K4
R201、G186、B157 C26、M27、Y40、K0	R244、G213、B212 C5、M22、Y13、K0	R246、G238、B227 C5、M8、Y12、K0	R251、G157、B194 C1、M52、Y4、K0	R124、G57、B124 C64、M90、Y27、K0

12.2.4　案例设计流程图

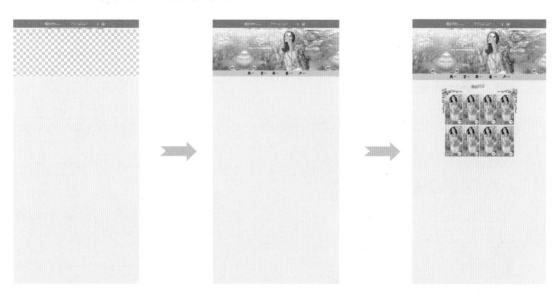

① 制作网页背景和店招

通过创建选区的方式来对页面的背景和店招颜色进行填充，并使用"横排文字工具"添加文字，再用素材对其进行修饰。

② 制作欢迎模块

为活动区域添加人物背景，通过复制和变形来对空白的区域进行填充，再添加素材和文字完成制作。

③ 添加商品展示区域

使用藤蔓素材对商品展示区域进行修饰，添加商品图像，使用"横排文字工具"添加商品名称和相关信息。

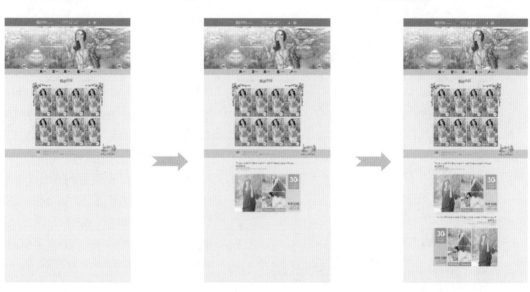

④ 制作出标题栏

使用抠图工具来对旺旺的头像进行抠取，添加到标题栏中，作为客服区域，并添加素材来修饰该区域。

⑤ 制作单品介绍区域

使用"矩形工具"绘制多个大小不等的矩形来对单品介绍区域进行布局，并对每个矩形进行单独编辑。

⑥ 复制单品介绍区域

对绘制完成的单品介绍区域进行编组，对图层组进行复制，增加该区域的信息，最后对页面进行修饰和完善。

12.3 实例：粉色调的儿童服装店铺装修设计

本案例是为儿童服装店铺所设计和制作的网店首页，制作中通过使用鲜明的高纯度色彩来对页面色调进行修饰，并添加上了外形稚拙的图形来点缀画面，展现出可爱、天真、活泼的效果。

● 12.3.1 布局策划解析

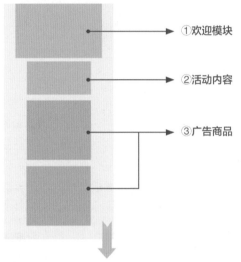

源文件：源文件\12\粉色调的儿童服装店铺装修设计.psd

①欢迎模块

②活动内容

③广告商品

①欢迎模块：在欢迎模块中使用长相可爱的孩子作为主要的表现对象，可以吸引妈妈的注意力，搭配上外形圆润的图形和文字来对店铺的活动进行介绍，表现出一种活泼、别致的页面效果；

②活动内容：使用可爱的彩色球形作为边框，而活泼可爱、生气勃勃的色彩在该区域中可以让活动内容信息的表现更加生动，突出页面的内容，给人一种简单明了的感觉，提高妈妈对活动内容的了解欲望；

③广告商品：使用口袋的外形来对广告商品进行修饰，让页面显得更加生气勃勃，而使得突出强调的商品部分能够很好地表现出来，整个区域的设计由于插画、色彩等多个方面的搭配，而显得更加精致、可爱。

12.3.2　主色调：纯美粉色系

本实例在设计的过程中主要使用了玫红色和紫色作为页面的主要色彩，这两个色彩较为柔和，视觉上给人稚嫩的感觉，可以很好地表现出儿童可爱、乖巧的一面，符合幼儿的心理，而页面中文字和修饰图形的色彩则使用了蓝色、暗黄色、白色等反差较大的色彩来进行小面积的点缀，可以很好地突出页面中的重要信息。案例中的配色用大面积的粉色形成一种小巧玲珑、活泼可爱的氛围，搭配上色彩鲜艳的儿童图像，可以很好地刺激顾客的购买欲望。

● 主色调：纯美粉色系

R82、G33、B140 C83、M99、Y8、K0	R181、G148、B219 C37、M46、Y0、K0	R233、G76、B119 C10、M83、Y33、K0	R247、G168、B190 C2、M46、Y11、K0	R254、G219、B233 C0、M22、Y1、K0

● 辅助配色：色相反差较大的色彩

R254、G254、B254 C0、M0、Y0、K0	R190、G149、B23 C34、M44、Y98、K0	R224、G124、B174 C16、M64、Y7、K0	R82、G174、B221 C65、M20、Y9、K0	R148、G216、B254 C44、M3、Y0、K0

12.3.3　案例配色扩展

如左图所示为将页面中的粉红色增加纯度、降低明度后的制作效果，可以看到页面中的色彩表现更为浓烈，由于色彩的明度降低，使得儿童的图像与周围的色彩明度相近，整个画面更为协调。

如左图所示为将案例中的玫红色更改为蓝色后的效果，在通常的设计中，粉色代表女童，而蓝色代表男童，将玫红色更改为蓝色后，可以让童装的分类更加清晰，使得商品的表现更为准确、突出。

● 扩展配色

R124、G82、B167 C63、M75、Y0、K0	R233、G169、B219 C13、M43、Y0、K0	R227、G75、B116 C13、M83、Y35、K0	R243、G84、B144 C4、M80、Y16、K0	R244、G177、B199 C4、M42、Y8、K0

R1、G170、B233 C73、M19、Y3、K0	R114、G196、B244 C55、M11、Y1、K0	R228、G66、B113 C12、M86、Y36、K0	R254、G195、B213 C0、M34、Y5、K0	R254、G214、B228 C0、M25、Y2、K0

📍 12.3.4 案例设计流程图

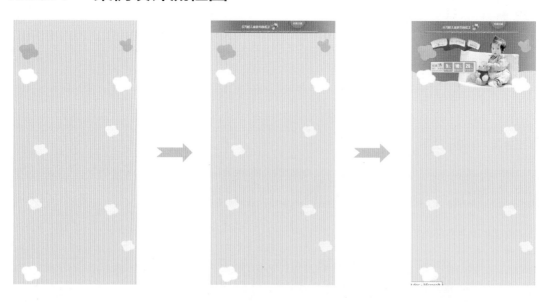

① 制作网页背景

　　使用粉红色为页面背景填充纯色，并添加上略微深一点的矩形条，接着绘制出大小不等的云朵，填充不同的色彩。

② 制作出店招

　　使用渐变色的矩形来制作出店招的背景，通过"横排文字工具"为其添加所需的文字，并使用素材对店招进行修饰。

③ 绘制出活动模块

　　将儿童图像抠取出来作为活动模块中的主要表现对象，使用形状工具绘制所需的形状修饰画面，并添加文字信息进行完善。

④ 制作出活动信息区域

　　使用"椭圆工具"制作出活动信息区域的边框，并通过多种形状叠加和组合的方式绘制出该区域的修饰元素，最后添加文字。

⑤ 添加女童服装展示区域

　　使用"钢笔工具"绘制出所需的口袋形状，通过填充渐变色使其层次饱满，接着添加文字和商品图片。

⑥ 添加男童服装展示区域

　　对绘制的女童服装区域进行复制，调整绘制对象的颜色，并将女童的照片更改为男童的照片。

第 **13** 章

鞋包配饰类店铺装修大集合

13.1 实例：怀旧色调的户外背包店铺装修设计与详解

本案例是为户外背包店铺所设计和制作的首页效果，画面中使用了冰山作为背景，并搭配怀旧的色调来表现出户外登山这项活动的冒险、刺激和勇敢的特点，具有很强的观赏性。

● 13.1.1 布局策划解析

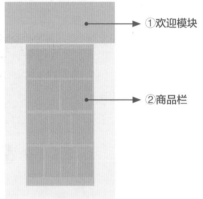

源文件：源文件\13\怀旧色调的户外背包店铺装修设计.psd

① 欢迎模块

② 商品栏

①欢迎模块：在欢迎模块中使用了雪山作为背景，采用了双色调的模式让背景色彩协调而统一，表现出登山这项运动的艰险、勇敢、活跃的特点，并搭配上色彩艳丽的红色作为广告文字，更好地突出店铺中的活动信息；

②商品栏：在该区域中使用了阶梯式的方式来对商品进行逐层的显示，由大到小，由上至下地丰富商品的内容，让页面的布局更加灵活，具有一定的韵律感，并通过风格一致的标题栏对每组商品进行分类，用鲜艳的文字来展示商品的信息，可以清晰地表现出商品的形象。

13.1.2　主色调：双色调背景

本案例在制作的过程中使用了双色调的图像作为页面的背景，可以弱化图像的色彩，从而更容易突显出商品的形象，设计中通过高纯度的红色和黄色来对商品信息文字进行表现，让其表现更为醒目，而商品的配色则采用了纯度和明度都较低的色彩，使其与设计元素形成了较大的反差，让整个画面的配色灵活、协调而统一，不至于形成呆板的效果。

○ 设计元素配色：双色调与高纯度的色彩

R204、G193、B161	R34、G54、B87	R83、G93、B104	R232、G12、B34	R241、G211、B7
C25、M24、Y39、K0	C93、M85、Y51、K20	C75、M63、Y53、K8	C9、M97、Y90、K0	C12、M18、Y90、K0

○ 商品配色：纯度和明度较低的色彩

R109、G111、B49	R99、G132、B43	R175、G64、B111	R187、G144、B1	R61、G118、B157
C64、M52、Y97、K10	C69、M41、Y100、K2	C40、M87、Y39、K0	C35、M46、Y100、K0	C79、M51、Y28、K0

13.1.3　案例配色扩展

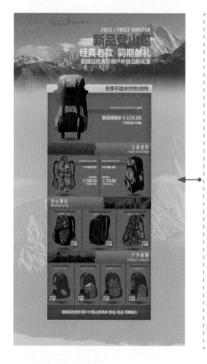

　　如左图所示为用灰蓝色代替页面中部分色彩所制作的效果，可看到商品的背景颜色与页面的背景颜色得到了统一，营造出更为阳刚的视觉效果，色彩表现也更丰富。

　　如左图所示为将页面背景的双色调效果调整为黑白色的效果，由此使得背景的色彩更加弱化，而商品栏中的对象却更加的突显，从而营造出一种冷酷、冷峻、强悍的男性之美，与商品形象相互呼应。

○ 扩展配色

R36、G63、B80	R57、G95、B113	R204、G193、B161	R143、G117、B1	R254、G0、B0
C90、M75、Y58、K26	C83、M62、Y50、K6	C25、M24、Y39、K0	C53、M54、Y100、K5	C0、M96、Y95、K0

R76、G88、B100	R185、G185、B185	R88、G90、B77	R78、G107、B42	R228、G23、B45
C77、M65、Y54、K10	C32、M25、Y24、K0	C70、M61、Y69、K18	C75、M50、Y100、K12	C12、M97、Y83、K0

13.1.4 案例设计流程图

① 制作网页背景

为页面背景添加冰山素材，并通过图层蒙版进行自然的过渡，调整图层的不透明度，使用"黑白"调整图层打造双色调效果。

② 绘制出商品栏的背景

使用"矩形工具"绘制出商品栏的背景，并使用适当的图层样式进行修饰，表现出一定的质感效果。

③ 添加标题栏

制作出商品栏中的各个标题栏，并添加素材文件，使用图层蒙版控制显示的区域，再添加上所需的文字。

④ 添加上主题文字

使用"横排文字工具"为页面添加主题文字，并调整其混合模式为"溶解"，添加"投影"样式，表现出立体的效果。

⑤ 添加商品

将所需的商品图像抠取出来，并使用适当的图层样式对其进行修饰，适当调整商品的大小，并放在合适的位置。

⑥ 为商品添加文字信息

为每个商品添加上所需的说明文字，并适当修饰文字，排列好文字的位置，细微调整各个元素。

13.1.5　案例步骤详解

01 新建文件更改背景色

创建一个新的文件，单击前景色色块，在打开的"拾色器"对话框中更改颜色，按Alt+Delete快捷键将背景填充上前景色。

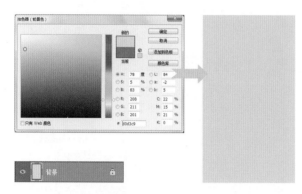

02 添加雪山素材

将所需的雪山素材添加到图像窗口中，适当调整其大小，接着为其添加上图层蒙版，使用"渐变工具"对其蒙版进行编辑。

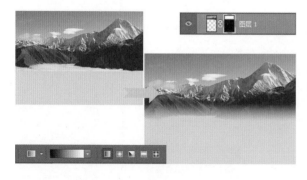

03 编辑添加的雪山素材

再次添加雪山素材，适当调整其大小，使其布满画面下半部分，在"图层"面板中设置该图层的混合模式为"明度"。

04 添加并编辑图层蒙版

为雪山图层添加上图层蒙版，使用"渐变工具"对图层蒙版进行编辑，使图像的顶部产生自然过渡的效果，在图像窗口中可以看到编辑的结果。

05 创建黑白调整图层

使用"矩形选框工具"创建选区，为选区创建黑白调整图层，在打开的"属性"面板中设置各项参数，在图像窗口中可以看到编辑的效果。

06 创建颜色填充图层

创建颜色填充图层，在打开的对话框中设置填充的颜色，接着将颜色填充图层的混合模式更改为"排除"，把画面制作成双色调效果。

07 绘制矩形

选择"矩形工具",在该工具的选项栏中设置其填充色为白色,并在"图层"面板中设置其"填充"选项的参数为30%。

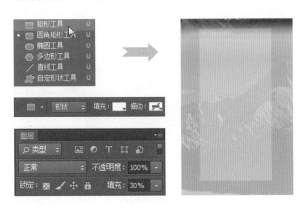

08 应用"外发光"图层样式

双击绘制的矩形图层,在打开的"图层样式"对话框中勾选"外发光"复选框,并在相应的选项卡中进行设置。

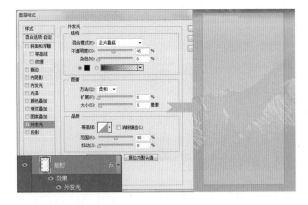

09 绘制矩形的高光增加层次感

使用"矩形工具"绘制一个矩形的形状,在其选项栏中设置填充的颜色为白色到透明的渐变,将其作为高光,增强画面的层次。

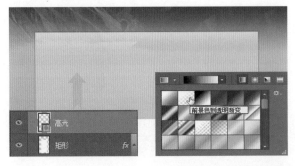

10 "添加杂色"滤镜增强质感

再次绘制一个矩形,填充适当的灰色,并将其转换为智能对象图层,执行"滤镜 > 杂色 > 添加杂色"菜单命令,在打开的对话框中设置参数。

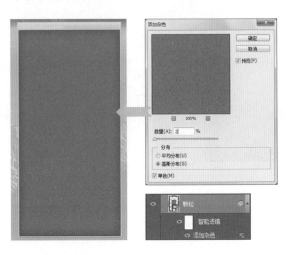

11 应用"图案叠加"图层样式

双击"颗粒"图层,在打开的"图层样式"对话框中勾选"图案叠加"复选框,使用该图层样式对矩形进行修饰,增强其纹理感。

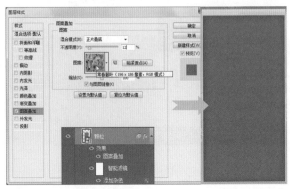

12 绘制黑色的矩形

使用"矩形工具"绘制一个黑色的矩形,放在适当的位置,在"图层"面板中设置混合模式为"正片叠底","填充"选项为35%。

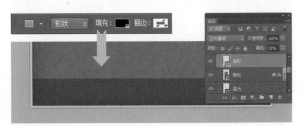

13 输入店铺名称

使用"横排文字工具"在适当的位置单击,输入所需的英文字母,打开"字符"面板和"段落"面板对文字的属性和对齐方式进行排列。

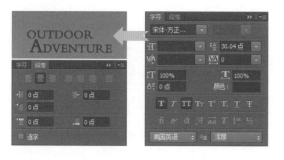

14 输入中文店铺名称

使用"横排文字工具"输入"超级冒险者户外"的字样,打开"字符"面板对文字的属性进行设置,并按照所需的位置进行排列。

15 绘制爪印形状

选择"自定形状工具",在其选项栏中进行设置,选择"爪印(狗)"形状进行绘制,将绘制的形状放在文字适当的位置上。

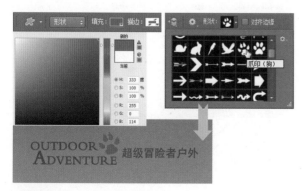

Tips　自定义形状的添加

初次使用Photoshop,"自定义工具"选项栏中的形状很少,需要通过加载形状来使其拥有更多的选择。

16 应用"内阴影"图层样式

双击绘制的爪印形状,在打开的"图层样式"对话框中勾选"内阴影"复选框,并在相应的选项卡中进行设置。

17 使用"颜色叠加"和"投影"样式

继续在"图层样式"对话框中进行设置,勾选"颜色叠加"和"投影"复选框,使用这两个图层样式对爪印进行修饰。

18 输入所需的文字

选择工具箱中的"横排文字工具",在适当的位置单击,输入所需的文字,打开"字符"面板进行设置,调整混合模式为"溶解"。

19 使用"投影"样式修饰文字

双击编辑后的文字图层,在打开的"图层样式"对话框中勾选"投影"复选框,在相应的选项卡中进行设置,在图像窗口中可以看到编辑的效果。

20 添加主题文字

选择"横排文字工具",在适当的位置单击并输入"新品登山包"字样,打开"字符"面板对文字的属性进行设置,放在画面适当的位置。

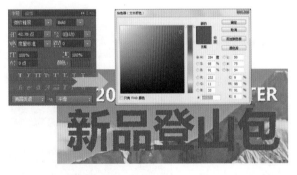

21 修饰主题文字

双击添加的文字图层,使用"投影"样式对文字进行修饰,并在"图层"面板中设置其混合模式为"溶解",在图像窗口中可以看到编辑的效果。

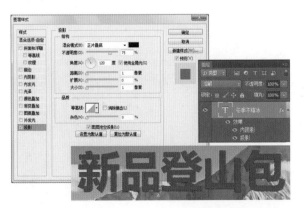

22 添加辅助文字

使用"横排文字工具"添加所需的辅助文字,参考前面文字的外形进行设置,并使用相同设置的"投影"样式进行修饰。

23 添加标题文字

使用"横排文字工具"输入"冬天不结冰"字样,打开"字符"面板对文字的字体、字号、颜色和字间距等进行设置。

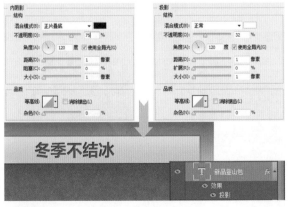

24 使用图层样式修饰文字

使用"内阴影"和"投影"样式对添加的标题文字进行修饰,并在相应的选项卡中对文字的属性进行设置,在图像窗口中可以看到编辑的结果。

> **Tips** 图层样式的复制与粘贴
>
> 应用相同的图层样式时,可以通过右键菜单中的命令来对图层样式进行复制与粘贴,让编辑更快捷。

25 添加辅助说明文字

使用"横排文字工具"添加所需的辅助说明文字，放在标题文字的后面，并打开"字符"面板进行设置，应用与标题文字相同的图层样式。

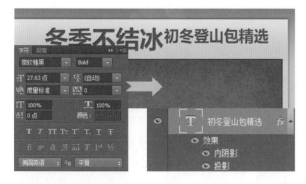

26 添加英文字母

使用"横排文字工具"添加所需的英文，放在标题文字的后面，并打开"字符"面板进行设置，应用与标题文字相同的图层样式。

27 制作标题栏背景

使用"矩形工具"绘制一个矩形，填充上黑色到白色的线性渐变，放在适当的位置，接着设置"填充"选项的参数为20%。

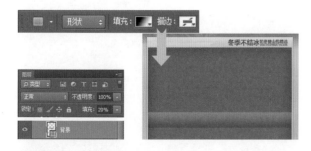

Tips　形状大小的调整

对绘制的矩形大小不满意，可以通过按Ctrl+T快捷键打开自由变换框，对绘制的矩形进行调整。

28 使用"投影"修饰矩形

使用"投影"样式对绘制的矩形进行修饰，在相应的选项卡中对参数进行设置，在图像窗口中可以看到编辑后的效果。

29 绘制修饰图像

使用"钢笔工具"绘制出所需的图像，将其填充上白色，作为标题栏中放置图像的区域，在图像窗口中可以看到编辑的效果。

30 创建剪贴蒙版

将所需的风景素材添加到图像窗口中，用鼠标右键单击该图层，选择"创建剪贴蒙版"命令，对图像的显示进行控制，在图像窗口可看到编辑的结果。

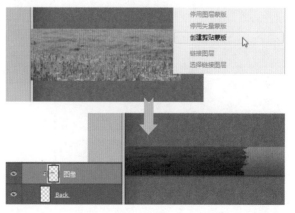

31 添加标题文字

选择"横排文字工具"在适当的区域单击，输入所需的文字，打开"字符"面板对文字的属性进行设置，在图像窗口中可以看到编辑的结果。

32 绘制修饰的线条

选择工具箱中的"矩形工具"，绘制出所需的线条，填充上适当的颜色，放在标题栏下方的位置，在图像窗口中可以看到编辑的效果。

33 绘制其余的标题栏

参考前面绘制标题栏的方法和设置，绘制出其余的标题栏，使用图层组对编辑的图层进行管理，在图像窗口中可以看到编辑的效果。

34 添加锁链素材

为图像窗口添加所需的锁链素材，适当调整其大小，放在画面中适当的位置，并复制锁链素材进行编辑。

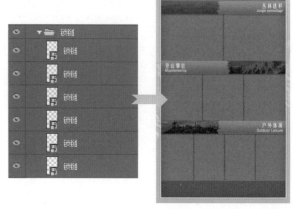

35 添加线条

选择工具箱中的"矩形工具"，绘制出所需的线条，填充适当的颜色，放在画面底部的位置，在图像窗口中可以看到编辑的效果。

36 添加商品素材和文字

将商品的素材添加到图像窗口中，适当调整其大小，并按照所需的位置进行排列，同时添加所需的说明文字，在图像窗口中可以看到本案例最终的编辑效果。

13.2　实例：复古风格的可爱女鞋网店设计

　　本案例是以外形可爱的女鞋作为主打商品所设计的网店首页，画面中使用双色调的卡通图案作为页面背景，通过色彩绚丽且粉嫩的女鞋作为点缀，让色彩的风格形成碰撞的感觉，其具体操作如下。

● 13.2.1　布局策划解析

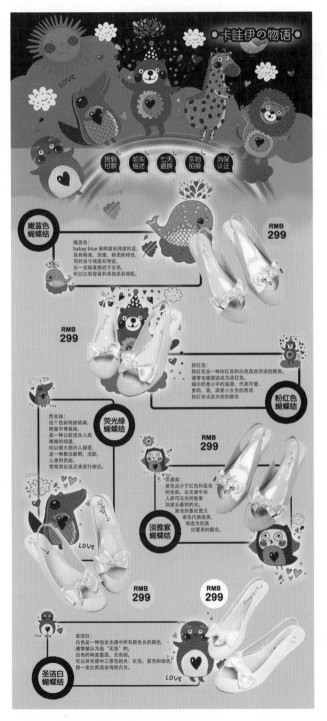

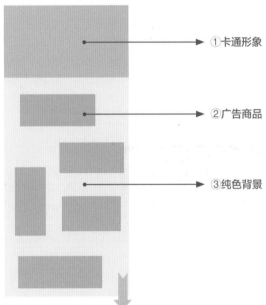

源文件：源文件\13\复古风格的可爱女鞋网店设计.psd

　　① 卡通形象

　　② 广告商品

　　③ 纯色背景

　　①卡通形象：在该店铺的设计布局中，使用统一风格的卡通形象作为活动版块的内容，与女鞋可爱的外形相互吻合，具有烘托的作用；

　　②广告商品：装修设计中所使用的广告商品以错落有致的矩形为商品展示区，添加适当的边框效果使女鞋之间形成自然的分割，彰显出新意和变化的效果，让版式变得灵活，避免单一的格局造成画面呆板；

　　③纯色背景：在广告商品的展示区域，使用单一的纯色作为背景色，以不同明度棕色系的色彩来区分版面中的活动主题展示区与商品展示区，这种方式可以让区域之间的过渡更加自然。

13.2.2 主色调：低纯度的棕色系

本例在色彩设计的过程中，使用低纯度的棕色系作为网页的背景色，用高明度的粉色系作为商品的颜色，两者之间的色彩存在很大的差异，这样的差异使得商品的表现更为突出，让商品显得更为醒目，对商品的推广有着推动作用。此外，商品价格标签中所使用的粉色系与商品的颜色相近，浏览者可以对商品的价格进行一一对应，避免颜色过多而造成内容杂乱。

● 背景配色：低纯度棕色系

R218、G198、B139 C20、M23、Y50、K0	R61、G43、B1 C70、M75、Y100、K54	R35、G25、B0 C78、M78、Y99、K67	R141、G108、B39 C52、M59、Y100、K8	R9、G4、B0 C90、M87、Y88、K78

● 商品色：高明度粉色系

R192、G222、B217 C30、M5、Y18、K0	R246、G246、B246 C4、M3、Y3、K0	R246、G219、B224 C4、M20、Y7、K0	R206、G204、B225 C23、M20、Y5、K0	R208、G220、B138 C26、M8、Y56、K0

13.2.3 案例配色扩展

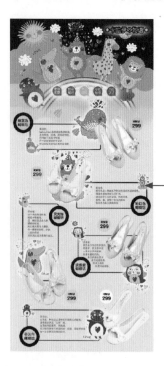

如左图设计的效果为使用彩色卡通人物后的效果，可以看到由于使用了色彩较为丰富，且相同纯度和明度的颜色，因此整个画面显得更加活泼，在实际的制作中，读者可根据自身喜好或设计需要，为店铺装修添加其他的卡通形象。

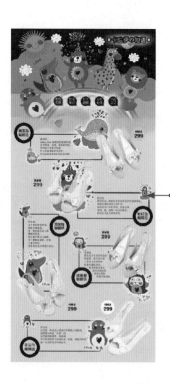

如左图设计的效果为使用黑白色作为背景色和卡通形象颜色后的效果，可以看到这样设计的结果会让商品更加突出，但是同时削弱了"可爱"这个关键点的表现，但是实际的设计中，读者可根据店铺的风格进行更改，使整店装修更协调。

● 扩展配色

R217、G103、B151 C19、M72、Y17、K0	R5、G191、B44 C73、M0、Y100、K0	R243、G193、B8 C9、M35、Y91、K0	R244、G224、B174 C7、M14、Y37、K0	R242、G115、B1 C4、M68、Y96、K0
R254、G219、B219 C0、M21、Y10、K0	R191、G220、B101 C34、M2、Y72、K0	R217、G217、B217 C18、M13、Y13、K0	R116、G116、B116 C63、M54、Y51、K1	R12、G12、B12 C88、M84、Y84、K74

13.2.4　案例设计流程图

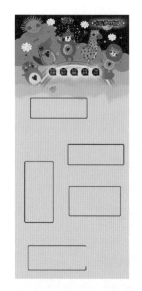

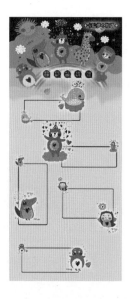

1　制作网页背景内容

通过添加素材文件的方式为欢迎板块添加上卡通形象，使用"矩形选框工具"绘制选区，并填充适当的颜色作为网页背景。

2　绘制商品描绘的边框

在Photoshop中可以使用"钢笔工具"绘制路径，也可使用选区加减的方式创建网页中所需要使用的边框元素。

3　添加可爱的卡通素材

为网页上不同位置的边框添加所需的卡通素材，并通过使用"外发光"图层样式使其边缘呈现出自然的光边效果。

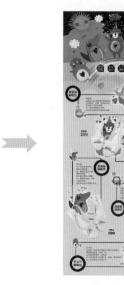

4　抠取商品素材

通过"磁性套索工具"把女鞋抠取出来，添加到网页中适当的位置，按Ctrl+T快捷键打开自由变换框，调整女鞋的大小。

5　编辑商品名称和价格

使用"椭圆选框工具"绘制圆形选区，为选区填充不同的颜色，应用"描边"样式，再用"横排文字工具"输入商品信息。

6　输入商品介绍信息

在制作的最后阶段使用"横排文字工具"添加商品说明文字，并配合"字符"和"段落"面板调整文本属性。

13.3 实例：蓝绿色调的女式箱包店铺装修设计

本案例是为炫彩时尚的女式箱包所设计的店铺首页，页面中主要以商品展示为主，通过将广告商品与搭配商品分区展示的方式来表达出促销的氛围，其具体的制作和分析如下。

● 13.3.1 布局策划解析

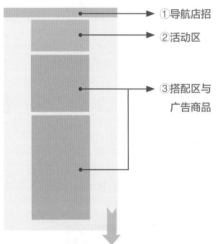

源文件：源文件\13\蓝绿色调的女式箱包店铺装修设计.psd

① 导航店招

② 活动区

③ 搭配区与广告商品

① 导航店招：在店招中将若干个箱包组合在一起，表明店铺的销售内容，通过醒目的文字来对店名进行突出显示；

② 活动区：通过变形的标题文字制作出欢迎模块中的活动主题，并搭配上色彩绚丽且外形多样的箱包，同时在下方以时间线的方式制作出未来每个阶段的活动信息，便于顾客提早预知店铺活动内容；

③ 搭配区与广告商品：在搭配区域中通过两种不同商品的搭配，给予顾客更多的优惠和选择，突出本次活动的优惠力度，增强顾客的购买欲，接着以单品展示的方式突出广告商品的信息，加强商品的宣传。

13.3.2 主色调：蓝绿色系

本例在色彩设计的过程中，使用蓝绿色作为页面的背景色，通过不同明度的蓝绿色来增强画面的层次，给人以神秘和时尚的感觉，在配色中搭配玫红色作为点缀，突显出页面的重要信息，起着引导顾客视线的作用，在商品的颜色上就显得略微的黯淡一些，商品的颜色丰富，但是稍微偏灰一点，使其与页面的主要色调形成些许的差异，避免色彩过多而产生视觉上的疲劳，延长顾客的阅读时间。

◉ 设计元素及背景色：色相反差较大的颜色

R226、G35、B102 C13、M93、Y40、K0	R2、G139、B131 C82、M33、Y54、K0	R2、G192、B180 C72、M0、Y40、K0	R67、G208、B200 C64、M0、Y33、K0	R112、G219、B213 C54、M0、Y27、K0

◉ 商品颜色：偏灰的色彩

R245、G164、B62 C5、M45、Y78、K0	R237、G107、B106 C8、M71、Y49、K0	R54、G92、B79 C82、M57、Y71、K18	R79、G106、B177 C76、M66、Y8、K0	R149、G78、B76 C48、M78、Y67、K8

13.3.3 案例配色扩展

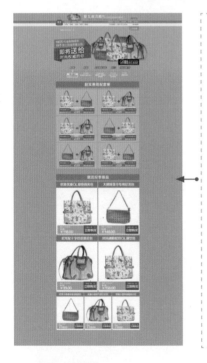

如左图设计的效果为使用蓝色作为主色调所设计出来的首页效果，可以看到画面变得更加清爽，这样的配色可以表现出箱包的生动感，营造出新鲜、凉爽的氛围，从而更加容易刺激顾客购买欲。

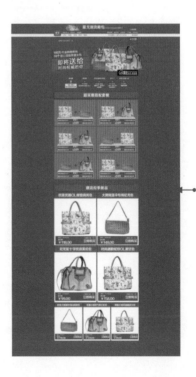

如左图设计的效果为使用紫红色作为网页主色调的制作效果，由于紫红色可以给人一种神秘、典雅的感觉，因此这样设计的页面能够营造出时尚且华丽的氛围。

◉ 扩展配色

R5、G110、B139 C88、M53、Y39、K0	R6、G161、B205 C76、M23、Y16、K0	R101、G185、B219 C60、M14、Y13、K0	R226、G35、B102 C13、M93、Y40、K0	R213、G127、B2 C21、M59、Y99、K0
R202、G71、B149 C27、M83、Y9、K0	R192、G2、B112 C33、M99、Y29、K0	R212、G22、B88 C21、M97、Y50、K0	R215、G77、B27 C19、M83、Y96、K0	R213、G127、B2 C21、M59、Y99、K0

🔴 13.3.4　案例设计流程图

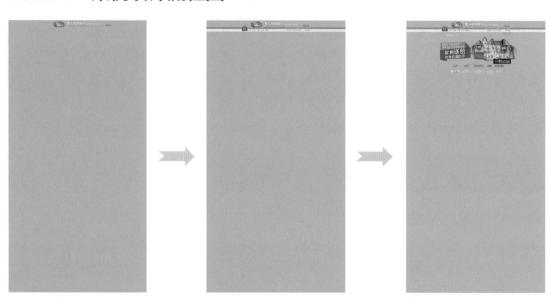

①　制作网页背景和店招

　　将"背景"图层填充为所需的蓝绿色，接着为页面添加店招和文字，使用"外发光"和"投影"样式对其进行修饰。

②　绘制导航条

　　使用"矩形工具"绘制出导航条的背景，接着使用"横排文字工具"添加文字，并单独制作出"首页"单击按钮的效果。

③　制作界面的欢迎模块

　　将多个箱包组合在一起，添加"投影"样式进行修饰，接着使用形状工具和文字工具制作出欢迎模块上的对象。

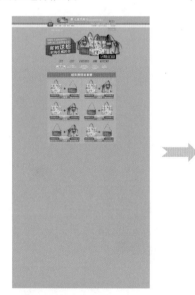
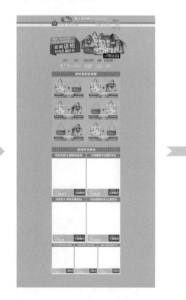

④　绘制出商品搭配区域

　　将箱包图像抠取出来，按照一定的位置进行排列，使用"钢笔工具"和"矩形工具"绘制出搭配区的背景，最后添加文字信息。

⑤　制作出广告区域的背景

　　使用"矩形工具"绘制出所需的形状，通过"对齐"和"分布"命令调整形状的位置，接着添加文字信息。

⑥　添加商品完善画面

　　把商品抠选出来，适当地调整商品的大小，将其放在广告商品区中适当的位置上，完成本案例的制作。

第 **14** 章

珠宝手表类店铺装修大集合

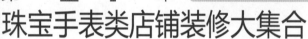

14.1 实例：暗红色调民族风首饰店铺装修设计与详解

本案例是为民族风首饰店所设计的网店首页，画面中放置了多个外形各异的民族饰品，形成了浓烈的中国红配色，具有强烈的视觉冲击力，同时自由的版式设计也表现出了一定的活力感。

● 14.1.1 布局策划解析

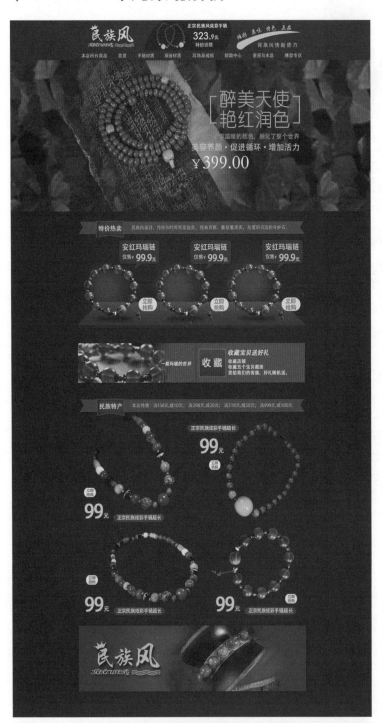

源文件：源文件\14\暗红色调民族风首饰店铺装修设计.psd

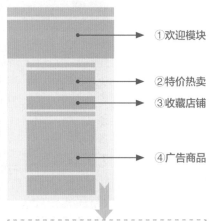

① 欢迎模块
② 特价热卖
③ 收藏店铺
④ 广告商品

①欢迎模块：使用饰品照片作为该区域的主要背景，搭配上了色调和外形和谐的标题文字；

②特价热卖：利用销售平台展示的外形来罗列出店铺当下销售最旺的商品，营造出实物在柜台展出的真实效果；

③收藏店铺：在适当的区域添加上了收藏店铺的横条，利用图片与文字搭配的方式来进行表现，吸引顾客的注意，充满了浓浓的设计感和民族风情；

④广告商品：采用了随机摆放的方式展示出广告商品，使用色彩和谐的标签对商品的名称进行填充，抠取后的商品形象让商品的表现更加集中。

14.1.2　主色调：民族风情的配色

　　由于本案例是为民族饰品所设计的网店首页，为了表现出饰品的特点，在页面的配色上使用了民族服饰和饰品中的颜色来进行搭配，因为少数民族对美的认识较为大胆，喜鲜艳，重图腾及寓意，图案简洁但色彩浓烈，表达一种炙热的神灵信仰。因此，在本案例的配色中使用了大量的红色和黄色，表现出浓浓的民族风情，是民族饰品具有生命力的奥妙所在。

◎ 设计元素配色：不同明度和纯度的暖色

R79、G17、B18 C59、M96、Y94、K53	R135、G3、B4 C48、M100、Y100、K24	R167、G27、B41 C41、M100、Y94、K7	R134、G59、B4 C50、M83、Y100、K21	R222、G202、B105 C20、M21、Y66、K0

◎ 商品配色：炫彩的民族风格

R7、G4、B5 C90、M87、Y86、K77	R16、G47、B21 C89、M67、Y100、K56	R252、G207、B85 C5、M24、Y72、K0	R251、G134、B69 C0、M61、Y72、K0	R212、G29、B13 C21、M97、Y100、K0

14.1.3　案例配色扩展

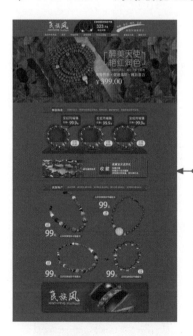

　　如左图所示是使用墨绿色作为页面背景的制作效果，可以看到画面中形成了强烈的色彩对比，因为绿色为大自然的颜色，因此这样的设计也能表现出民族风格的特点。

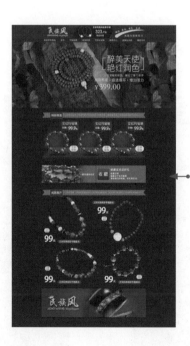

　　如左图设计的效果为使用橘黄色和蓝绿色来点缀画面的制作效果，可以看到画面中的颜色相对而言更加的丰富，重点的对象也表现更为突出，增强了画面的设计感，同时延长浏览者的阅读时间。

◎ 扩展配色

R249、G238、B122 C8、M5、Y61、K0	R236、G190、B79 C12、M30、Y74、K0	R177、G2、B6 C39、M100、Y100、K4	R116、G7、B12 C51、M100、Y100、K34	R38、G66、B3 C83、M62、Y100、K42
R4、G90、B78 C90、M56、Y73、K19	R165、G99、B47 C43、M69、Y92、K4	R215、G4、B2 C20、M99、Y100、K0	R140、G10、B8 C48、M100、Y100、K21	R63、G4、B6 C63、M99、Y99、K62

14.1.4 案例设计流程图

① 制作店招和导航条
使用形状工具和文字工具为导航区域和店招位置添加上所需的形状和文字，并通过图层样式对文字进行修饰，同时添加商品图片。

② 绘制欢迎模块
将商品图片和图案填充图层合成在一起，利用图层蒙版使其自然的过渡，最后添加上标题文字进行说明。

③ 制作标题栏
使用形状工具和文字工具绘制出标题栏的外形，接着通过"投影"样式的添加使其更具立体感和层次感。

 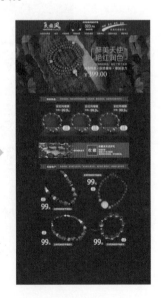 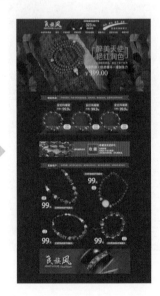

④ 添加热卖商品和收藏区
通过抠取图像、绘制形状和添加文字的方式完成热卖区域和收藏区的制作，利用图层蒙版控制图像的显示。

⑤ 添加单品展示区域
将商品图像抠取出来，随意地摆放在所需的位置上，接着添加上价格、商品名称等信息，完成单品展示区域的制作。

⑥ 制作广告商品区
在制作的最后阶段通过绘制形状和控制图像显示的方式制作广告商品区，最后添加文字完善画面内容。

14.1.5　案例步骤详解

01 用颜色填充图层制作背景

创建一个新的文档，双击前景色色块，在打开的"拾色器"对话框中设置填充色为R66、G0、B0，将"背景"图层填充上前景色。

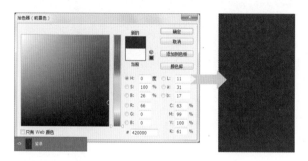

02 输入店铺名称

选择"横排文字工具"，在适当的位置单击，输入"民族风"的字样，打开"字符"面板进行设置，并为其应用"投影"图层样式。

03 添加英文和修饰形状

使用"横排文字工具"输入所需的英文字母，在"字符"面板中进行设置，并使用"自定形状工具"绘制出波浪形状进行修饰。

04 绘制皇冠形状

使用"自定形状工具"绘制出皇冠的形状，并使用与"民族风"字样相同的"投影"图层样式对其进行修饰，最后放在适当的位置。

05 绘制书写笔画

使用"钢笔工具"绘制出书写的笔画形状，接着使用"投影"样式对其进行修饰，在相应的选项卡中对各项参数进行设置。

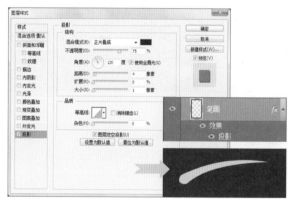

06 添加说明文字

选择"横排文字工具"在适当的位置单击，输入所需的说明文字，打开"字符"面板对相关的文字的属性进行设置。

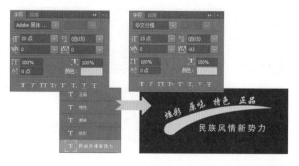

07 绘制修饰形状

使用"钢笔工具"绘制出所需的形状，填充上R38、G2、B2的颜色，将其放在适当的位置，在图像窗口中可以看到编辑的效果。

08 输入文字信息

使用"横排文字工具"在适当的位置单击，输入所需的文字信息，打开"字符"面板对文字的属性进行设置，在图像窗口中可以看到编辑效果。

09 抠取饰品图像

把所需的饰品图像添加到图像窗口中，适当调整其大小，为其添加上图层蒙版，使用"磁性套索工具"将其抠取出来，接着复制抠取的饰品图像，按照所需的位置进行排列。

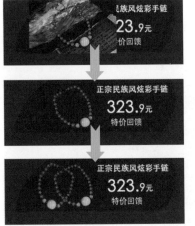

10 绘制导航的背景

使用"矩形工具"绘制出导航条的背景，填充适当的颜色，设置该图层的"不透明度"选项的参数为60%。

11 制作出虚线

使用"横排文字工具"输入所需的符号，制作出虚线效果，打开"字符"面板进行设置，并使用"投影"样式对其进行修饰。

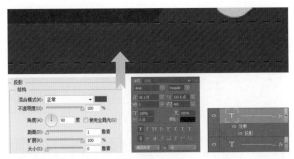

12 使用虚线对导航条进行分割

再次输入所需的符号，使用"投影"样式进行修饰，对输入的符号进行复制，按照一定的顺序进行排列，对导航条进行分割。

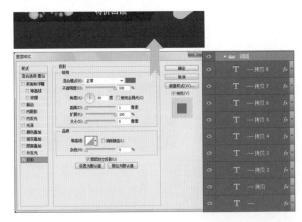

13 添加导航条上的文字

使用"横排文字工具"输入导航条上所需的文字,使用"投影"样式对文字进行修饰,在图像窗口中可以看到编辑后的效果。

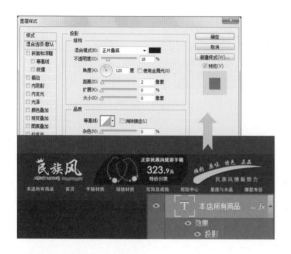

14 创建颜色填充图层

使用"矩形选框工具"创建矩形选区,接着为选区创建颜色填充图层,设置填充色为黑色,在图像窗口中可以看到编辑的效果。

15 添加饰品素材到欢迎模块

添加所需的饰品素材到图像窗口中,适当调整其大小,接着为该图层添加图层蒙版,使用"画笔工具"对图层蒙版进行编辑。

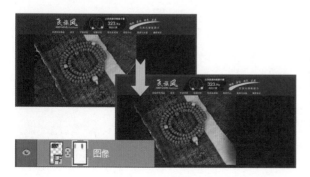

16 创建颜色填充图层

将欢迎模块的矩形添加到选区,为该选区创建颜色填充图层,接着使用黑色的"画笔工具"对图层蒙版进行编辑,显示出饰品图像。

17 添加"图案叠加"样式

双击编辑的颜色填充图层,在打开的"图层样式"对话框中勾选"图案叠加"复选框,对相应的选项进行设置。

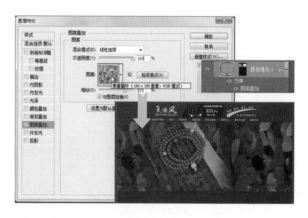

18 添加欢迎模块的标题文字

使用"横排文字工具"在图像窗口中单击,输入所需的标题文字,打开"字符"面板对文字的属性进行设置,在图像窗口可以看到编辑的效果。

19 添加价格和说明文字

选择工具箱中的"横排文字工具"，在适当的位置单击，输入所需的商品的价格和一些说明性的文字，在图像窗口中可以看到编辑的效果。

20 绘制标题栏的背景

使用"钢笔工具"绘制出标题栏的背景，接着使用"描边"、"颜色叠加"、"图案叠加"和"投影"样式进行修饰。

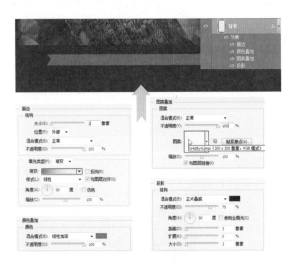

21 添加虚线进行修饰

使用"横排文字工具"输入所需的符号，对标题栏进行修饰，使用"投影"样式来修饰添加的虚线，对相应的选项进行设置。

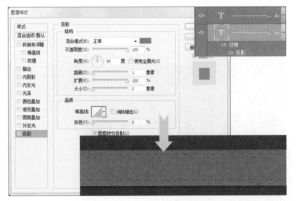

22 绘制出飘带

使用"钢笔工具"绘制出所需的飘带形状，接着使用"描边"、"内阴影"和"渐变叠加"图层样式对绘制的形状进行修饰。

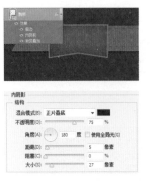 

23 添加标题栏中的文字

使用"横排文字工具"在适当的位置单击，输入所需的文字，打开"字符"面板对文字的属性进行设置，并通过"投影"样式进行修饰。

24 添加标题栏的主题文字

使用"横排文字工具"添加上"特价热卖"的字样，打开"字符"面板对文字的属性进行设置，并利用"投影"样式对其进行修饰。

25 绘制背景光斑

选择工具箱中的"画笔工具"，新建图层，命名为"光"，设置好前景色，绘制出画面中所需的光斑，在图像窗口中可以看到编辑的效果。

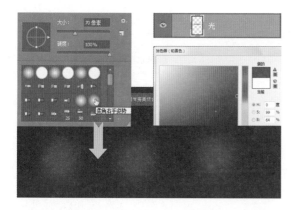

26 绘制矩形

使用"矩形工具"绘制出矩形，填充上适当的颜色，并利用"投影"图层样式对绘制的矩形进行修饰，在图像窗口中可以看到编辑的效果。

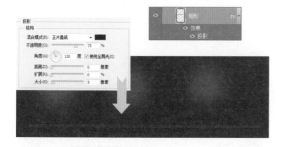

27 绘制线条增加层次

使用"矩形工具"绘制出所需的线条，通过"颜色叠加"样式进行修饰，并在"图层"面板中设置其"不透明度"为39%。

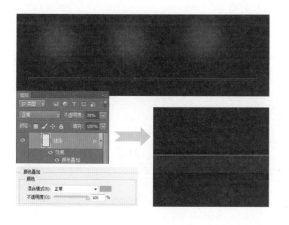

28 绘制梯形

使用"钢笔工具"绘制出梯形的形状，接着利用"渐变叠加"图层样式对其进行修饰，在相应的选项卡中对参数进行设置。

29 抠取饰品素材

添加所需的饰品素材到图像窗口中，使用"磁性套索工具"将其抠选出来，并利用"画笔工具"绘制出饰品的阴影。

30 绘制对话气泡

使用"钢笔工具"绘制出对话气泡，填充上适当的颜色，使用"描边"和"投影"样式对其进行修饰，并在相应的选项卡中对各项参数进行设置。

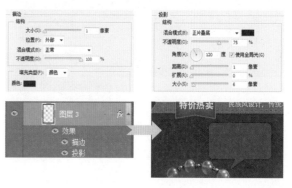

31 添加文字信息

使用"横排文字工具"，在适当的位置单击，输入所需的文字信息，将其放在对话气泡上，在图像窗口中可以看到添加文字后的编辑效果。

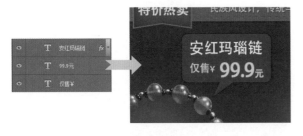

32 添加"立即抢购"字样

使用"圆角矩形工具"绘制出所需的形状，并添加上"立即抢购"字样，适当排列文字和圆角矩形的位置，在图像窗口中可以看到编辑的效果。

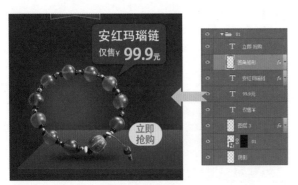

33 复制编辑的饰品图像

对前面编辑完成的饰品图像的图层组进行复制，调整饰品素材的位置，将其摆放在适当的位置，在图像窗口中可以看到编辑的效果。

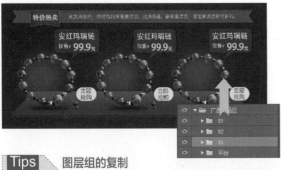

Tips　图层组的复制

　　对编辑的图层组进行复制，可以先选中该图层组，按快捷键Ctrl+J，即可对选中的图层组进行复制。

34 绘制矩形

使用"矩形工具"绘制出一个矩形，利用"颜色叠加"和"投影"图层样式对绘制的矩形进行修饰，在相应的选项卡中对各项参数进行设置。

35 绘制圆角矩形

使用"圆角矩形工具"绘制出圆角矩形，使用"内发光"和"渐变叠加"图层样式对圆角矩形进行修饰，在图像窗口中可以看到编辑的效果。

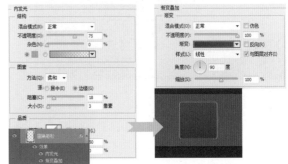

36 添加饰品素材

将所需的饰品素材添加到图像窗口中，添加上图层蒙版，对图层蒙版进行编辑，只显示出所需的图像部分，在图像窗口中可以看到编辑的效果。

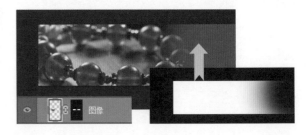

37 绘制锯齿形状

使用"钢笔工具"绘制出所需的锯齿形状,利用"颜色叠加"对绘制的锯齿形状进行修饰,在图像窗口中可以看到编辑的效果。

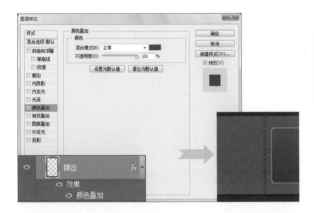

38 添加文字

使用"横排文字工具",在适当的位置单击,输入所需的文字,将其放在适当的位置,打开"字符"面板对文字的属性进行设置。

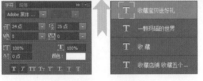

39 制作"民族特产"标题栏

对前面制作的标题栏进行复制,更改其中的文字,将编辑后的标题栏放在收藏区的下方,在图像窗口中可以看到编辑的效果。

40 添加商品价格

使用"横排文字工具"输入所需的文字,打开"字符"面板对文字的属性进行设置,并使用"圆角矩形工具"绘制形状进行修饰。

41 添加商品的名称

使用"圆角矩形工具"绘制出圆角矩形,填充上适当的颜色,接着添加商品的名称,使用"字符"面板设置文字的属性。

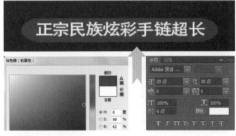

42 添加饰品素材

将所需的饰品素材添加到图像窗口中,使用图层蒙版对其显示进行控制,利用图层组对图层进行管理,在图像窗口中可以看到编辑的效果。

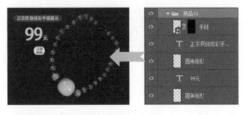

43 添加其余的饰品素材

将其他的饰品素材添加到图像窗口中,参考前面的编辑来对其显示、价格和商品名称进行制作,在图像窗口中可以看到编辑的效果。

44 创建渐变填充图层

使用"矩形选框工具"创建矩形的选区,接着为选区创建渐变填充图层,在打开的"渐变填充"对话框中对参数进行设置。

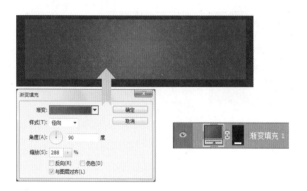

45 应用"投影"图层样式

双击添加的渐变填充图层,在打开的"图层样式"对话框中勾选"投影"复选框,对相应的选项进行设置,在图像窗口中可以看到编辑的效果。

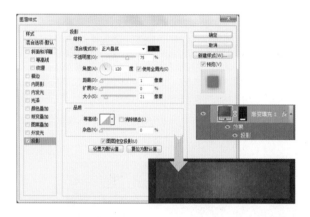

46 添加饰品素材

将所需的饰品素材添加到图像窗口中,适当调整图像的大小,并添加图层蒙版,对图层蒙版进行编辑,控制图像的显示。

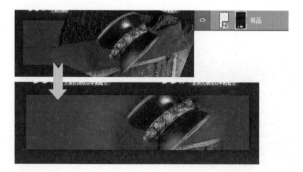

47 添加Logo完善画面

对前面制作的店铺的Logo进行复制,放在适当的位置,接着为Logo图层组应用"投影"图层样式,在图像窗口中可以看到编辑的效果。

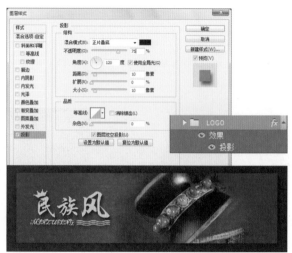

Tips "投影"图层样式

添加"投影"图层样式后,图像的下方会出现一个轮廓和图层中图像的内容相同的"影子",这个影子有一定的偏移量,在默认情况下会向右下角偏移,同时阴影的默认混合模式是"正片叠底",不透明度为75%。

48 对画面进行预览和微调

对编辑完成的画面进行细微的调整,在图像窗口中可以看到本案例编辑完成的效果,在"图层"面板使用图层组对各个图层进行归类整理,完成本案例的制作。

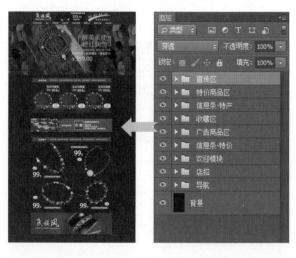

14.2　实例：白色调清新风格的首饰店铺装修设计

本案例是为首饰商品所设计的店铺首页，在创作的过程中根据饰品所表现的材质来选择素材，并根据确定的素材来调整画面的配色，创作出白色调清新自然风格的效果，具体如下。

● 14.2.1　布局策划解析

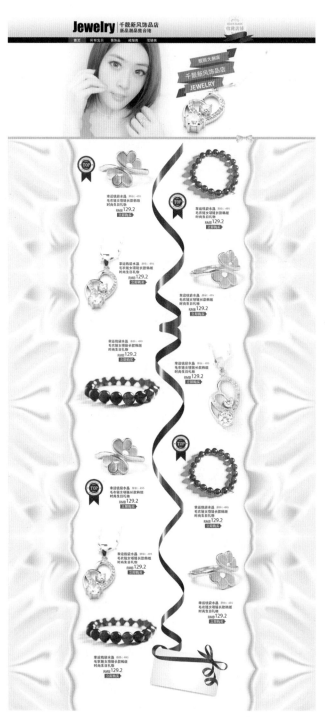

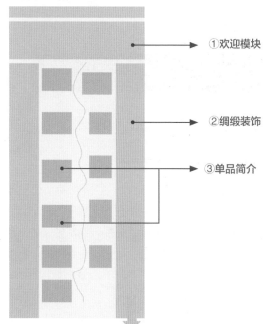

源文件：源文件\14\白色调清新风格的首饰店铺装修设计.psd

① 欢迎模块

② 绸缎装饰

③ 单品简介

　　①欢迎模块：将佩戴饰品的模特放在欢迎模块的左侧，右侧放置丝带外形的标题文字，并将其与饰品组合在一起，重点表现出店铺的销售内容和主打商品；

　　②绸缎装饰：在网店首页设计中，页面的两侧使用了质感较为细腻的绸缎作为素材，对整个画面进行点缀和修饰，由此烘托出饰品的精致和细腻之感；

　　③单品简介：在首页中使用丝带对画面进行分割，左右两侧分别从上至下放置多个商品，引导顾客的视线，商品的颜色和材质也是使用间隔的方式进行安排的，表现出一定的韵律感和层次感。

14.2.2 主色调：丝绸般的光泽色

光泽色是一种质地坚实、表面光滑、泛光能力很强的颜色，它具有很强的质感，由于本案例是为时尚饰品所设计的网店首页，因此在素材使用中选用了丝质的绸缎进行点缀，表现出一种华丽、高贵的感觉，配色上使用了明度差异较大的同一色相来进行表现，而画面的商品配色上，根据玛瑙、银饰和黄金的颜色，形成了暖色调的配色效果，具有很强的视觉冲击力，给人以耀眼夺目的感觉。

◉ 页面背景及修饰元素配色：浅色和红色

R236、G102、B152	R240、G75、B75	R173、G185、B161	R219、G225、B211	R236、G239、B231
C9、M73、Y16、K0	C5、M84、Y63、K0	C38、M22、Y39、K0	C18、M9、Y20、K0	C10、M5、Y11、K0

◉ 商品配色：暖色系

R105、G0、B0	R242、G58、B35	R254、G254、B253	R239、G194、B68	R254、G244、B101
C53、M100、Y100、K41	C3、M89、Y87、K0	C0、M0、Y1、K0	C11、M28、Y78、K0	C7、M2、Y68、K0

14.2.3 案例配色扩展

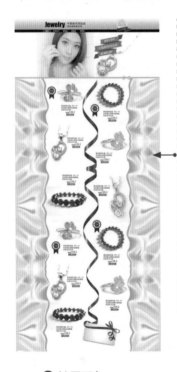

如左图设计的效果为使用淡棕色作为画面主色调的制作效果，可以看到画面中的丝缎颜色发生了变化，显得更加的温暖，带来一种柔和且充满希望的感觉，避免由于大面积的刺目的颜色而造成视觉疲劳的情况出现。

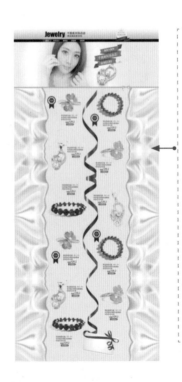

如左图设计的效果为使用紫色调为主色调的制作效果，画面中使用了淡淡的紫色来对页面进行配色，显得特别的娇艳、妩媚，也象征着奢华、优雅，对于饰品的表现有烘托的作用，提升了商品的档次，有助于提高顾客的购买欲望。

◉ 扩展配色

R236、G25、B60	R173、G24、B88	R234、G98、B171	R244、G232、B218	R197、G174、B162
C7、M96、Y71、K0	C41、M100、Y51、K1	C11、M74、Y0、K0	C6、M11、Y15、K0	C28、M34、Y33、K0

R246、G237、B254	R227、G223、B240	R190、G177、B201	R236、G102、B152	R214、G31、B39
C5、M10、Y0、K0	C13、M13、Y1、K0	C30、M32、Y11、K0	C9、M73、Y16、K0	C20、M97、Y91、K0

14.2.4　案例设计流程图

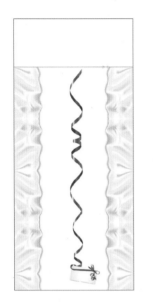 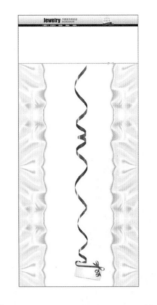 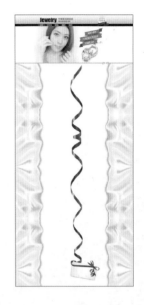

1 制作网页背景

　　新建文档，对画面进行大致的布局，将所需的丝缎素材添加到画面的适当位置，并绘制出红色的丝带，放在画面的中央位置。

2 制作店招和导航

　　使用"矩形工具"绘制出店招和导航的背景，并填充上适当的颜色，通过"横排文字工具"编辑店招和导航中的文字。

3 制作出欢迎模块

　　为欢迎模块的区域添加上佩戴饰品的模特照片，接着把饰品添加到合适的位置，并绘制丝带形状，最后添加上标题。

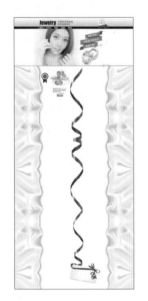 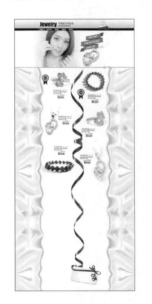 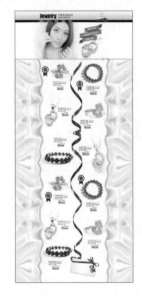

4 添加饰品并进行文字修饰

　　添加饰品素材，并使用"横排文字工具"输入所需的价格和饰品名称，绘制出热卖的标签，对饰品进行修饰。

5 添加其他的饰品

　　为首页上添加上其他的饰品，并使用文字对其进行说明，同时创建图层组，便于更好地进行分类和管理。

6 复制图层组完善画面

　　选中需要复制的图层组，按下Ctrl+J快捷键进行复制，适当调整饰品的位置，丰富页面的内容。

14.3 实例：暗色冷酷风格手表店铺装修设计

本案例是为手表销售店铺所设计的首页，画面中利用强对比的光影效果来突出商品的形象，通过折线的设计来引导顾客的视线，具有很强的设计感和观赏性，其具体如下。

📍 14.3.1 布局策划解析

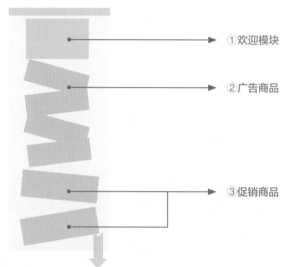

源文件：源文件\14\暗色冷酷风格手表店铺装修设计.psd

① 欢迎模块

② 广告商品

③ 促销商品

①欢迎模块：欢迎模块中使用了醒目的标题文字，通过黑色的背景来衬托手表的金属质感，而添加的光线素材让金属的光泽更加突显，结合灰色调的店招和导航，让整个页面的顶端部分显得品质感十足；

②广告商品：广告商品中选择了四款手表作为代表，将每款手表的标题进行一定角度的倾斜，制作出折线的效果，具有引导顾客视线的作用，而黑色的背景除了与手表的光影形成对比以外，也与红色的折线形成鲜明的视觉差，具有很强的视觉冲击力；

③促销商品：促销商品区域将六款商品分为了两组，每组三款，使其并列地组合在一起，延续前面的折线走向来进行巧妙的布局，使得整个画面的风格和谐而统一，制作出强烈的层次感和韵律感。

14.3.2　主色调：神秘的暗色调

本案例在设计的过程中使用了明度最低的黑色作为背景，因为黑色有一种神秘、威严和坚毅的感觉，这与手表精致、沉着的品质相互一致，而黑色也是极其容易反应商品光泽的色彩，通过它可以让商品更具质感，除了黑色以外，在设计中还使用了荧光绿和暗红色来对画面进行点缀，由此来引导浏览者的视线，突出重要的信息，也使得画面更加具有生机。

◯ 设计配色：黑色与红色的碰撞

R229、G254、B153 C18、M0、Y50、K0	R158、G6、B18 C43、M100、Y100、K12	R114、G9、B15 C52、M100、Y100、K35	R0、G0、B0 C93、M88、Y89、K80	R216、G216、B216 C18、M14、Y13、K0

◯ 商品配色：不同明度的黑色

R168、G180、B181 C40、M25、Y27、K0	R73、G86、B105 C79、M67、Y50、K9	R33、G41、B50 C87、M80、Y68、K49	R43、G42、B47 C82、M78、Y70、K50	R18、G18、B20 C87、M83、Y81、K70

14.3.3　案例配色扩展

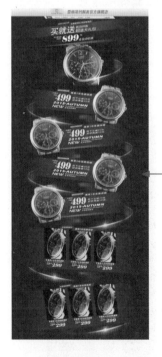

如左图设计的效果为使用暗红色作为画面背景颜色的效果，可以看到画面中整个色调趋于暗红色，其中的手表显得更加突出，而红色代表的是热情和和活力，也使得整个画面显得炽热而喜庆。

如左图设计的效果为使用黑绿色代替画面中红色的效果，绿色是一种代表生命的颜色，是极具活力与希望的，在本案例中将红色更改为绿色，可以减缓视觉的疲劳，延长顾客在网店的停留时间。

◯ 扩展配色

R64、G2、B5 C63、M99、Y99、K62	R102、G3、B8 C54、M100、Y100、K42	R141、G7、B14 C47、M100、Y100、K20	R229、G254、B153 C18、M0、Y50、K0	R195、G195、B195 C27、M21、Y20、K0
R16、G39、B21 C89、M71、Y96、K61	R3、G87、B43 C90、M54、Y100、K25	R0、G116、B56 C87、M44、Y100、K6	R223、G243、B147 C20、M0、Y52、K0	R14、G14、B14 C88、M83、Y83、K73

📍 14.3.4 案例设计流程图

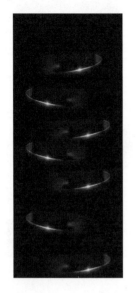

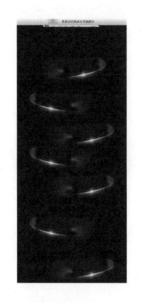

① **制作网页背景**

　　新建文档，将画面的背景填充上黑色，接着添加上所需的光线素材，并对其进行复制，按照所需的位置进行排列。

② **绘制导航条和店招**

　　通过使用"矩形工具""横排文字工具"等制作出店铺中的导航条和店招，并分别为每个对象填充上适当的颜色。

③ **制作欢迎模块**

　　使用形状工具绘制出欢迎模块上的标题，并将手表素材添加到适当的位置，通过"横排文字工具"完善文本信息。

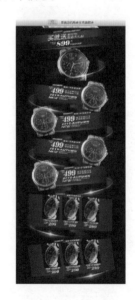

④ **制作广告商品**

　　参考前面绘制欢迎模块的制作和相关的设置，绘制出广告商品，并通过调整旋转角度使其呈现出一定的倾斜效果。

⑤ **复制图层组**

　　对前面绘制的广告商品进行复制，适当调整每组商品的角度，使其呈现出折线的视觉效果。

⑥ **添加促销商品完善画面**

　　绘制出促销商品的区域，通过调整旋转角度使其与上方的广告商品相互地连接在一起，完善画面内容。

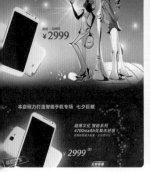

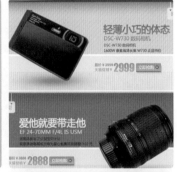

第 **15** 章

手机数码类店铺装修大集合

15.1 实例：单纯蓝色调风格的数码店铺装修设计与详解

本案例是为数码产品所设计的首页，制作中使用了蓝绿色作为画面的主色调，利用简单的图形来对画面进行分割，通过扁平化的设计理念来完成创作，其具体如下。

● 15.1.1 布局策划解析

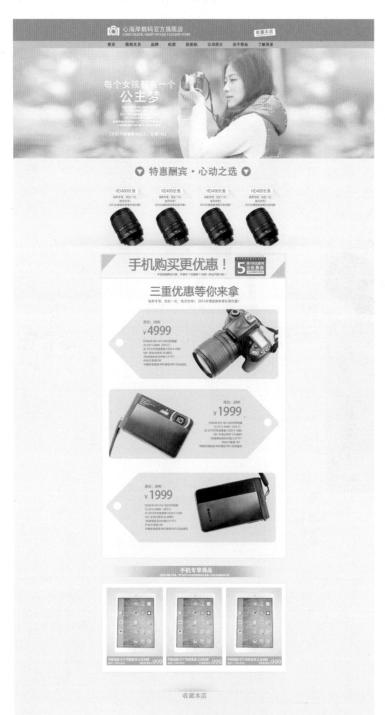

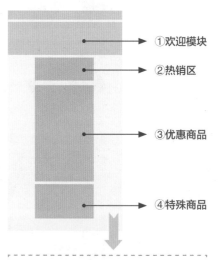

源文件：源文件\15\单纯蓝色调风格的数码店铺装修设计.psd

①欢迎模块

②热销区

③优惠商品

④特殊商品

①欢迎模块：欢迎模块中使用了蓝色调的照片作为背景，宽幅的画面可以扩展观赏者的视野，同时添加上白色的文字，让画面的内容信息更加丰富；

②热销区：列举出当前店铺中最热销的产品，用简短的文字对其进行介绍，为顾客的购买提供参考；

③优惠商品：该区域中展示出了优惠幅度最大的三款数码产品，以标签的形式展示出来，让画面疏密有致；

④特殊商品：该区域中展示出了与数码产品相关的附属产品，扩展了店铺的销售范围，为顾客提供更多的选择。

15.1.2　主色调：清爽蓝色调

　　本案例在配色的过程中参考了当下最流行的阿宝色，利用蓝色调和橘红色的组合来完成页面的色彩搭配，在设计中使用明度不同的蓝色来制作出层次感，通过橘红色的点缀来让画面变得更加具有生气，而由于商品为数码产品，大部分的颜色均为灰度的颜色，因此，灰度的色彩和蓝色调的搭配不会形成眼花缭乱的感觉，反而让整个画面的颜色更加和谐，蓝色调背景上的商品表现更为突出。

◉ 页面背景及图片颜色：蓝色调

R0、G150、B187 C78、M29、Y23、K0	R128、G203、B222 C52、M6、Y16、K0	R195、G229、B238 C28、M3、Y8、K0	R219、G243、B247 C18、M0、Y6、K0	R248、G130、B50 C1、M62、Y81、K0

◉ 商品及辅助配色：对比强烈的色彩

R23、G32、B32 C87、M78、Y78、K62	R89、G93、B87 C71、M61、Y63、K14	R137、G146、B155 C53、M40、Y34、K0	R234、G241、B242 C6、M6、Y4、K0	R156、G206、B114 C46、M4、Y68、K0

15.1.3　案例配色扩展

　　如左图设计的效果为使用紫色进行搭配后的画面，紫色具有高贵、典雅的意象，使用这种配色可以提升店铺商品的档次，也非常符合店铺针对女性消费群体的设计。

　　如左图设计的效果为使用水蓝色进行配色的效果，水蓝色比蓝绿色显得更加冷清，与数码商品清冷、机械的形象和材质相符，能够营造出数码商品的材质感，避免视觉上的疲劳，易于顾客阅读。

◉ 扩展配色

R172、G200、B229 C38、M16、Y5、K0	R247、G218、B246 C6、M20、Y0、K0	R237、G193、B229 C10、M32、Y0、K0	R212、G121、B191 C24、M63、Y0、K0	R166、G0、B85 C45、M100、Y52、K2
R247、G129、B50 C2、M62、Y81、K0	R218、G229、B247 C17、M8、Y0、K0	R193、G207、B236 C28、M16、Y1、K0	R101、G172、B217 C62、M23、Y9、K0	R1、G31、B182 C100、M88、Y0、K0

15.1.4 案例设计流程图

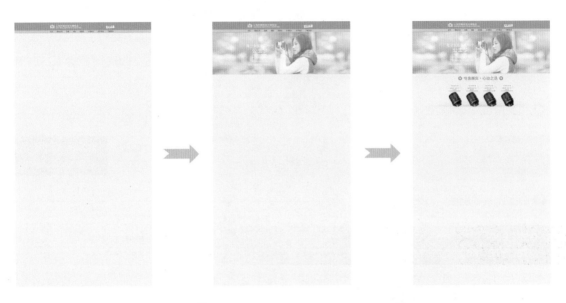

①　制作店招、导航和背景

　　创建一个新的文档，使用淡蓝色填充画面的背景，接着利用"矩形工具"制作出店招和导航的背景，最后添加上所需的文字。

②　制作欢迎模块

　　将所需的图片素材添加到图像窗口中，控制其显示的范围，使用"横排文字工具"添加所需的文字信息。

③　添加指示小模块

　　使用形状工具绘制出所需的修饰形状，通过图层样式对绘制的形状进行修饰，添加商品图片并进行抠取。

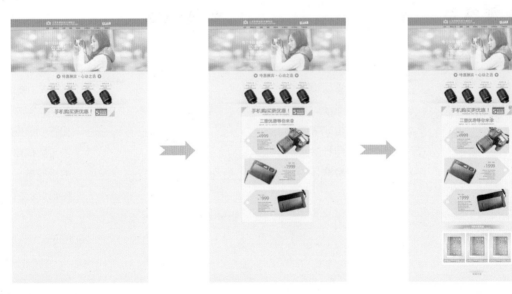

④　制作推荐栏

　　使用绘图工具绘制出所需的三角形、线条和矩形，分别填充适当的颜色，接着添加文字信息，按照所需的位置进行编排。

⑤　制作促销区

　　使用绘图工具制作出促销区的背景，添加商品的图片并进行抠取，接着添加文字信息，放在画面适当的位置。

⑥　添加广告商品解析区

　　绘制出该区域中所需的形状作为摆放商品的背景，把平板电脑的图片添加到其中，最后抠取商品并添加文字。

15.1.5　案例步骤详解

01 绘制背景

创建一个新的文件，使用"矩形工具"绘制矩形，分别填充上适当的颜色，作为网页背景和店招及导航的背景。

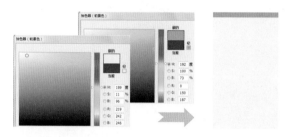

02 输入店铺名称

使用"横排文字工具"输入所需的店铺名称，打开"字符"面板对文字的属性进行设置，在图像窗口中可以看到编辑的效果。

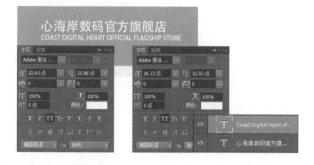

03 绘制相机Logo

选择工具箱中的"钢笔工具"，绘制出相机的形状，设置其填充色为白色，在图像窗口中可以看到编辑的效果。

04 绘制收藏店铺

选择"横排文字工具"输入所需的文字，用"钢笔工具"绘制出吊牌的形状，分别设置所需的颜色，放在店招的右侧。

05 创建图层组

新建图层组，命名为"店招"，将店招中所涉及的图层拖曳到图层组中，对图层进行管理，在"图层"面板中可以看到编辑的效果。

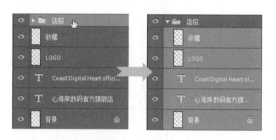

06 绘制欢迎模块背景

使用"矩形选框工具"创建矩形的选区，填充适当的颜色，作为欢迎模块的背景，在图像窗口中可以看到编辑的效果。

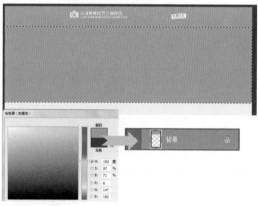

07 添加图像素材

将所需的图像添加到文件中，适当调整其大小，通过加载选区来对该图像的图层蒙版进行编辑，控制图像的显示范围。

08 复制并调整图像

使用"矩形选框工具"创建选区，按Ctrl+J快捷键复制选区中的图像，适当调整图像的大小，使其铺满画面左侧的空隙，在图像窗口中可以看到编辑的效果。

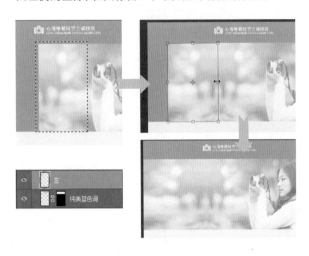

09 复制并编辑右侧图像

参照上一步骤的操作，对图像右侧的部分内容进行复制，调整复制后图像的大小，使用"渐变工具"对其图层蒙版进行编辑。

10 添加标题文字

使用"横排文字工具"输入所需的标题文字，打开"字符"面板对文字的属性进行设置，在图像窗口中可以看到编辑的效果。

11 添加段落文字

使用"横排文字工具"输入所需的段落文字，打开"字符"和"段落"面板对文字的属性进行设置，在图像窗口中可以看到编辑的效果。

12 添加活动信息

使用"横排文字工具"输入所需的活动信息文字，打开"字符"面板对文字的属性进行设置，在图像窗口中可以看到编辑的效果。

13 预览效果

完成文字的编辑后，在图像窗口中进行细微的调整，接着创建图层组，命名为"欢迎模块"，将与其相关的图层拖曳到其中。

14 绘制导航背景

使用"矩形工具"绘制一个矩形，填充上适当的颜色，放在店招和欢迎模块之间，作为导航条的背景，在图像窗口中可以看到编辑的效果。

15 添加导航上的文字

使用"横排文字工具"输入所需导航条上的文字，打开"字符"面板对文字的属性进行设置，在图像窗口中可以看到编辑的效果。

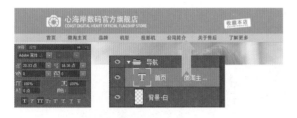

16 绘制圆角矩形

使用"圆角矩形工具"绘制形状，填充上适当的颜色，使用"投影"样式对其进行修饰，并适当降低其"填充"选项的参数。

17 添加广告语

使用"横排文字工具"输入所需的文字，打开"字符"面板对文字的属性进行设置，并使用"投影"样式对文字进行修饰。

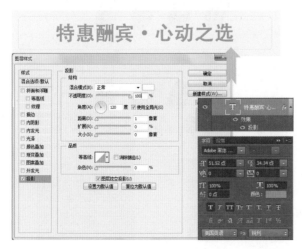

18 绘制下箭头

使用"椭圆工具"和"钢笔工具"绘制出所需的下箭头形状，为其填充上适当的颜色，使用"投影"样式对下箭头进行修饰。

19 复制下箭头形状

选中"下箭头"图层，执行"图层>复制图层"菜单命令，在打开的对话框中进行设置，并调整复制后图层中下箭头的位置。

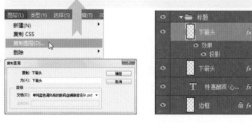

20 绘制矩形

使用"矩形工具"绘制出所需的形状，接着使用"描边"和"投影"样式对绘制的形状进行修饰，并在相应的选项卡中设置参数。

21 添加文字

使用"横排文字工具"输入所需的文字,打开"字符"面板对文字的属性进行设置,在图像窗口中可以看到编辑的效果。

22 添加说明信息

使用"横排文字工具"输入所需的说明信息文字,打开"字符"面板对文字的属性进行设置,使用"投影"样式对文字进行修饰。

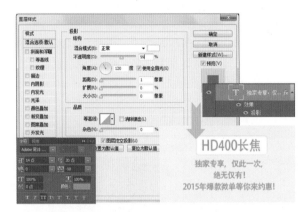

23 绘制阴影

使用"画笔工具"绘制出矩形下方的长阴影,为阴影填充上适当的颜色,接着利用图层组对图层进行管理和归类。

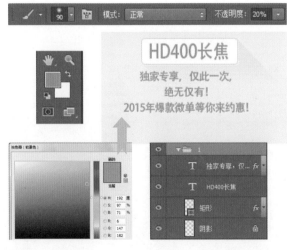

24 添加镜头素材

将所需镜头素材添加到图像窗口中,适当调整其大小,使用"钢笔工具"将其抠选出来,放在文字的下方位置。

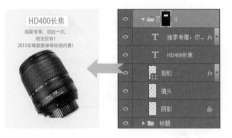

25 复制编辑的对象

对前面编辑的文字、矩形和相机镜头对象进行复制,调整这些对象的位置,按照等距的方式进行排列。

26 绘制修饰的阴影

选择"矩形选框工具"创建矩形的选区,在选区中使用"画笔工具"绘制出修饰的阴影,为阴影设置适当的填充色。

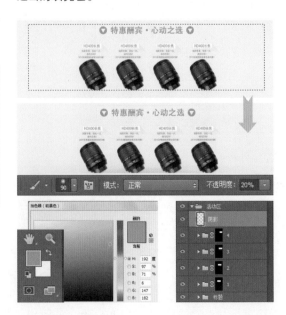

27 绘制边框

使用"矩形工具"绘制出所需的边框，填充上适当的颜色，并降低其"填充"选项的参数，将其放在镜头的下方位置。

28 绘制三角形

选择工具箱中的"钢笔工具"，绘制出所需的三角形，填充上适当的颜色，并降低其"填充"选项的参数。

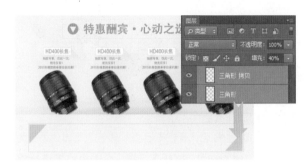

29 添加文字信息

使用"横排文字工具"输入所需的文字，打开"字符"面板对文字的属性进行设置，使用"投影"样式对文字进行修饰。

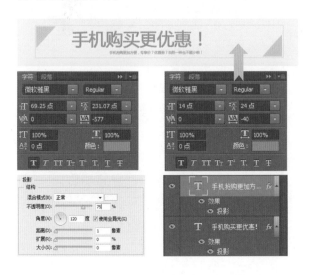

30 绘制锦旗形状

使用"矩形工具"和"钢笔工具"绘制出所需的锦旗形状，为其填充适当的颜色，合并形状到一个图层中。

31 添加优惠信息

使用"横排文字工具"输入所需的文字，打开"字符"面板对文字的属性进行设置，在图像窗口中可以看到编辑的效果。

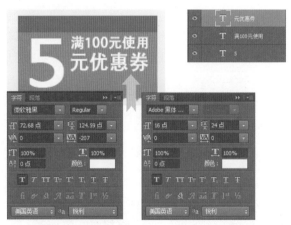

32 添加其他的信息

添加上所需的文字，并绘制白色的矩形，再使用"钢笔工具"绘制锯齿的形状，制作出日历翻页的视觉效果。

33 绘制矩形

使用"矩形工具"绘制所需的矩形，填充适当的颜色，使用"描边"图层样式进行修饰，并适当调整"填充"选项的参数。

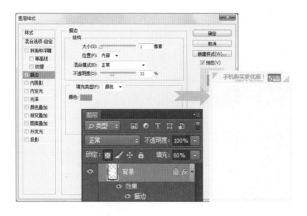

34 添加标题文字

使用"横排文字工具"输入所需的文字，打开"字符"面板对文字的属性进行设置，在图像窗口中可以看到编辑的效果。

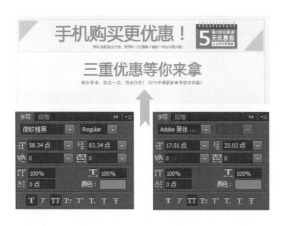

35 绘制标签形状

使用"钢笔工具"和"椭圆工具"绘制出所需的标签形状，填充适当的颜色，设置其"填充"选项的参数为20%。

36 添加相机素材

将所需的相机素材添加到文件中，适当调整其大小，放在适当的位置，设置图层的混合模式为"变暗"。

37 使用图层蒙版抠取相机

使用"钢笔工具"对相机进行抠取，通过图层蒙版对相机的显示进行控制，在图像窗口中可以看到编辑的效果。

38 添加底色

新建图层，放在"相机"图层的下方，命名为"底色"，使用白色的"画笔工具"在相机位置进行涂抹，恢复相机机身的正常颜色显示。

39 添加价格信息

使用"横排文字工具"输入所需的商品价格，打开"字符"面板对文字的属性进行设置，在图像窗口中可以看到编辑的效果。

40　添加相机说明文字

使用"横排文字工具"输入所需相机介绍的说明文字,打开"字符"面板对文字的属性进行设置,在图像窗口中可以看到编辑的效果。

41　制作其余的展示商品

参考前面制作单反相机标签的制作方法,制作出另外两组产品的展示,在图像窗口中可以看到编辑的效果。

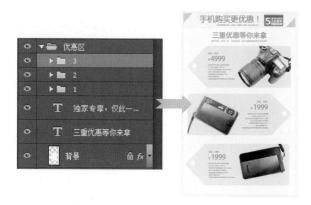

42　绘制矩形

使用"矩形工具"绘制出所需的矩形,填充上白色,无描边色,使用"描边"样式对其进行修饰,在相应的选项卡中设置参数。

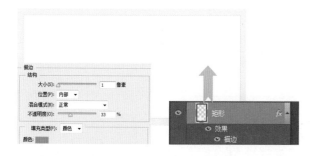

Tips　绘制正方形

按住Shift键使用"矩形工具"单击并进行拖曳,可以绘制出正方形。

43　绘制矩形条

选择工具箱中的"矩形工具",绘制出所需的矩形条,设置所需的填充色进行填充,将其放在适当的位置。

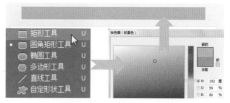

44　编辑图层蒙版

为绘制的矩形添加上图层蒙版,使用"画笔工具"编辑蒙版,制作出渐隐的效果,并调整其"填充"选项的参数为62%。

45　输入标题文字

使用"横排文字工具"输入所需的标题文字,打开"字符"面板对文字的属性进行设置,在图像窗口中可以看到编辑的效果。

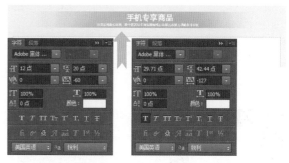

46　绘制矩形

选择工具箱中的"矩形工具",绘制出所需的矩形条,设置所需的填充色进行填充,将其放在适当的位置。

47 绘制矩形
使用"矩形工具"绘制矩形,填充上径向渐变色,接着利用剪贴蒙版来控制显示。

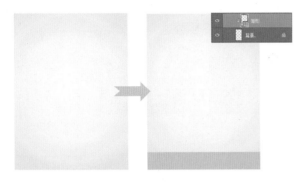

48 添加平板电脑素材
执行"文件>置入"菜单命令,将所需的平板电脑素材添加到文件中,适当调整其大小,放在矩形的上方位置。

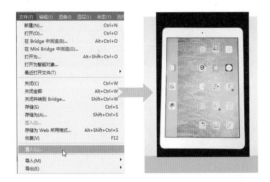

49 编辑图层蒙版
使用"钢笔工具"将平板电脑素材抠选出来,利用图层蒙版控制图像的显示,在图像窗口中可以看到编辑的效果。

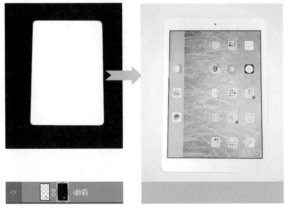

50 输入商品名称
使用"横排文字工具"输入所需的商品名称,打开"字符"面板对文字的属性进行设置,在图像窗口中可以看到编辑的效果。

51 添加商品的价格
使用"横排文字工具"输入所需的商品的价格,打开"字符"面板对文字的属性进行设置,在图像窗口中可以看到编辑的效果。

52 添加文字
使用"横排文字工具"输入所需的文字,打开"字符"面板对文字的属性进行设置,在图像窗口中可以看到编辑的效果。

53 输入销售价格
使用"横排文字工具"输入所需的销售价格,打开"字符"面板对文字的属性进行设置,在图像窗口中可以看到编辑的效果。

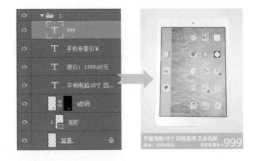

54 复制对象

对前面编辑的平板电脑、矩形和文字等信息进行复制,按照等距的方式排列对象,在图像窗口中可以看到编辑的效果。

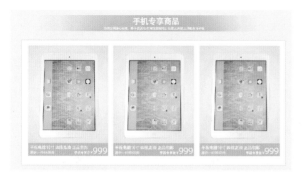

55 绘制晕影

选择"矩形选框工具"创建矩形的选区,使用指定色彩的"画笔工具"在选区中进行涂抹,在图像窗口中可以看到编辑的效果。

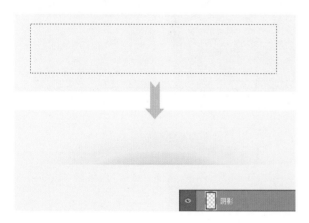

56 制作渐隐矩形条

绘制出矩形条,填充上适当的颜色,接着使用"渐变工具"对添加的图层蒙版进行编辑,制作出渐隐的矩形条效果。

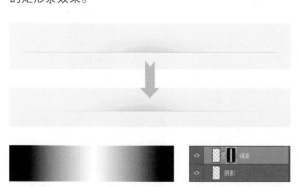

57 添加"收藏本店"字样

使用"横排文字工具"输入"收藏本店"字样,打开"字符"面板对文字的属性进行设置,在图像窗口中可以看到编辑的效果。

58 使用"投影"修饰文字

双击文字图层,在打开的"图层样式"对话框中勾选"投影"复选框,在相应的选项卡中设置参数,对文字进行修饰。

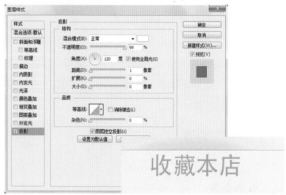

59 微调编辑的对象

完成编辑后,使用"移动工具"对画面中的对象进行细微的调整,在图像窗口中可以看到本例最终的编辑效果。

15.1.6 更改整体配色的操作

01 使用"色彩范围"命令

打开存储为JPEG格式的文件,执行"选择>色彩范围"菜单命令,在打开的对话框中设置参数并提取颜色。

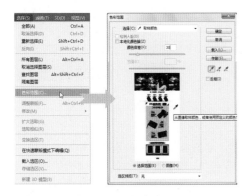

02 创建选区并新建调整图层

完成"色彩范围"对话框的设置后,在图像窗口中可以看到创建的选区效果,单击"图层"面板下方的"新建填充或调整图层"按钮,在打开的菜单中选择"色相/饱和度"命令。

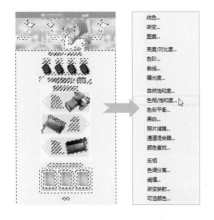

03 编辑调整图层

创建色相/饱和度调整图层后,在"图层"面板中可以看到调整图层的蒙版效果,只需对"色相"选项进行调整即可。

04 编辑色相/饱和度

在色相/饱和度调整图层的"属性"面板中对"色相"、"明度"等选项的参数进行调整,可以看到画面中的蓝色发生了变化。

05 调整画面为紫色调

参考前面创建选区的方法,建立选区后创建色相/饱和度调整图层,设置"属性"面板后可以看到画面中的色彩变化。

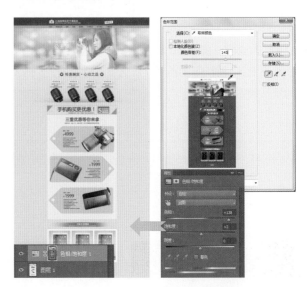

15.2　实例：黑暗炫彩星空风格的手机店铺装修设计

本案例是为某品牌的手机店铺设计的，以七夕情人节为主题的首页装修效果，在画面中使用了炫彩背景、星空、情侣等元素营造出浪漫的氛围，其具体的分析和制作如下。

15.2.1　布局策划解析

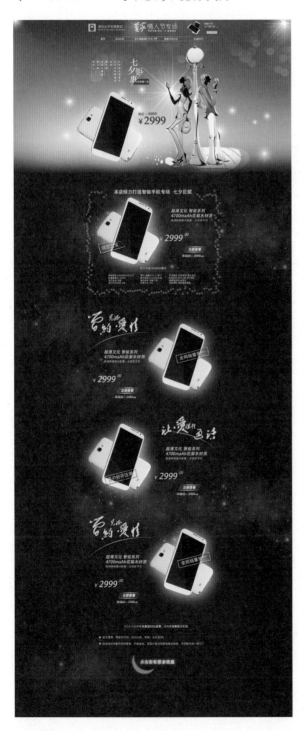

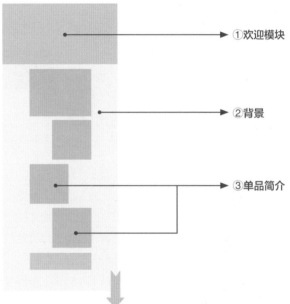

源文件：源文件\15\黑暗炫彩星空风格的手机店铺装修设计.psd

① 欢迎模块

② 背景

③ 单品简介

①欢迎模块：欢迎模块中的背景包含了多种不同的色彩，通过晕染的方式组合在一个画面中，让整个画面显得饱满而丰富，此外，商品图片、情侣卡通及文字的合理布置，让画面内容清晰、完整、全面；

②背景：画面的背景使用藏蓝色作为底色，通过添加星空云彩来丰富画面的内容，避免纯色带来单一、呆板的感觉，让画面内容显得更加的饱满，更与七夕鹊桥主题相吻合；

③单品简介：在广告商品的展示区域，通过左文右图，或者右文左图的方式安排元素，自然地构建出S形的线条，对观者的视线具有引导的作用，也间接地突出了商品的形象，让版式更具魅力和吸引力。

15.2.2 主色调：深色调与多彩色

本案例在配色的过程中，使用了多种色彩晕染的方式完成欢迎模块的制作，给顾客视觉上带来一定的吸引力，突显出色彩的活泼感和炫彩感，渲染出节日喜庆、浪漫的氛围。商品的色彩主要为白色，与藏蓝色的背景形成强烈的明度反差，表现更加的明显和醒目，而藏蓝色的星空与七夕鹊桥的环境相互的吻合，也非常符合活动的主题，具有点题的作用。

● 欢迎模块配色：多种色彩搭配

R189、G65、B145	R82、G100、B164	R6、G81、B136	R151、G207、B144	R240、G215、B39
C34、M85、Y11、K0	C76、M63、Y14、K0	C94、M73、Y30、K0	C47、M3、Y55、K0	C13、M16、Y86、K0

● 背景及商品配色：明度差异对比较大

R231、G232、B233	R182、G229、B245	R13、G52、B106	R10、G29、B69	R8、G17、B50
C11、M8、Y8、K0	C33、M0、Y6、K0	C100、M92、Y42、K6	C100、M99、Y58、K33	C100、M100、Y63、K49

15.2.3 案例配色扩展

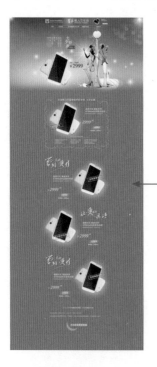

如左图所示为使用色彩明度和纯度较低的玫红色作为画面的背景颜色，与欢迎模块中的部分色彩相似，大面积的暖色可以传递出浓浓的温暖之情，表达出浪漫的感觉，符合七夕情人节的设计主题，可以给观者带来幸福的感觉。

如左图所示为使用藏蓝与红色的渐变色作为画面背景后的设计效果，可以看到渐变色的应用让画面的色彩产生了一定的动感，色彩的变化避免了单色所造成的单一感觉，营造出生动、活泼的氛围，让画面的配色更显设计感。

● 扩展配色

R67、G101、B164	R171、G214、B143	R214、G113、B173	R199、G64、B143	R157、G83、B134
C80、M62、Y16、K0	C41、M3、Y55、K0	C21、M68、Y4、K0	C29、M86、Y12、K0	C48、M78、Y26、K0

R42、G19、B47	R84、G24、B58	R164、G50、B110	R67、G127、B179	R169、G209、B139
C85、M98、Y63、K51	C68、M99、Y61、K37	C46、M92、Y37、K0	C76、M46、Y17、K0	C41、M6、Y56、K0

15.2.4　案例设计流程图

① 制作网页背景

创建一个的新的文档，使用"画笔工具"绘制出多种色彩晕染的效果，作为欢迎模块的背景，接着添加星空素材制作网页背景。

② 制作欢迎模块

添加上所需的情侣素材，接着抠取添加的商品素材，再输入所需的标题文字，合理编排后完成欢迎模块的制作。

③ 制作店招和导航

通过添加文字、绘制修饰形状和添加商品素材的方式，制作出网店中的店招和导航，将设计元素放在合理的位置。

④ 制作广告商品区

绘制出所需的修饰图形，使用"横排文字工具"为画面添加上必须的文字，接着添加商品素材，将其抠取处理后放在特定位置。

⑤ 制作单品推荐区域

对前面的商品素材进行复制，添加上所需的文字，并使用图层样式对文字进行修饰，按照所需的位置对其进行排列。

⑥ 添加必要的文字信息

使用"横排文字工具"添加所需的文字，利用"字符"面板设置文字的属性，将其放在画面的底部。

15.3 实例：多彩靓丽风格的数码店铺装修设计

本案例是为某品牌的数码店铺设计的首页装修图片，在制作的过程中使用多种不同色彩的矩形对画面进行分割，利用S形的引导线来进行布局，其具体的制作和分析如下。

15.3.1 布局策划解析

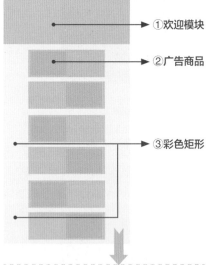

源文件：源文件\15\多彩靓丽风格的数码店铺装修设计.psd

①欢迎模块
②广告商品
③彩色矩形

①欢迎模块：欢迎模块中使用冰山作为素材，将文字与背景区分开，强烈的色彩对比，使得标题信息更加醒目，多棱角的冰山造型也使得画面布局更生动和有趣；

②广告商品：广告商品通过左文右图，或者是右文左图的方式进行排列，自然地构建出S形的曲线，对观者的视线具有引导的作用；

③彩色矩形：彩色的矩形利用色相之间的差异来对画面进行分割，相等大小的矩形让画面布局显得更加工整，表现出一定的条理性。

15.3.2 主色调：暖色到冷色的过渡

本例在色彩设计的过程中，使用了不同的色彩对画面进行分割，色相从暖色逐渐过渡到冷色，给人一种自然的渐变过渡效果，带来一种视觉上的色彩变换感，也营造出一种韵律。在文字及商品的配色中，参考了页面背景的色彩，使用了冷色调和明度较暗的色彩进行搭配，给人理智、专业的感觉，有助于提升商品的档次，表现出商品的品质。

◉ 页面背景及欢迎模块：多种颜色搭配

| R217、G190、B160
C19、M28、Y38、K0 | R188、G93、B240
C51、M67、Y0、K0 | R3、G136、B194
C81、M39、Y13、K0 | R153、G215、B69
C48、M0、Y84、K0 | R240、G185、B7
C11、M33、Y91、K0 |

◉ 文字及商品配色：冷色调与无彩色

| R5、G13、B13
C92、M84、Y84、K74 | R111、G113、B112
C64、M55、Y53、K2 | R247、G236、B183
C7、M8、Y35、K0 | R30、G189、B254
C67、M9、Y0、K0 |

15.3.3 案例配色扩展

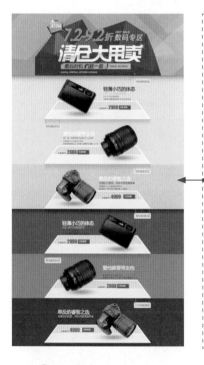

如左图所示为使用大量冷色调进行配色后的设计效果，画面中的冷色调和红色形成强烈的反差，让画面色彩更具视觉冲击力，能够给观者一种强烈的震撼之感。

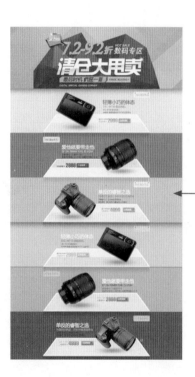

如左图所示为使用大量的暖色调进行配色后的设计效果，画面中的色彩基本为红色、橘黄和肤色等，这些暖色能够产生热情、欢乐的氛围，迎合店铺活动的内容。

◉ 扩展配色

| R244、G105、B105
C3、M73、Y48、K0 | R208、G243、B93
C28、M0、Y71、K0 | R6、G173、B244
C72、M18、Y0、K0 | R67、G71、B216
C83、M73、Y0、K0 | R189、G6、B31
C33、M100、Y100、K1 |

| R242、G162、B5
C8、M45、Y92、K0 | R191、G57、B0
C32、M89、Y100、K1 | R225、G21、B84
C14、M96、Y53、K0 | R242、G92、B182
C13、M74、Y0、K0 | R214、G214、B68
C25、M11、Y81、K0 |

15.3.4 案例设计流程图

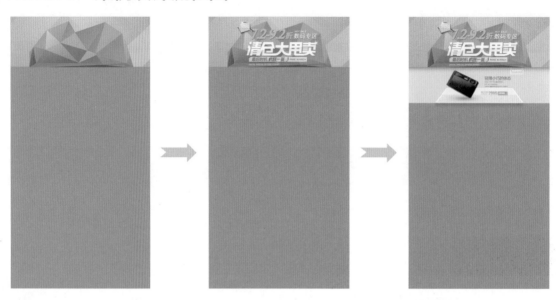

① **制作网页背景和欢迎模块**
　　创建一个新的文档，使用纯色对画面进行填充，利用"钢笔工具"绘制出多个不同的三角形，填充适当的颜色构建成冰山。

② **为欢迎模块添加文字**
　　使用"横排文字工具"输入所需的文字，利用"钢笔工具"绘制出标题文字，并使用图层样式进行修饰。

③ **制作单个商品区**
　　使用"矩形工具"和"钢笔工具"绘制出所需的展台，作为商品区的背景，添加商品并抠取图像，最后添加文字信息。

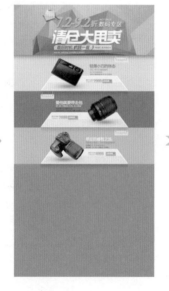

④ **制作另外一组商品区**
　　对前面绘制的商品区的元素进行复制，更改商品和文字的位置，并改变商品区背景的色彩，添加其他的商品到该区域中。

⑤ **制作第三组商品区**
　　复制制作第一组的商品区，更改背景的色彩，添加上其他的数码商品图片，并将其抠取出来。

⑥ **添加其余商品区**
　　参考前面制作商品区的方法，制作出其他商品区的内容，按照所需的位置对商品进行摆放，制作出S形视觉效果。

第 **16** 章

彩妆美肤类店铺装修大集合

16.1 实例：清爽风格美妆商品店铺设计与详解

本案例是为某品牌的美妆商品店铺设计的首页装修图片，设计中使用了不规则的形状对画面进行分割和修饰，运用蓝色调营造出清爽、舒适的感觉，其具体的制作和分析如下所示。

● 16.1.1 布局策划解析

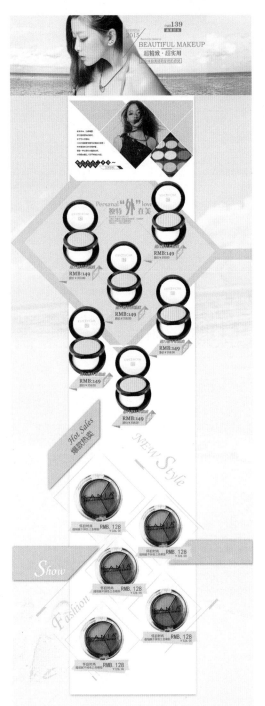

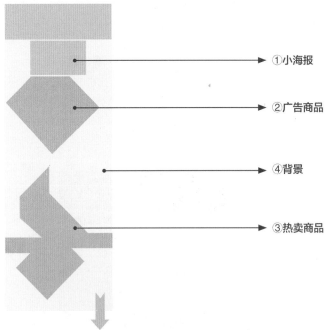

源文件：源文件\16\清爽风格美妆商品店铺设计.psd

①小海报

②广告商品

④背景

③热卖商品

①小海报：小海报中使用了三角形和菱形对画面进行分割和布局，形状之间的相切，让画面显得饱满且富有设计感；

②广告商品：广告商品区域中使用了菱形作为背景进行设计，菱形的上方错落有致地放置了多种美妆商品，给人琳琅满目的感觉，让顾客感受到商品的丰富程度；

③热卖商品：该区域中包含了多个线条，线条将画面进行了分割，通过这些线条的运用，让观者的视线能够随着线条进行移动，在线条的间隙中放置的美妆商品和标题文字，给人一种节奏感和韵律感；

④背景：本案例使用了色彩明度较高的风景作为画面背景，搭配上色调相似的修饰形状，让整个画面的元素饱满而丰富，充分对画面空间进行了创作和应用。

● 16.1.2　主色调：高明度蓝色

本案例在配色的过程中使用了大量的蓝色，包括背景的风景、修饰的形状和文字等，均使用了蓝色进行配色，为了突显出美妆商品清爽不油腻的感觉，蓝色的使用能够给观者带来视觉上的舒适感觉，提升美妆商品的品质和档次。画面中主要的色调为蓝色，除此之外，还搭配了肤色、黑色等辅助色彩，帮助部分信息的表现，能够表现出画面信息的层次感和主次感。

● 主色调：蓝色调

R170、G193、B205 C39、M19、Y17、K0	R163、G209、B233 C41、M9、Y8、K0	R186、G224、B243 C32、M5、Y5、K0	R211、G223、B244 C21、M4、Y4、K0	R215、G225、B235 C19、M9、Y6、K0

● 辅助配色：协调画面的肤色

R127、G147、B152 C57、M38、Y37、K0	R27、G21、B21 C83、M82、Y81、K69	R203、G159、B118 C26、M42、Y55、K0	R251、G217、B201 C1、M21、Y20、K0	R250、G231、B216 C2、M13、Y16、K0

● 16.1.3　案例配色扩展

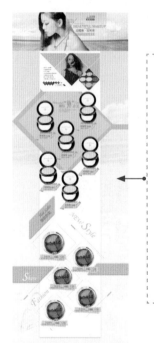

　　如左图所示为使用紫色作为主色调后设计的效果，由于紫色是代表女性的色彩，具有典雅、高贵的印象，因此，使用紫色作为主色调，能够符合商品受众群的喜好，营造出娇媚、舒爽的画面效果，同时有助于提升店铺的档次。

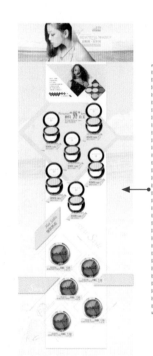

　　如左图所示为使用绿色调作为主色调后设计的效果，由于绿色是代表生命的色彩，淡淡的绿色表示健康、娇嫩的植物，大面积的绿色能够给人带来视觉上的清爽、阳光的感受，同时体现出美妆商品健康、环保的品质特点。

● 扩展配色

R221、G213、B236 C16、M18、Y0、K0	R186、G201、B244 C31、M19、Y0、K0	R162、G177、B234 C42、M29、Y0、K0	R242、G208、B189 C6、M24、Y25、K0	R217、G231、B232 C19、M6、Y10、K0
R254、G224、B195 C1、M17、Y25、K0	R217、G236、B216 C19、M2、Y21、K0	R226、G240、B190 C17、M1、Y34、K0	R207、G234、B163 C26、M0、Y46、K0	R146、G176、B27 C52、M20、Y100、K0

🔴 16.1.4 案例设计流程图

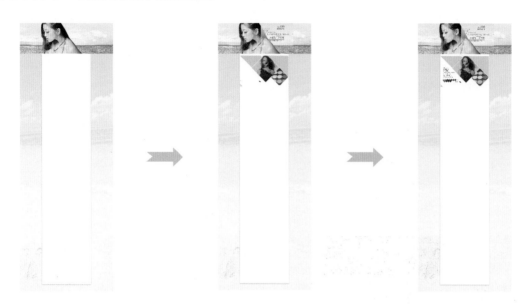

① **制作网页背景**
　　在Photoshop中创建一个新的文档，将所需要使用的风景素材添加到其中制作出背景，接着抠取模特图像制作欢迎模块。

② **绘制小海报**
　　使用"矩形工具"和"钢笔工具"绘制出所需的菱形和三角形，填充上适当的色彩，然后添加模特图像和美妆图片。

③ **设计小海报中的文字**
　　使用"横排文字工具"输入所需的文字，按照一定的方式进行排列，最后添加上所需的形状修饰文字。

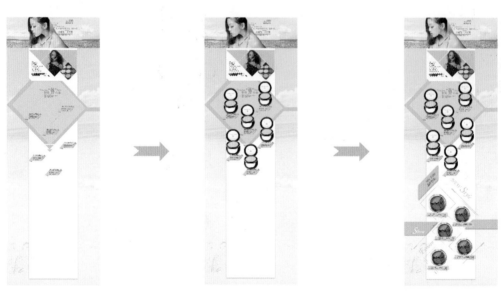

④ **制作菱形背景**
　　使用"钢笔工具"绘制出所需的形状，并调整不透明度提升形状的层次感，接着添加文字和其他的形状，制作出价格及商品信息。

⑤ **添加美妆商品**
　　将所需的美妆图像添加到文件中，抠取图像并使用调整图层对美妆图像的明度和色彩进行调整，把图像放在适当的位置。

⑥ **制作其余的商品展示**
　　参照前面的制作，使用"钢笔工具"绘制修饰形状，接着添加文字和美妆图片，制作出其余的商品展示区效果。

16.1.5 案例步骤详解

01 添加风景图像作为背景

创建一个新的文档，将所需的风景素材添加到图像窗口中，适当调整图像的大小，接着在"图层"面板中设置"不透明度"选项为20%。

02 绘制矩形并应用图层样式

使用"矩形工具"绘制一个白色的矩形，运用"外发光"和"投影"图层样式对其进行修饰，调整矩形的大小，放在适当的位置。

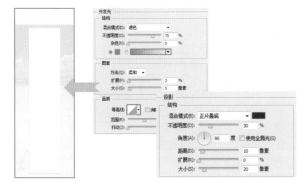

03 制作欢迎模块背景

将所需的风景素材拖曳到图像窗口中，生成一个智能对象图层，适当调整图像的大小，放在合适的位置，作为欢迎模块的背景。

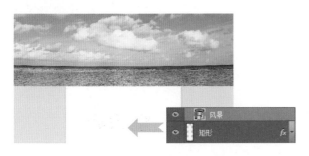

04 使用色阶调整画面明度

将风景添加到选区中，为选区创建色阶调整图层，在打开的"属性"面板中对色阶滑块的位置进行调整，提高图像的明亮度。

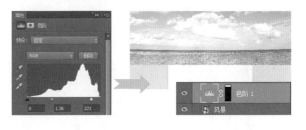

05 创建渐变填充图层

将风景再次添加到选区中，为选区创建渐变填充图层，在打开的"渐变填充"对话框中对参数进行设置，在图像窗口中可以看到编辑的效果。

06 添加模特图像

将所需的模特图像添加到图像窗口中，适当调整其大小，使用"钢笔工具"将其抠取出来，应用图层蒙版控制其显示范围。

07 使用色阶提亮模特图像

将模特图像添加到选区中，为选区创建色阶调整图层，在打开的"属性"面板中对色阶滑块进行调整，提亮图像亮度。

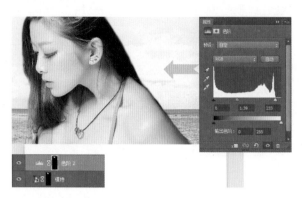

08 创建矩形选区

选择工具箱中的"矩形选框工具"，在图像窗口中单击并进行拖曳，创建一个矩形的选区，在图像窗口中可以看到创建的选区效果。

09 创建渐变填充图层

为创建的选区创建渐变填充图层，在打开的"渐变填充"对话框中对参数进行设置，在图像窗口中可以看到编辑的效果。

10 添加文字信息

选择工具箱中的"横排文字工具"，在适当的区域单击，输入所需的文字，调整文字的大小、字体和位置，在图像窗口中可以看到编辑的效果。

11 绘制矩形

选择工具箱中的"矩形工具"，绘制出矩形，填充适当的颜色，并适当调整矩形的大小和角度，对添加的文字进行修饰。

12 绘制修饰形状

选择工具箱中的"钢笔工具"，绘制出所需的形状，填充适当的颜色，放在画面适当的位置，在图像窗口中可以看到编辑的效果。

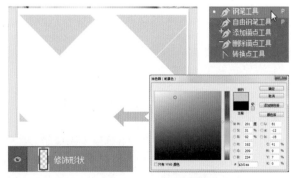

13 添加模特图像

将所需的模特图像添加到图像窗口中，适当调整其大小，使用图层蒙版对其显示进行控制，在图像窗口中可以看到编辑的效果。

14 创建颜色填充图层

将模特图像添加到选区，为选区创建颜色填充图层，设置好填充色，在"图层"面板中设置该图层的混合模式为"正片叠底"。

15 添加彩妆商品素材

将所需的商品素材添加到文件中，适当调整其大小，放在合适的位置，用图层蒙版对显示进行控制，在图像窗口中可以看到编辑的效果。

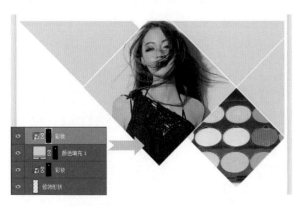

16 添加文字

使用"横排文字工具"输入所需的文字，打开"字符"面板对文字的属性进行设置，在图像窗口中可以看到编辑的效果。

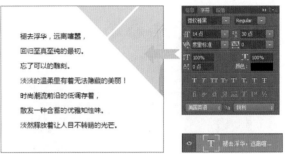

17 绘制矩形

使用"矩形工具"绘制一个正方形，对其角度进行调整，接着复制矩形，按照所需的位置进行排列，放在文字的下方。

18 绘制按钮

使用"钢笔工具"绘制所需的形状，接着使用"横排文字工具"输入所需的文字，打开"字符"面板对文字的属性进行设置。

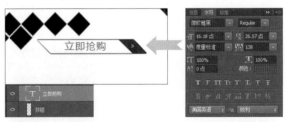

> **Tips　按钮的绘制技巧**
>
> 绘制按钮中的菱形，可以先使用"矩形工具"绘制一个矩形，通过对矩形进行变形来得到菱形，对菱形的色彩和大小进行调整来制作按钮。

19 添加文字

使用"横排文字工具"输入所需的文字，打开"字符"面板对文字的属性进行设置，在图像窗口中可以看到编辑的效果。

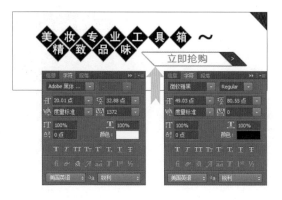

20 绘制修饰的形状

选择工具箱中的"钢笔工具"，绘制出所需的修饰形状，填充上适当的颜色，在图像窗口中可以看到绘制的效果。

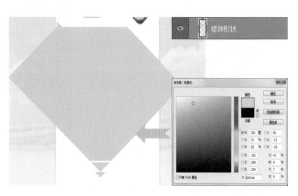

21 绘制形状增加层次感

使用"钢笔工具"绘制所需的形状，填充上适当的颜色，并在"图层"面板中适当降低其"不透明度"选项的参数。

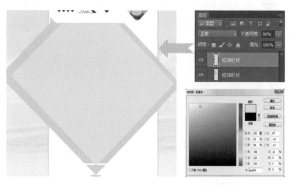

22 绘制方框

选择工具箱中的"钢笔工具"，绘制出所需的方框，填充上适当的颜色，接着复制方框，按照所需位置进行放置，在图像窗口中可以看到绘制的效果。

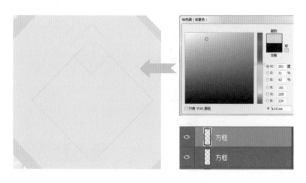

23 添加化妆品图像

将所需的化妆品图像添加到图像窗口中，适当调整其大小，使用"钢笔工具"将其抠取出来，利用图层蒙版控制其显示。

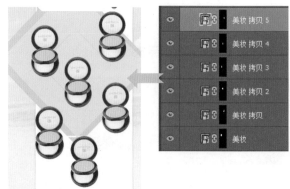

24 使用色阶调整图像亮度

将所有的化妆品添加到选区中，为选区创建色阶调整图层，在打开的面板中调整色阶滑块的位置，提亮图像的亮度。

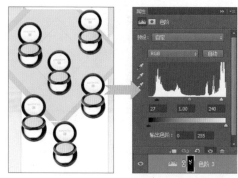

25 添加文字

使用"横排文字工具"输入所需的文字，打开"字符"面板对文字的属性进行设置，在图像窗口中可以看到编辑的效果。

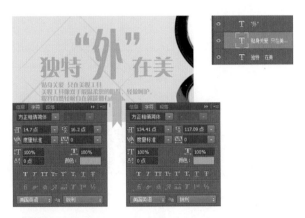

26 添加英文

使用"横排文字工具"输入所需的英文，打开"字符"面板对文字的属性进行设置，创建图层组将文字图层拖曳到其中。

27 绘制标签

使用"钢笔工具"绘制出所需的形状，分别填充上适当的颜色，将其组合在一起，合并在一个图层中。

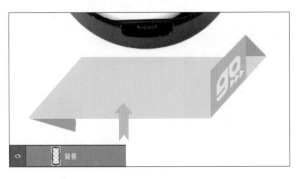

28 添加价格

使用"横排文字工具"输入商品价格，打开"字符"面板对文字的属性进行设置，在图像窗口中可以看到编辑的效果。

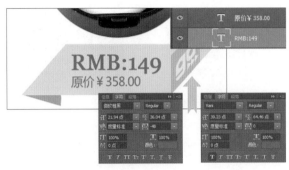

29 添加商品名称

使用"横排文字工具"输入商品名称，打开"字符"面板对文字的属性进行设置，再使用"投影"样式对其进行修饰。

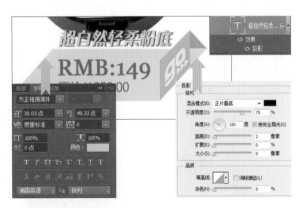

30 复制标签和文字

对前面绘制的标签、商品价格、商品名称图层进行复制，放在适当的位置，再使用图层组对图层进行管理。

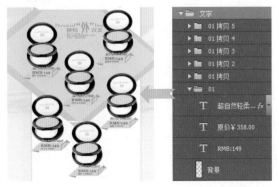

31 绘制梯形

使用"钢笔工具"绘制出所需的形状,填充上适当的颜色,使用"投影"样式对其进行修饰,在图像窗口中可以看到编辑的效果。

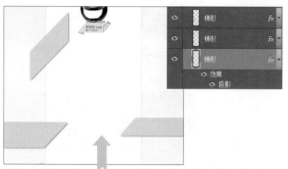

32 添加文字

使用"横排文字工具"输入多段所需的文字,打开"字符"面板分别对每组文字的属性进行设置,将文字放在适当的位置,并适当调整其角度,在图像窗口中可以看到编辑的效果。

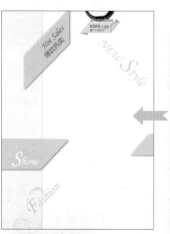

33 添加线条

使用"钢笔工具"和"矩形工具"绘制出所需的线条,填充上适当的颜色,放在适当的位置,在图像窗口中可以看到编辑的效果。

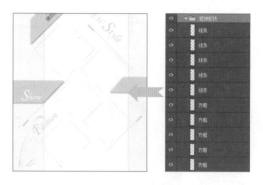

34 添加化妆品并进行修饰

添加化妆品图像,将其抠取出来,进行多次复制,并使用亮度/对比度调整图层对其亮度和对比度进行调整。

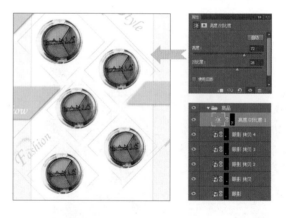

35 添加文字和标签

使用"钢笔工具"绘制出标签,并利用"横排文字工具"输入所需的商品名称和价格,完成文字的添加后可以在图像窗口中看到最终的制作效果。

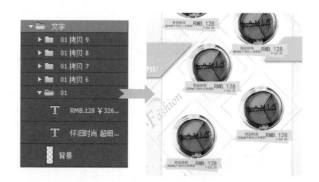

16.2　实例：多彩风格美甲商品店铺设计

本案例是为某品牌的美甲商品店铺设计和制作的首页装修效果，设计中通过使用倾斜的对象来营造出动态的感觉，利用多种色相打造出炫彩的视觉效果，其具体的制作和分析如下。

● 16.2.1　布局策划解析

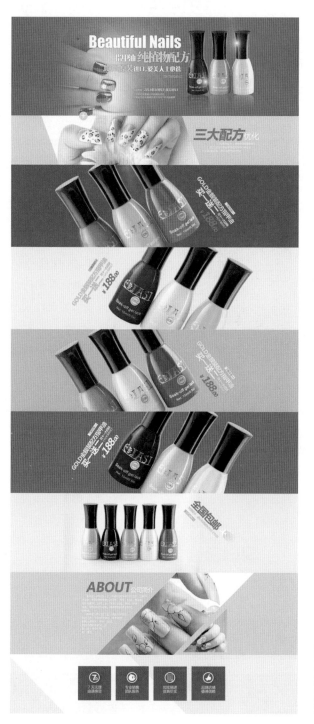

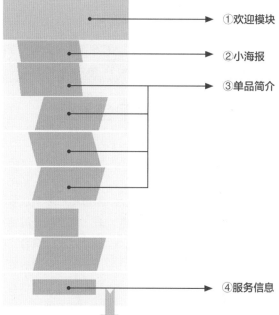

源文件：源文件\16\多彩风格美甲商品店铺设计.psd

①欢迎模块

②小海报

③单品简介

④服务信息

①欢迎模块：欢迎模块中使用两幅不同内容的美甲图片将标题文字布置在中间，能够突出标题文字的内容，提高信息的表现力；

②小海报：小海报中使用了左侧倾斜的美甲图片，其占据了画面大部分的位置，营造出一种动态的视觉感受，更加能够吸引观者的视线；

③单品简介：单品简介区域中通过不同色相的色块来对画面进行分割，同样使用倾斜的放置方式来营造出动态的感觉，并且自然地构建出S形的引导线，提升了画面版式布局的艺术感；

④服务信息：信息区域使用四个大小相同的矩形等距排列的方式来进行表现，有助于信息的分类，对观者的阅读体验也有所提升。

📍 16.2.2　主色调：绚丽色彩

　　我们在市面上能够看到的美甲商品，即指甲油，有多种不同的色彩，这些色彩总是给人视觉上带来绚丽、活泼的感觉，本案例在配色过程中为了将指甲油的色彩进行突出表现，配色时用色彩对画面进行分割，利用指甲油瓶子的外形来构建视觉引导线，避免色彩过多而产生凌乱的感觉，力求通过色彩表现出绚丽多彩的效果，提升顾客的兴趣和购买欲望。

　　⭕ 设计元素配色：多种色彩搭配

R254、G69、B108 C0、M84、Y39、K0	R213、G216、B195 C21、M13、Y26、K0	R254、G254、B252 C0、M1、Y1、K0	R197、G188、B173 C27、M25、Y31、K0	R100、G91、B94 C68、M65、Y58、K10

　　⭕ 商品图像配色：同纯度多彩色

R254、G197、B117 C2、M31、Y58、K0	R69、G69、B164 C84、M80、Y0、K0	R254、G42、B151 C0、M89、Y0、K0	R157、G54、B221 C64、M79、Y0、K0	R42、G125、B13 C82、M40、Y100、K3

📍 16.2.3　案例配色扩展

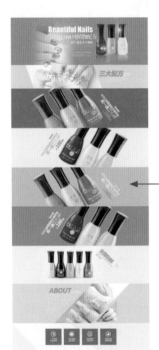

　　如左图所示为使用色彩明度较高、纯度较低的色彩，以及橘黄色进行背景配色后的效果，可以看到偏灰的背景色能够让指甲油的色彩更加突显。从整个画面的色调来看，画面的色彩浓度偏高，可以让指甲油的色彩更鲜艳和靓丽。

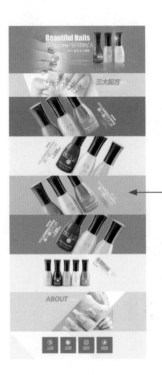

　　如左图所示为使用降低画面色彩纯度后的设计效果，降低了色彩的饱和度以后，画面会显得略微的偏灰，这样的色彩能够表现出一种中性的美感，提升了商品的档次，突显出品质感，也避免了视觉上的疲劳感，有助于提升阅读体验。

　　⭕ 扩展配色

R174、G189、B196 C37、M21、Y20、K0	R249、G110、B69 C1、M71、Y70、K0	R64、G1、B162 C91、M99、Y0、K0	R87、G89、B104 C74、M66、Y51、K8	R185、G220、B226 C33、M6、Y13、K0
R103、G130、B25 C68、M42、Y100、K2	R220、G107、B99 C17、M70、Y54、K0	R161、G31、B113 C48、M98、Y31、K0	R192、G220、B221 C30、M7、Y15、K0	R90、G93、B102 C72、M63、Y54、K8

16.2.4　案例设计流程图

① **制作网页背景**

在Photoshop中创建一个新的文档，使用"矩形工具"绘制背景，并将所需的图添加到文件中，使用图层蒙版控制其显示。

② **绘制小海报**

绘制矩形填充上适当的颜色，将图片素材添加到文件中，调整其角度，接着使用"横排文字工具"添加所需的信息。

③ **制作单品简介区**

绘制矩形填充适当的位置，抠取添加的指甲油商品，旋转图像调整其角度，接着添加上所需的文字。

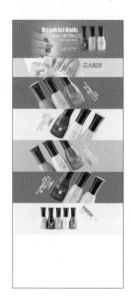 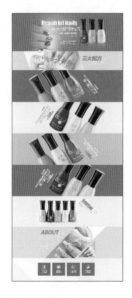 

④ **制作其他单品简介**

参考前面制作单品简介的方法，调整每组指甲油瓶子的倾斜角度，以及背景的色彩，制作出其他单品简介区域的内容。

⑤ **制作服务信息内容**

使用"横排文字工具"输入所需的文字，并绘制出所需的修饰形状，将文字、形状和图像合理地搭配起来。

⑥ **调整画面整体色调**

通过调整图层调整画面整体的色调，使其呈现出偏暖的色调效果。

16.3 实例：淡雅风格美肤产品店铺设计

本案例是为某品牌的美肤产品设计的店铺首页装修效果，在设计中使用了淡黄色作为主色调，搭配玫红色来营造出一种淡雅、温暖的视觉效果，其具体的制作和分析如下所示。

16.3.1 布局策划解析

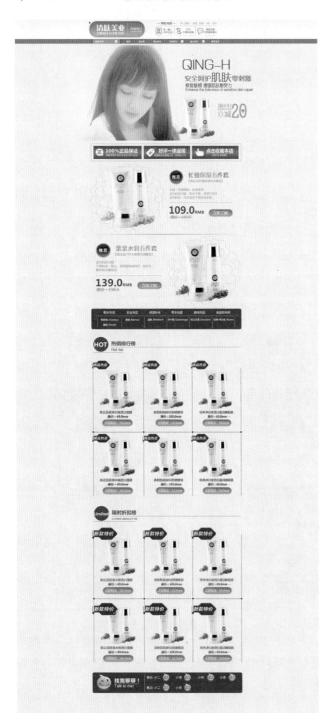

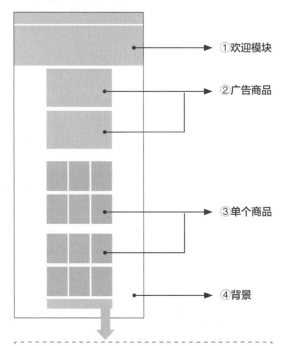

源文件：源文件\16\淡雅风格美肤产品店铺设计.psd

①欢迎模块

②广告商品

③单个商品

④背景

①欢迎模块：欢迎模块中使用模特图像与标题文字组合的方式进行表现，两者各占据画面的二分之一，形成自然的对称效果，平衡了画面的信息表现力；

②广告商品：广告商品区域使用商品图片与文字结合的方式进行表现，每组信息中的文字和产品位置刚好相反，与欢迎模块中的商品刚好形成S形的视觉引导线；

③单个商品：单个商品区域使用相同大小的矩形对画面进行分割，显得很整齐，能够完整地表现出每个商品的特点和形象；

④背景：背景使用了色彩较淡的纹理进行修饰，避免单一色彩带来的呆板感觉。

16.3.2 主色调：淡雅黄色调

本例在色彩设计的过程中，使用了黄色作为画面的背景，营造出温暖的感觉，而在设计元素的配色上，也迎合了主色调黄色的暖色调特点，使用了红色、玫红等色彩对线条、标签等进行修饰，让画面整体的色彩的搭配协调而统一。除此之外，美肤商品的配色主要以高纯度和高明度的色彩为主，能够从整个画面中脱颖而出，显得醒目而清晰。

○ 设计元素配色：暖色系

| R245、G236、B202 | R189、G2、B2 | R221、G30、B82 | R234、G96、B140 | R143、G170、B64 |
| C6、M8、Y25、K0 | C33、M100、Y100、K1 | C16、M95、Y55、K0 | C10、M76、Y23、K0 | C53、M24、Y88、K0 |

○ 化妆品配色：高纯度与高明度色彩

| R228、G49、B120 | R227、G187、B211 | R96、G79、B209 | R225、G226、B222 | R112、G114、B36 |
| C13、M90、Y27、K0 | C13、M33、Y5、K0 | C77、M72、Y0、K0 | C14、M10、Y13、K0 | C64、M51、Y100、K8 |

16.3.3 案例配色扩展

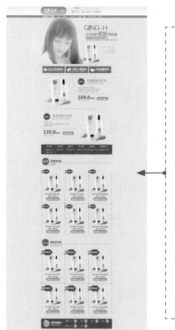

如左图所示为使用粉红色作为画面主色调的设计效果，可以看到使用粉红色之后，整个画面呈现出娇嫩、妩媚的感觉，与女性的特质相同，也非常迎合女性的喜好，与美肤产品柔嫩、温和的特点吻合。

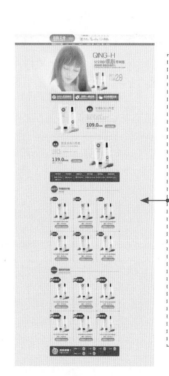

如左图所示为使用淡紫色调为画面主要颜色后的设计效果，因为紫色具有高贵典雅的气质，淡紫色能够给人一种雅致的特点，同时在画面中使用适量的玫红色，让标题和重要信息更加醒目、清晰。

○ 扩展配色

| R65、G169、B246 | R253、G230、B240 | R241、G105、B151 | R222、G45、B91 | R198、G21、B67 |
| C67、M24、Y0、K0 | C1、M16、Y1、K0 | C6、M73、Y17、K0 | C16、M92、Y49、K0 | C28、M99、Y68、K0 |

| R49、G239、B214 | R223、G224、B254 | R218、G38、B177 | R249、G94、B189 | R219、G31、B81 |
| C58、M0、Y32、K0 | C15、M13、Y0、K0 | C30、M85、Y0、K0 | C12、M73、Y0、K0 | C17、M95、Y56、K0 |

16.3.4 案例设计流程图

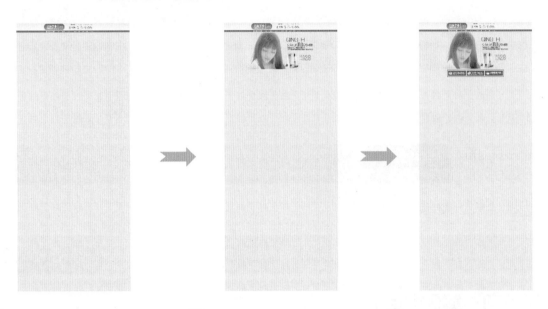

①制作网页背景和店招导航

在Photoshop中创建一个新的文档，制作出画面的背景，打造出淡淡的纹理效果，接着绘制店招和导航。

②绘制欢迎模块

添加模特图像，使用图层蒙版对其显示进行控制，接着添加所需的文字，最后把美肤商品放在适当的位置。

③添加店铺动态信息

使用"矩形工具"绘制矩形填充上适当的颜色，绘制出店铺动态信息的背景，接着添加适当的文字。

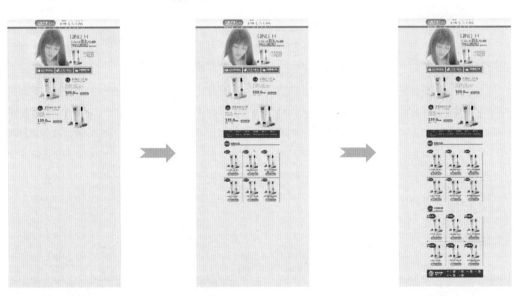

④制作广告商品

添加美肤商品并抠取产品，调整商品的亮度和色彩，接着输入所需的广告语和价格信息，绘制修饰形状制作广告商品展示区。

⑤制作单个商品

添加美肤商品，将图像抠取出来，绘制形状修饰画面，接着添加所需的商品名称及价格，制作出单个商品的展示区。

⑥添加单个商品及客服

参考前面的编辑，制作出其余的单个商品区域，然后使用形状工具绘制形状，添加旺旺图像制作出客服区。

第 **17** 章

家居家纺类店铺装修大集合

17.1 实例：简约风格家居装饰店铺首页设计与详解

本案例是为某品牌的家居装饰店铺设计的首页装修图片，画面中使用矩形进行布局和分割，体现出简约的风格特点，通过和谐的色彩来传递出宁静、精致的视觉，其具体的制作和分析如下。

🎈 17.1.1 布局策划解析

源文件：源文件\17\简约风格家居装饰店铺首页设计.psd

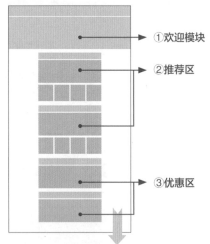

①欢迎模块

②推荐区

③优惠区

①欢迎模块：欢迎模块中使用家居装修图片进行展示，通过两端渐隐的效果来让画面中心位置的图像更加集中，突显出主要部分；

②推荐区：推荐区的商品主要由标题栏、大图和四个小图组成，从上到下逐渐扩展，让版式布局显得更加牢固，将主要的内容通过大图突出表现出来；

③优惠区：优惠区中的内容主要由标题栏和商品图片组成，其中的商品图片进行了分割和拼接，完整地展示出一个整体的画面，让整体布局显得统一而完整。

17.1.2　主色调：怀旧色调

本案例在配色的过程中参考家居装饰图片的色彩，使用了淡淡的棕色和肤色来修饰画面，带来一股怀旧的韵味，高明度的暖色让整个画面显得通透而明亮，能够给人一种阳光、轻松的感觉，有助于提升家居装饰商品的用途，符合商品修饰和点缀室内装修的形象。从整体画面的色调倾向来讲，本案例的色调偏暖，第一印象能够传递出温暖、舒适的感觉。

◉ 设计元素配色：低纯度的色彩

R58、G43、B38 C72、M77、Y78、K52	R137、G126、B122 C54、M51、Y49、K0	R156、G156、B156 C45、M36、Y34、K0	R254、G254、B254 C0、M0、Y0、K0	R254、G234、B209 C1、M12、Y20、K0

◉ 家居图像配色：暖色调

R208、G177、B139 C23、M34、Y47、K0	R244、G224、B198 C6、M15、Y24、K0	R238、G239、B223 C9、M5、Y15、K0	R217、G203、B134 C21、M20、Y54、K0	R209、G172、B154 C22、M37、Y37、K0

17.1.3　案例配色扩展

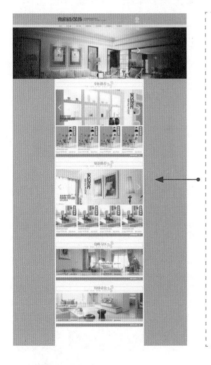

　　如左图所示为使用灰度的色彩作为画面背景配色后的设计效果，利用无彩色的背景与有彩色的家居装饰图片来进行色彩对比，有助于商品的表现和展示，主次更清晰。

　　如左图所示为使用深棕色作为画面背景配色后的设计效果，深棕色的明度较低，与明亮的家居装饰图片形成明度上的差异，强烈的对比能够营造出空间感。

◉ 扩展配色

R137、G126、B122 C54、M51、Y49、K0	R233、G223、B213 C11、M13、Y16、K0	R254、G254、B254 C0、M0、Y0、K0	R156、G156、B156 C45、M36、Y34、K0	R208、G167、B145 C23、M39、Y41、K0
R219、G205、B131 C20、M19、Y55、K0	R235、G222、B213 C10、M15、Y16、K0	R208、G166、B144 C23、M40、Y41、K0	R51、G28、B36 C75、M86、Y73、K58	R159、G159、B159 C44、M35、Y33、K0

🔖 17.1.4 案例设计流程图

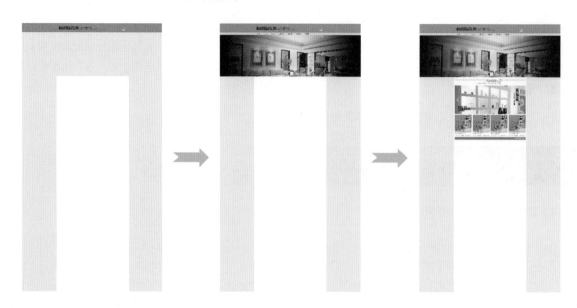

① 制作网页背景

创建一个新的文档,使用"矩形工具"绘制出所需的白色矩形,为背景填充上纯色,通过添加文字制作导航条。

② 绘制导航与欢迎模块

绘制出深棕色的矩形作为欢迎模块的背景,将家居装饰图片添加到文件中,使用"渐变工具"对其图层蒙版进行编辑。

③ 制作掌柜推荐专区

制作出所需的标题栏,使用"矩形工具"绘制出矩形,添加上所需的产品名称和相关的文字信息。

④ 制作爆款推荐专区

复制"掌柜推荐"区中的内容,根据所需对标题栏的文字进行更改,并使用其他的图片对商品照片进行更换。

⑤ 制作包邮专区

参考前面的制作添加标题栏,把家居装饰图片添加到文件中,绘制所需的修饰形状,并添加文字完善内容。

⑥ 制作特价清仓专区

复制"包邮专区"中的内容,根据所需对标题栏的文字进行更改,并使用其他的图片对商品照片进行更换。

17.1.5 案例步骤详解

01 填充背景色

创建一个新的文档，双击前景色色块，在打开的对话框中设置颜色，将背景填充上前景色，在图像窗口中可以看到编辑的效果。

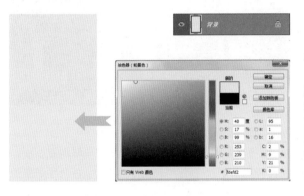

02 绘制矩形

新建图层，命名为"矩形"，选择工具箱中的"矩形工具"，绘制出一个白色的矩形，将其放在画面的中央位置，在图像窗口可以看到编辑的效果。

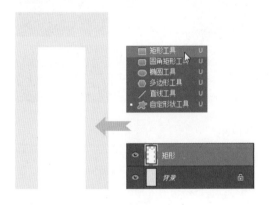

03 制作店招的背景

使用"矩形工具"绘制一个色彩为灰色的矩形作为店招的背景，接着添加纹理素材，对店招进行修饰。

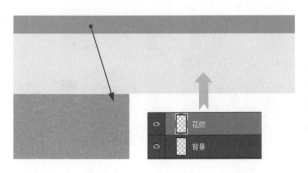

04 添加店名和广告语

使用"横排文字工具"输入所需的文字，打开"字符"面板对文字的属性进行设置，在图像窗口中可以看到编辑的效果。

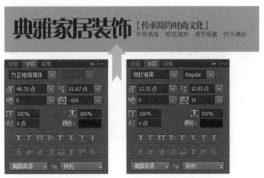

05 绘制圆形

新建图层，命名为"圆"，使用"椭圆选框工具"创建圆形的选区，设置前景色，对创建的选区进行填色。

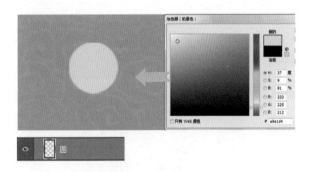

06 添加文字

使用"横排文字工具"输入所需的文字，打开"字符"面板对文字的属性进行设置，在图像窗口中可以看到编辑的效果。

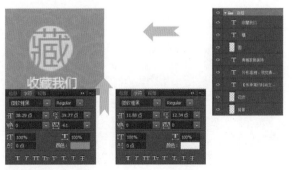

07 制作导航

使用"矩形工具"绘制出矩形，作为导航的背景，接着使用"横排文字工具"输入所需的文字，打开"字符"面板对文字的属性进行设置。

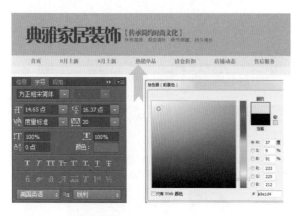

08 绘制矩形

选择工具箱中的"矩形工具"，绘制一个矩形，设置所需的填充色进行填充，将其作为欢迎模块的背景，在图像窗口中可以看到编辑的结果。

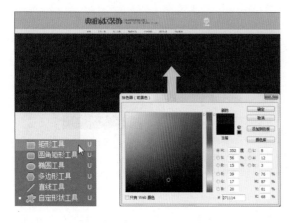

09 添加家居图片

将所需的家居图片添加到图像窗口中，适当调整其大小，通过创建剪贴蒙版的方式来对其显示进行控制。

10 编辑图层蒙版

使用"渐变工具"对图层蒙版进行编辑，让家居图片显示出渐隐的效果，在图像窗口中可以看到编辑的结果。

11 使用曲线提亮画面

将家居图像添加到选区中，创建曲线调整图层，在打开的"属性"面板中设置曲线形态，将曲线调整图层也创建为剪贴蒙版。

12 绘制箭头

选择工具箱中的"钢笔工具"，绘制出所需的箭头形状，填充上适当的颜色，放在画面适合的位置，在图像窗口中可以看到编辑的效果。

13 绘制标题栏中的修饰元素

使用"矩形工具"绘制出方框,接着用"钢笔工具"绘制出修饰的花纹,填充上适当的颜色,放在合适的位置,作为标题栏中的修饰元素。

14 添加标题文字

使用"横排文字工具"输入所需的文字,打开"字符"面板对文字的属性进行设置,在图像窗口中可以看到编辑的效果。

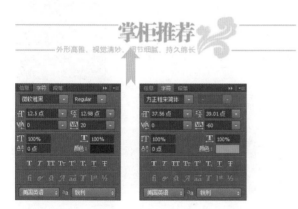

15 添加家居装饰素材

将所需的家居装饰素材添加到图像窗口中,适当调整其大小,使用图层蒙版对其显示进行控制,在图像窗口中可以看到编辑的效果。

16 调整画面亮度

将家居图像添加到选区中,为选区创建亮度/对比度调整图层,在打开的面板中设置参数,提亮画面的亮度和对比度。

17 添加文字信息

使用"横排文字工具"输入所需的文字,打开"字符"面板对文字的属性进行设置,在图像窗口中可以看到编辑的效果。

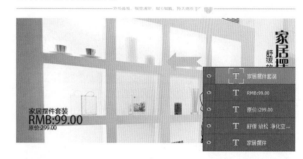

18 添加箭头符号

选择工具箱中的"钢笔工具",绘制出所需的箭头形状,填充上适当的颜色,放在画面适合的位置,在图像窗口中可以看到编辑的效果。

19 绘制矩形

使用"矩形工具"绘制一个矩形，填充上适当的颜色，并通过"描边"图层样式对其进行修饰，在图像窗口中可以看到编辑的效果。

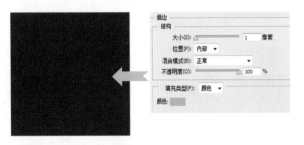

20 添加家居素材

将所需的家居素材添加到图像窗口中，适当调整其大小，放在合适的位置，通过创建剪贴蒙版来控制图片的显示范围，在图像窗口中可以看到编辑的效果。

21 添加商品名称和价格

使用"横排文字工具"输入所需的文字，打开"字符"面板对文字的属性进行设置，在图像窗口中可以看到编辑的效果。

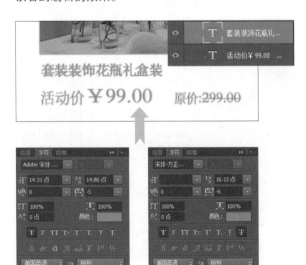

22 添加标签

使用"矩形工具"绘制矩形，并填充上适当的颜色，使用"直排文字工具"输入所需的文字，打开"字符"面板对文字的属性进行设置。

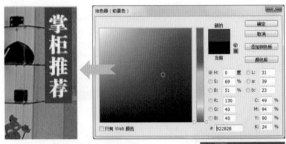

23 复制文字和标签

创建图层组对图层进行管理，对前面制作的商品图片、文字和标签进行复制，按照所需的位置进行排列，在图像窗口中可以看到编辑的效果。

24 绘制修饰线条

使用"直线工具"绘制所需的线条，填充适当的颜色，放在商品图与商品名称之间，在图像窗口中可以看到编辑的效果。

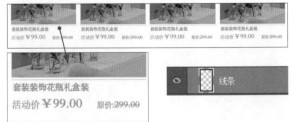

25 调整图像亮度

将商品图片添加到选区中，为选区创建色阶调整图层，在打开的"属性"面板中对参数进行设置，提亮选区中的图像，在图像窗口中可以看到编辑后的效果。

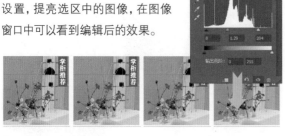

26 绘制矩形条

选择工具箱中的"矩形工具"绘制出所需的矩形条，并填充上适当的颜色，放在商品文字信息的下方。

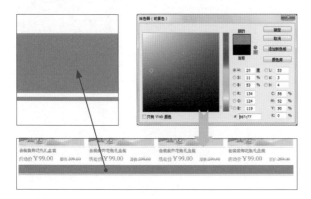

27 添加文字和符号

使用"自定形状工具"绘制所需的形状，使用"横排文字工具"输入所需的文字，打开"字符"面板对文字的属性进行设置。

28 复制并制作标题栏

对前面制作的标题栏进行复制，放在适当的位置，将其中的标题文字更改为"爆款推荐"，在图像窗口中可以看到编辑的效果。

29 制作家居展示图像

参考前面的制作方法和设置，制作出家居展示图像，添加适当的文字，并使用"亮度/对比度"调整图层改变其亮度。

30 制作单个商品展示区

参考前面的制作方法和设置，制作出单个家居展示图像，添加上适当的文字，并使用"色阶"调整图层改变其亮度。

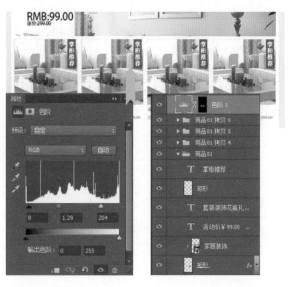

31 复制标题栏

对前面绘制的矩形条、文字和箭头符号等进行复制,更改文字的信息,将其放在适当的位置,在图像窗口中可以看到编辑的效果。

32 添加商品展示区域

将所需的商品添加到图像窗口中,并输入所需的文字,使用色阶调整图层对家居图像的亮度进行调整,在图像窗口中可以看到编辑的效果。

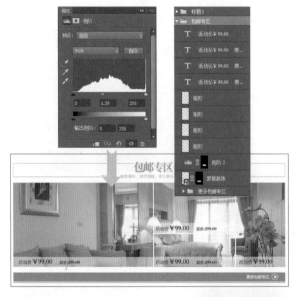

33 制作"特价清仓"区域

参考前面的制作方式,制作出"特价清仓"区域的内容,使用图层组对图层进行管理,在图像窗口可看到编辑结果。

34 细微调整整个画面

使用"移动工具"对设计元素进行细微的调整,在图像窗口中可以看到编辑的结果。

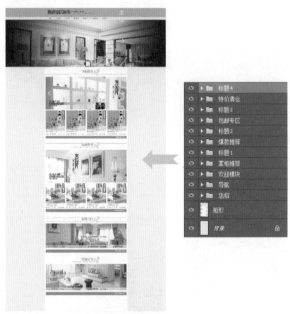

35 调整画面整体的颜色

创建色相/饱和度调整图层,在打开的"属性"面板中设置"全图"选项下的"色相"选项参数为-7,"饱和度"选项的参数为+7,"明度"选项的参数为+3,调整画面整体的颜色。

17.2　实例：现代风格家居店铺首页设计

　　本案例是为某品牌的家居店铺设计的首页装修效果，画面中使用墨绿色来体现家居的健康环保材质，通过工整的布局表现出商品的专业度，其具体的制作和分析如下。

17.2.1　布局策划解析

源文件：源文件\17\现代风格家居店铺首页设计.psd

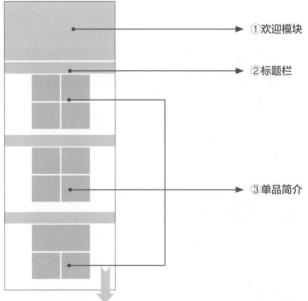

①欢迎模块

②标题栏

③单品简介

　　①欢迎模块：欢迎模块中使用了一张家居图片作为背景，画面中的沙发与其他的元素大致形成对称的视觉，同时在画面中间放置的文字让布局更显集中，能够给人一种视觉上的美感；

　　②标题栏：本案例中的标题栏内容颇为丰富，除了有商品的类别名称以外，还添加了圆形和矩形进行修饰，每个标题栏除了文字信息以外均保持了较高的一致性，能够给人系统、有条理的感觉；

　　③单品简介：在单品介绍的区域，有的将画面进行四等分，有的三等分，不论哪一种布局分割，都是完全对称的，给人带来工整、整齐的视觉感受，此外，单品简介的背景都放置了与商品色彩类似的家居图片，让画面显得更加饱满和密实，丰富了整个画面的内容。

17.2.2 主色调：高纯度与低纯度的搭配

本案例的配色要从两个方面来进行讲解，一个是设计元素的配色，也就是标题栏、店招等对象的配色，它们是以补色的方式进行搭配的，强烈的色相对比让这些对象中的信息更加的突出。醒目；而另外一个是指家居图片的配色，几乎全部的家居图片配色都是以棕色调为主，其色彩的纯度较低，这两个方面的配色利用色彩纯度的对比来产生差异，让画面更显层次。

◉ 设计元素配色：补色

R28、G62、B29 C87、M62、Y100、K45	R42、G115、B44 C83、M45、Y100、K7	R254、G254、B254 C0、M0、Y0、K0	R239、G233、B187 C10、M8、Y33、K0	R187、G8、B4 C34、M100、Y100、K2

◉ 家居图像配色：同色系

R62、G0、B1 C64、M99、Y100、K63	R183、G163、B130 C34、M37、Y50、K0	R175、G130、B99 C39、M54、Y62、K0	R196、G165、B126 C29、M38、Y52、K0	R242、G243、B230 C7、M4、Y12、K0

17.2.3 案例配色扩展

如左图所示为使用深棕色替换绿色后的画面配色效果，可以看到深棕色与家居图片的色调更接近，这样的配色使得整个画面的配色更加和谐，表现出一种视觉上的统一感，也让整个画面营造出怀旧、复古氛围。

如左图所示为使用灰色替换绿色后的画面配色效果，可以看到灰度的色彩让家居的图片显得更加突出，也让整个画面中的层次清晰起来，这种无彩色与有彩色之间的对比能够让对象之间的差异拉大，主次关系更加明确。

◉ 扩展配色

R254、G198、B141 C1、M31、Y47、K0	R209、G181、B134 C23、M31、Y50、K0	R164、G138、B79 C44、M47、Y76、K0	R192、G9、B5 C32、M100、Y100、K1	R61、G30、B28 C68、M85、Y82、K58
R192、G9、B5 C32、M100、Y100、K1	R163、G120、B101 C44、M58、Y59、K1	R82、G82、B82 C73、M66、Y63、K19	R62、G62、B62 C77、M71、Y68、K36	R197、G188、B179 C27、M26、Y28、K0

17.2.4 案例设计流程图

① **制作网页背景**

　　创建一个新的文档，将画面的背景填充上单一的色彩，接着绘制一个矩形，填充上比背景更深的墨绿色，作为店招的背景色。

② **绘制店招和导航**

　　使用"横排文字工具"添加所需的文字，利用"自定形状工具"绘制出Logo，通过渐变叠加来更改对象的色彩。

③ **制作欢迎模块**

　　添加上所需的家居图片，对其显示进行控制，接着使用"横排文字工具"输入所需的文字，并绘制形状进行修饰。

④ **制作"家居配件"区**

　　通过"矩形工具"绘制出所需的形状，添加文字制作出标题栏，将图片添加到文件中，按照所需的位置进行排列。

⑤ **制作"舒适大床"区**

　　复制"家居配件"区中的内容，根据所需对标题栏的文字进行更改，并使用其他的图片对商品照片进行更换。

⑥ **制作"转角贵妃"区**

　　参考前面两个区域的制作和设置，制作出"转角贵妃"区域的内容，适当更改商品图片的分布即可。

17.3 实例：高雅风格家纺店铺首页设计

本案例是为某品牌的家纺店铺设计和制作的首页装修画面，在制作中使用了色彩较为靓丽的花朵进行修饰，利用紫色进行配色，营造出高贵、典雅的效果，其具体的制作和分析如下。

17.3.1 布局策划解析

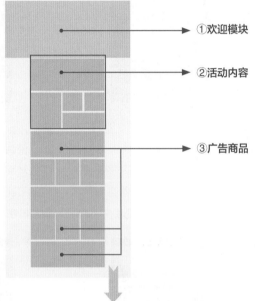

源文件：源文件\17\高雅风格家纺店铺首页设计.psd

① 欢迎模块
② 活动内容
③ 广告商品

　　①欢迎模块：欢迎模块中使用了花朵图案作为背景，将家纺图像融入其中，把文字放在画面的左侧，制作出饱满、丰富的画面效果，让顾客感受到商品的整体风格和形象；

　　②活动内容：活动内容区域中通过不同大小的矩形对画面进行拼接和分割，从大图到小图的外形变化，使得家纺商品的推广力度清晰可见，也对观者的视线有一定的引导作用；

　　③广告商品：该区域中都是通过一个大图搭配三张小图来完成布局的，让顾客先感受到该类别商品的整体印象，利用三个小图来逐一呈现其他商品的内容，提升顾客的阅读体验。

17.3.2　主色调：高雅紫色调

本例在色彩设计的过程中，使用了低纯度的紫色作为画面的背景，通过淡紫色、玫红色等色彩的花朵来修饰画面，给人带来一种高贵、典雅的感受，而紫色也是最容易被女性所接受和喜欢的色彩，这样的配色能够迎合顾客的喜好，提升店铺的转化率。而画面中家纺的色彩基本为高明度的紫色或暖色，与背景的色相相似，使得画面整体的配色和谐、统一。

◉ 页面背景及设计元素：类似色

R52、G7、B48 C82、M100、Y63、K49	R125、G89、B98 C59、M70、Y54、K6	R252、G148、B203 C4、M55、Y0、K0	R243、G221、B214 C6、M17、Y14、K0	R214、G170、B107 C21、M38、Y62、K0

◉ 家纺商品图片配色：高明度色彩

R198、G167、B191 C27、M39、Y13、K0	R220、G184、B162 C17、M32、Y35、K0	R240、G214、B198 C7、M20、Y21、K0	R215、G189、B172 C19、M29、Y31、K0	R232、G234、B233 C11、M7、Y8、K0

17.3.3　案例配色扩展

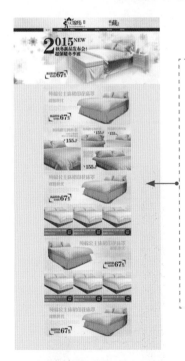

如左图所示为使用粉红色作为画面背景颜色的设计效果，可以看到粉色的背景给人带来一种可爱、娇嫩的感觉，符合家纺的丝滑材质以及特性，让画面更显柔和。

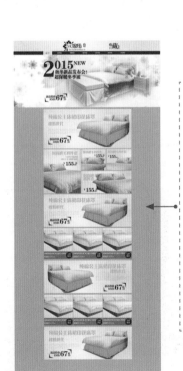

如左图所示为使用淡紫色作为画面背景颜色的设计效果，由于淡紫色与部分家纺的颜色相同，而紫色能够表现出女性高雅的气质，因此这样的配色让画面更显华丽，有助于提升商品的档次。

◉ 扩展配色

R125、G89、B99 C59、M70、Y54、K6	R172、G142、B106 C40、M47、Y60、K0	R231、G208、B190 C12、M22、Y25、K0	R254、G230、B217 C0、M15、Y14、K0	R226、G193、B218 C14、M30、Y3、K0
R248、G237、B243 C3、M10、Y2、K0	R214、G174、B123 C21、M36、Y54、K0	R189、G148、B192 C32、M48、Y6、K0	R141、G47、B138 C57、M92、Y12、K0	R57、G16、B61 C84、M100、Y59、K38

17.3.4 案例设计流程图

①　制作店招和导航

在Photoshop中创建一个新的文档，将背景填充为低明度的紫色，接着添加素材制作店招背景，输入文字完善店招和导航的内容。

②　绘制欢迎模块

将所需的素材图片添加到欢迎模块区域，把家纺图片放在画面的右侧，使用图层蒙版控制商品的显示范围。

③　添加小海报块

使用"矩形工具"绘制出矩形，添加素材和家纺图片，抠取家纺图片，添加所需的文字信息完善画面内容。

④　制作其他商品

参照前面的制作方法，制作出其余的商品展示图片，适当调整商品的内容和展示位置，并通过调整图层改变商品图像的影调。

⑤　制作广告商品

使用"矩形工具"绘制矩形对画面进行合理的布局，添加文字和家纺图片，按照所需的位置进行排列。

⑥　添加其他广告商品

复制前面制作的内容，根据所需对文字进行更改，并使用其他的图片对商品照片进行替换。

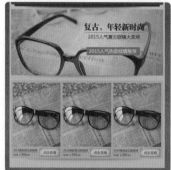

第 **18** 章

小商品类店铺装修大集合

18.1 实例：复古风格眼镜店铺首页设计与详解

本案例是为某品牌的眼镜店铺设计和制作的首页装修效果，画面中使用了棕色作为主色调，营造出一股浓浓的怀旧之感，通过合理的布局使得商品主次和层次更加清晰，其具体的制作和分析如下。

18.1.1 布局策划解析

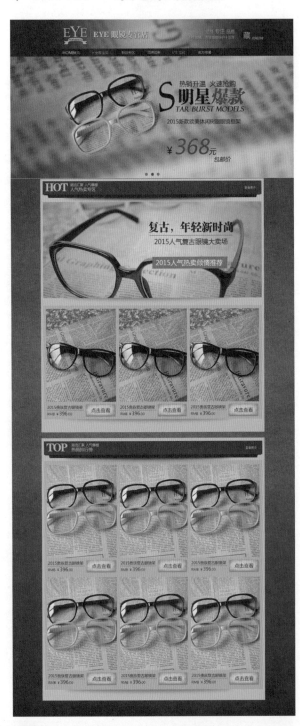

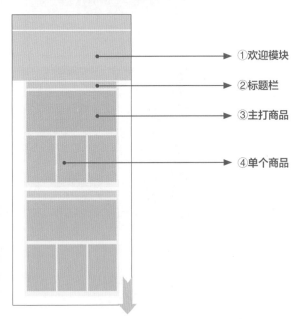

源文件：源文件\18\复古风格眼镜店铺首页设计.psd

① 欢迎模块

② 标题栏

③ 主打商品

④ 单个商品

①欢迎模块：欢迎模块中使用了棕色的报纸作为底纹，左边放置眼镜，右边使用简洁的语句对商品进行推销，左图右文的方式让布局简单而直观；

②标题栏：标题栏同样使用棕色作为主色调，左侧放置不同大小和不同字体的文字，右侧添加少量文字，让观者的视线集中到标题栏的左侧，突出了主要的信息；

③主打商品：主打商品区域使用了眼镜作为背景，将文字与眼镜叠加在一起，自然的组合让文字与眼镜显得更加的亲切、大气；

④单个商品：该区域中通过放置三个大小相同的商品，整齐的排列让商品的信息更加丰富，画面也更饱满。

18.1.2 主色调：棕色系

本案例在进行配色的过程中，为了营造出一种怀旧复古的氛围，使用了不同明度的棕色作为画面背景和设计元素的配色，通过色彩明度的变化来突显出设计对象的主次和层次，此外，由于商品照片的颜色也是偏棕色的，虽然其中有少量的暖色调，但是其明度偏低，与整个画面的色彩搭配在一起会更显协调，而棕色具有古香古色的韵味，这样的配色能够体现出店铺商品的历史感和悠久感，表达出一种古朴、时尚的韵味。

● 页面背景及设计元素：棕色系

R37、G17、B10	R69、G50、B36	R87、G68、B53	R191、G158、B105	R209、G180、B124
C76、M85、Y90、K70	C68、M74、Y85、K48	C66、M70、Y78、K33	C32、M41、Y63、K0	C23、M32、Y55、K0

● 文字和商品图片配色：低明度色彩

R18、G20、B17	R37、G17、B10	R70、G38、B27	R217、G93、B32	R150、G3、B1
C87、M81、Y84、K71	C76、M85、Y90、K70	C65、M81、Y88、K53	C18、M76、Y93、K0	C45、M100、Y100、K16

18.1.3 案例配色扩展

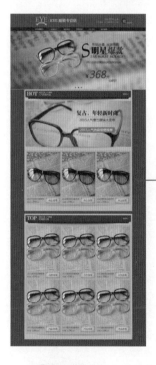

如左图所示是使用棕黄色作为画面背景色后呈现出来的配色效果，可以看到棕红色相比较深棕色的明度要高一些，这样的配色能够显示出一些活力感，提升店铺商品的时尚潮流感，感觉更亲切。

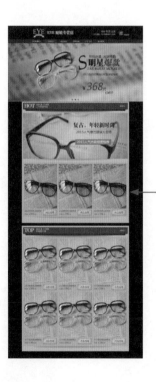

如左图所示为使用黑色作为画面背景色后呈现出来的效果，可以看到这样配色中画面整体的明度偏低，但是商品图片与背景之间的色彩明度增大，让商品更加突出，黑色背景也让整个画面更显大气。

● 扩展配色

R134、G44、B7	R15、G15、B14	R238、G98、B56	R219、G188、B131	R192、G153、B104
C49、M91、Y100、K23	C87、M83、Y84、K73	C7、M75、Y77、K0	C19、M29、Y52、K0	C31、M43、Y62、K0
R0、G0、B0	R61、G35、B26	R171、G156、B127	R182、G174、B145	R237、G97、B57
C93、M88、Y89、K80	C68、M81、Y87、K57	C40、M38、Y51、K0	C35、M30、Y44、K0	C7、M76、Y76、K0

18.1.4 案例设计流程图

① **制作画面背景**

在Photoshop中新建一个文档，将所需的纹理素材添加到其中，适当调整其大小，铺满整个画布，使用渐变填充图层调整画面色彩。

② **制作店招和导航**

使用"矩形工具"绘制出所需的矩形，制作出店招和导航的背景，接着添加所需的文字，按照一定的顺序进行排列。

③ **制作欢迎模块**

使用所需的图像素材来制作欢迎模块的背景，利用图层蒙版控制眼镜的显示范围，最后添加上所需的文字。

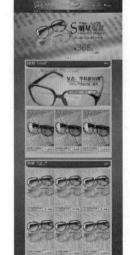

④ **绘制标题栏和背景**

使用"矩形工具"绘制出所需的形状，接着用"横排文字工具"和"字符"面板编辑文字，通过"画笔工具"绘制标题栏下方的阴影。

⑤ **添加商品图片及信息**

将所需的眼镜的素材添加到图像窗口中，添加所需的文字来完善画面的信息，并制作出相关的按钮。

⑥ **制作其他商品区域**

参照前面制作商品区域的设置，制作出另外一组商品区域，按照三等分的方式排列商品。

18.1.5　案例步骤详解

01 创建文档添加纹理图案
创建一个新的文件，将所需的纹理素材添加到图像窗口中，按Ctrl+T快捷键，使用自有变换框对图片的大小进行变换，使其铺满整个画布。

02 用渐变填充图层调整明暗
创建渐变填充图层，在打开的"渐变填充"对话框中对各个参数进行设置，完成后在图像窗口中可以看到编辑后的效果。

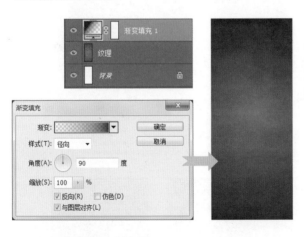

03 添加素材制作店招背景
将所需的素材添加到图像窗口中，适当调整其大小，使用图层蒙版对其显示进行控制，制作出店招的背景。

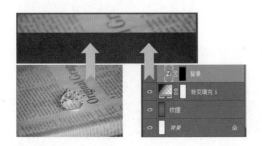

04 调整店招背景的明暗度
将店招添加到选区中，为选区创建渐变填充图层，在打开的"渐变填充"对话框中对参数进行设置，在图像窗口中可以看到编辑的效果。

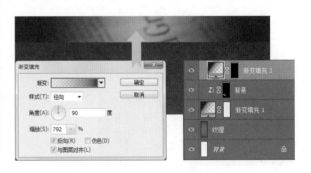

05 添加店招文字
选择工具箱中的"横排文字工具"，在适当的位置单击，输入EYE，打开"字符"面板对文字的字体、颜色和字号等进行设置。

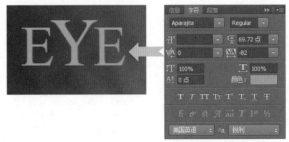

06 添加丝带和文字
使用"自定形状工具"绘制出丝带的形状，接着使用"横排文字工具"添加上所需的文字，打开"字符"面板对文字的属性进行设置。

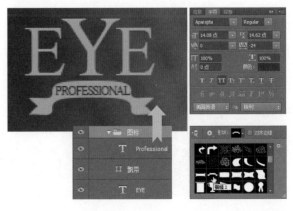

07 使用"投影"样式进行修饰

创建图层组,将编辑的图层拖曳到其中,双击图层组,在打开的"图层样式"对话框中对"投影"图层样式进行设置,修饰制作的Logo。

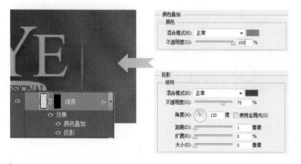

08 绘制线条

使用"矩形工具"绘制出矩形,接着使用"颜色叠加"和"投影"样式进行修饰,并通过编辑图层蒙版来制作出渐隐的效果。

09 添加店铺名称

使用"横排文字工具"输入所需的文字,打开"字符"面板设置文字的属性,通过"投影"样式对其进行修饰。

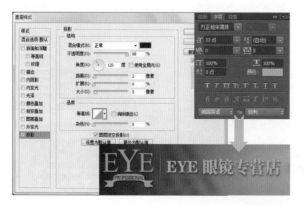

10 添加广告字

使用"横排文字工具"输入所需的广告文字,接着打开"字符"面板对文字的属性进行设置,并使用"渐变叠加"和"投影"样式进行修饰。

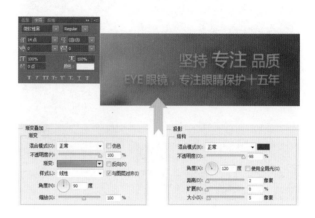

11 绘制圆形并添加文字

使用"椭圆工具"绘制一个圆形,用"颜色叠加"修饰圆形,接着添加"藏"字样,使用"渐变叠加"和"投影"样式进行修饰。

12 添加"收藏店铺"字样

使用"横排文字工具"添加"收藏店铺"的字样,打开"字符"面板设置文字属性,并使用图层样式进行修饰。

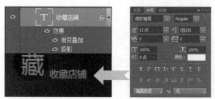

13　绘制导航条

使用"矩形工具"绘制出矩形，填充上适当的颜色，作为导航条的背景，并通过"颜色叠加"样式对其进行修饰。接着使用"横排文字工具"输入所需的文字，放在矩形的上方位置。

14　绘制修饰形状

选择工具箱中的"矩形工具"和"钢笔工具"绘制出矩形和三角形，分别填充适当的颜色，放在"全部宝贝"文字的下方，在图像窗口中可以看到编辑后的效果。

15　制作欢迎模块的背景

选择"矩形工具"绘制一个矩形，作为欢迎模块的背景，接着将素材图片添加到文件中，适当调整其大小，通过创建剪贴蒙版的方式来控制其显示的效果。

16　添加商品图片

将所需的商品图片添加到图像窗口中，适当调整其大小和角度，使用"画笔工具"对添加的图层蒙版进行编辑。

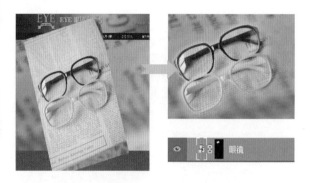

17　使用曲线调整明亮度

将商品图像添加到选区中，为选区创建曲线调整图层，在打开的"属性"面板中对曲线的形状进行调整，降低其亮度。

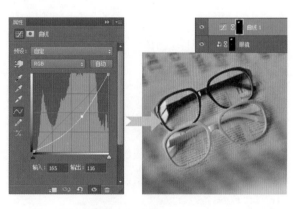

18　创建渐变填充调整图层

将欢迎模块添加到选区中，为选区创建渐变填充调整图层，在打开的对话框中对各个选项的参数进行设置，并设置图层混合模式为"柔光"。

19 添加标题文字

选择工具箱中的"横排文字工具"为欢迎模块添加上所需的文字，打开"字符"面板对不同的文字的属性进行设置。

20 添加上商品价格

使用"横排文字工具"添加上商品的价格，调整文字的大小，在"字符"面板中对文字的颜色、字号和字间距进行设置。

21 添加圆点

使用"椭圆工具"绘制出所需的圆形，按照一定的顺序进行排列，并使用"内阴影"和"颜色叠加"样式对其中一个圆点进行修饰。

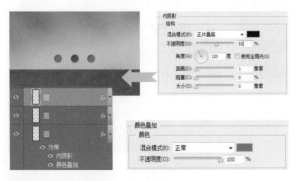

22 绘制矩形

使用"矩形工具"绘制出矩形，并对其色彩进行设置，放在画面适当的位置，在图像窗口中可以看到编辑后的效果。

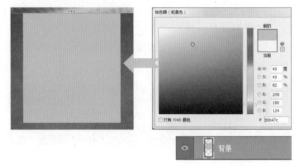

23 制作标题栏背景

使用"矩形工具"和"画笔工具"绘制出标题栏的背景，按照所需的颜色对每个对象进行颜色填充，在图像窗口中可以看到编辑后的效果。

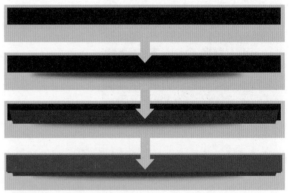

24 添加标题栏中的文字

选择工具箱中的"横排文字工具"，在适当的位置单击，输入所需的文字，打开"字符"面板对文字的属性进行设置。

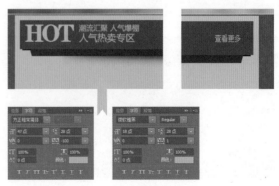

25 绘制投影

新建图层，命名为"投影"，使用"画笔工具"绘制出阴影效果，接着复制图层，对其位置进行调整，在图像窗口中可以看到编辑的效果。

26 绘制矩形

选择工具箱中的"矩形工具"，绘制出1个矩形，填充上合适的颜色作为背景，再使用"矩形工具"绘制出3个矩形，按照相等的间距排列在一起，在图像窗口中可以看到编辑后的效果。

27 添加商品图片

将所需的商品图片添加到图像窗口中，适当调整其大小，通过创建剪贴蒙版的方式来对其显示进行控制，在图像窗口可以看到编辑结果。

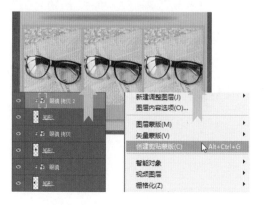

28 创建颜色填充图层调整亮度

将图像添加到选区中，为选区创建颜色填充图层，在打开的对话框中设置填充色，接着调整图层混合模式为"亮光"，"不透明度"为50%。

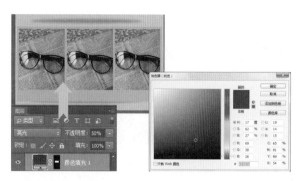

29 添加图片素材

使用"矩形工具"绘制矩形，添加图片素材，调整其大小，通过创建剪贴蒙版的方式来对其显示进行控制，在图像窗口可以看到编辑结果。

30 创建渐变填充图层

将图像添加到选区中，创建渐变叠加调整图层，在打开的对话框中设置参数，并调整图层的混合模式为"强光"。

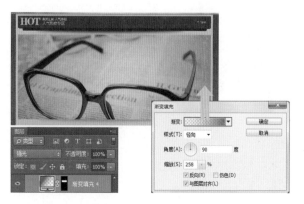

31 绘制矩形并添加文字

使用"矩形工具"绘制出矩形，填充适当的颜色，接着输入所需的文字，在"字符"面板中设置文字的属性，将文字放在矩形的上方。

32 添加标题文字

使用"横排文字工具"输入所需的标题文字，打开"字符"面板对文字的属性进行设置，接着绘制出矩形条，对文字进行修饰。

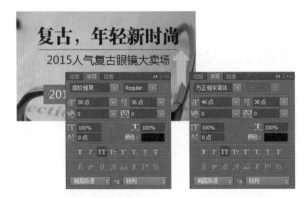

33 制作按钮

添加所需的纹理素材作为按钮，并使用"投影"样式进行修饰，再输入"点击查看"字样，打开"字符"面板设置文字的字体、字号和颜色。

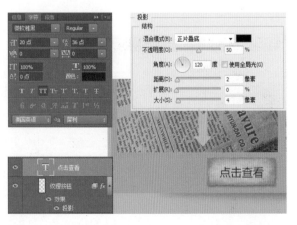

34 输入名称和价格

使用"横排文字工具"输入所需的商品的名称和价格，打开"字符"面板对文字的属性进行设置，在图像窗口中可以看到编辑的效果。

35 复制按钮和文字

对前面制作的按钮、商品名称和价格等对象进行复制，放在画面的其他区域，在图像窗口中可以看到编辑后的效果。

36 制作"排行榜"区域

参考前面制作标题栏和商品展示的制作方法和设置，制作出排行榜区域，使用图层组对图层进行归类和整理，完成本案例的制作。

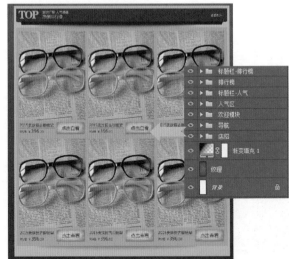

18.2 实例：暖色调礼品店铺首页设计

本案例是为某品牌的礼品店铺设计的首页效果，在设计中利用较为灵活的版式来对商品进行展示，通过暖色调的配色来营造出亲切、热情和温暖的气氛，其具体的制作和设计如下。

18.2.1 布局策划解析

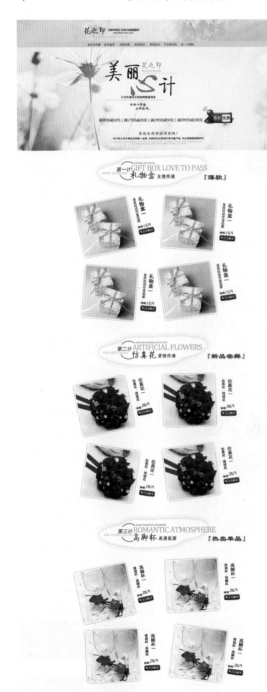

源文件：源文件\18\暖色调礼品店铺首页设计.psd

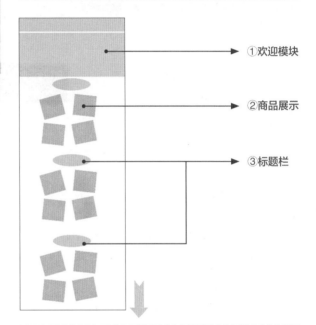

①欢迎模块

②商品展示

③标题栏

①欢迎模块：欢迎模块中使用了风景作为背景，搭配多组文字信息，错落有致的文字让编排更显灵活，同时适当的留白增加了版式的艺术感，也为观者留下想象的空间；

②商品展示：商品展示区域都分别包含了4种不同的商品，虽然都是以正方形作为展示的外形，但是各自不同的倾斜角度使得版式布局活泼、可爱，不至于呈现出呆板的效果，能够与礼品精致俏皮的形象一致；

③标题栏：标题栏使用了不规则的云朵形状作为背景，上面添加了不同外形的文字，横向的排列让布局显得工整，而云朵形状又让版式表现更加集中，体现出一定的设计感，让整个首页的商品分组更自然。

● 18.2.2 主色调：高明度暖色调

　　本案例在对设计元素进行配色中，主要使用了不同明度的肤色和橘黄暖色调，由于暖色调能够给人带来热情、温暖的意象，大面积高明度的暖色调则可以让画面表现得更加明亮和阳光，与礼品店铺中商品的形象和礼品的功能相一致。此外，观察画面中商品的配色，可以发现其色彩也大部分为暖色，与设计元素的配色基本一致，因此，能够自然地表达出浓浓的温暖之情。

◉ 设计元素配色：高明度的色彩

R254、G153、B31 C0、M52、Y87、K0	R223、G101、B60 C15、M73、Y77、K0	R247、G188、B158 C3、M35、Y36、K0	R254、G234、B215 C1、M12、Y17、K0	R254、G254、B242 C1、M0、Y8、K0

◉ 商品配色：类似色

R251、G236、B167 C5、M9、Y42、K0	R250、G208、B194 C2、M26、Y21、K0	R124、G3、B21 C50、M100、Y100、K29	R199、G163、B137 C27、M40、Y45、K0	R254、G232、B197 C1、M13、Y26、K0

● 18.2.3 案例配色扩展

　　如左图所示为使用淡玫红色作为画面背景颜色的设计效果，可以看到大面积的淡玫红色让画面呈现出高雅的气质，提升了店铺商品的品质和档次，又由于画面中的淡玫红色偏红，与商品图片的色彩类似，使得整个画面洋溢出典雅、温情的感觉。

　　如左图所示为使用橡皮红作为背景颜色的设计效果，由于橡皮红的色彩中带有少量的灰色，因此画面色彩给人的非常的柔和，并不会因为大面积的红色而显得刺眼，此外，欢迎模块的色彩也与橡皮红的颜色类似，更显示出和谐和统一。

◉ 扩展配色

R232、G144、B168 C11、M56、Y18、K0	R235、G239、B180 C13、M3、Y38、K0	R251、G205、B138 C3、M26、Y50、K0	R230、G223、B207 C12、M13、Y20、K0	R168、G11、B30 C41、M100、Y100、K7
R251、G233、B169 C5、M11、Y41、K0	R254、G112、B116 C0、M70、Y42、K0	R249、G189、B134 C3、M35、Y49、K0	R254、G254、B242 C1、M0、Y8、K0	R141、G5、B28 C47、M100、Y100、K20

18.2.4 案例设计流程图

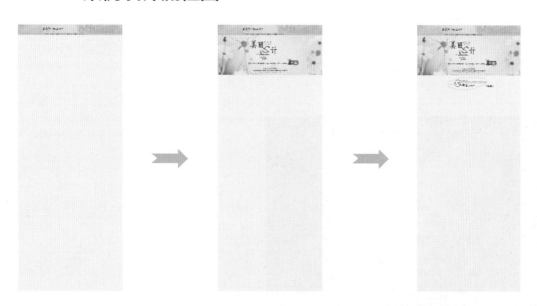

① **制作背景、店招和导航**

创建一个新的文档，使用纯色填充画面背景，接着使用图素材制作出店招的背景，并添加所需的形状和文字，完善招牌和导航的信息。

② **制作欢迎模块**

添加所需的风景素材，制作出欢迎模块的背景，接着使用"横排文字工具"添加所需的文字，同时添加修饰的形状。

③ **绘制标题栏**

使用"钢笔工具"绘制云朵的图案，利用图层样式进行修饰，接着通过"横排文字工具"添加所需的文字信息。

④ **添加商品图像**

绘制所需的形状，添加上商品的名称和价格，利用创建剪贴蒙版的方式来控制图片的显示，同时调整商品的显示角度。

⑤ **完善画面商品信息**

复制标题栏和商品，更改相关的文字和图片，完成其他区域商品的制作，按照所需的位置进行排列。

⑥ **调整画面色彩**

对画面整体的颜色进行调整，使其呈现出温暖的色调，也让整个画面的颜色更加的协调和统一。

18.3 实例：古典风韵茶具店铺首页设计

本案例是为茶具店铺设计和制作的网店首页效果，在制作中使用了书法手写字体进行信息的表达，通过深棕色调营造出古朴、典雅的韵味，其具体的分析和制作如下。

18.3.1 布局策划解析

源文件：源文件\18\古典风韵茶具店铺首页设计.psd

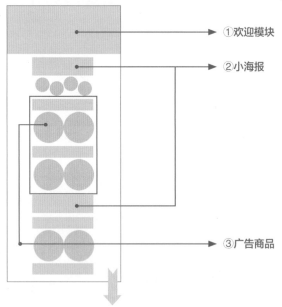

①欢迎模块

②小海报

③广告商品

①欢迎模块：欢迎模块中使用了茶具图片作为画面的背景，通过渐隐的方式让图片中的对象更加突显，而添加的文字信息放在了画面的左侧，利用色彩的差异来使其更加清晰，书写的字体也与传统文化氛围相一致，使得画面风格统一；

②小海报：小海报中都是使用了茶具的图片作为背景，较大的标题文字和细小的说明文字来点缀画面，通过合理的布局来产生一定的美感，体现出书法的艺术，与茶具悠远的历史氛围呼应；

③广告商品：广告商品使用圆形作为外观，通过路径文字和标签价格来说明商品信息，表现方式更显独特。

18.3.2　主色调：低明度色彩

本案例在配色的过程中使用了大量的低明度的色彩作为画面的主色调，少量的中明度的颜色与低明度的色彩之间产生明度的差异，让画面显得宁静、悠长，也表现出了茶具的品质和质感。画面中的设计元素大部分为低明度低纯度的色彩，而商品图片的颜色主要色调偏暖，如此配色能够让画面呈现出和谐、统一的视觉，可以营造出古典、雅致的风韵。

◎ 页面背景及文字：低明度低纯度的色彩

R39、G11、B7 C74、M89、Y91、K71	R51、G21、B10 C70、M86、Y94、K65	R142、G36、B38 C47、M97、Y95、K18	R182、G151、B105 C36、M43、Y62、K0	R139、G108、B53 C52、M59、Y91、K8

◎ 商品图片：暖色调

R85、G43、B18 C60、M82、Y100、K47	R235、G84、B40 C8、M80、Y86、K0	R253、G209、B84 C5、M23、Y72、K0	R180、G127、B88 C37、M56、Y68、K0	R143、G107、B55 C51、M60、Y89、K7

18.3.3　案例配色扩展

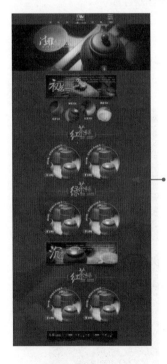

如左图所示为使用棕红色作为画面背景颜色的设计效果，画面中的商品色彩也为棕红色，如此一来，背景色彩与商品的颜色接近，不会产生违和感，反而让画面整体的明度提高，更显温情与典雅。

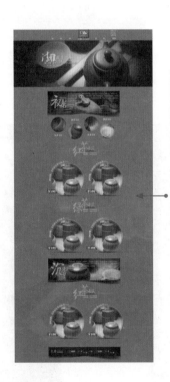

如左图所示为使用灰度色彩作为画面背景颜色的设计效果，画面中的背景为灰度，而商品色彩与文字的色彩为有彩色，这样的对比能够让商品的形象更加突出，表现出强烈的主次感、层次感。

◎ 扩展配色

R96、G18、B5 C55、M97、Y100、K45	R103、G30、B13 C54、M93、Y100、K40	R102、G42、B22 C55、M87、Y100、K39	R251、G202、B81 C5、M26、Y73、K0	R3、G1、B2 C92、M88、Y87、K79

R0、G1、B0 C93、M88、Y89、K80	R164、G41、B26 C42、M95、Y100、K8	R192、G117、B32 C32、M62、Y97、K0	R96、G86、B74 C67、M64、Y70、K19	R88、G81、B71 C69、M65、Y70、K23

● 18.3.4 案例设计流程图

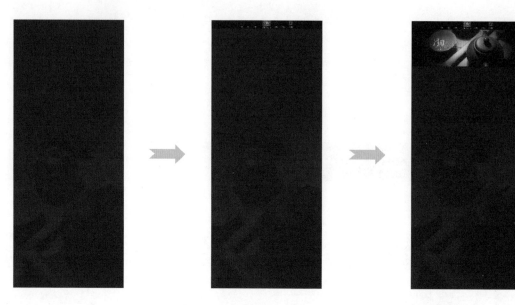

① **制作网页背景块**

　　创建一个新的文档，将画面背景填充为纯色，接着添加所需的茶具图片，适当调整其不透明度，呈现出半透明的效果。

② **绘制店招和导航条**

　　使用"矩形工具"绘制出店铺招牌和导航条的背景，利用"横排文字工具"为其添加所需的文字信息。

③ **制作欢迎模块**

　　添加茶具图片，使用"图层蒙版"来控制显示的效果，接着添加文字，利用图层样式丰富文字的表现。

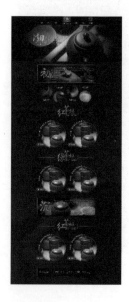

④ **制作小海报和分类栏**

　　使用"矩形工具"和"椭圆工具"绘制出小海报和分类栏中的图形，通过剪贴蒙版控制素材的显示，最后添加所需的文字。

⑤ **添加商品信息**

　　通过"横排文字工具"添加商品的信息，接着把图片素材放在适当的位置，并使用形状工具绘制出所需的修饰形状。

⑥ **制作客服区**

　　使用纹理素材制作出客服区的背景，添加上旺旺的图像，使用"横排文字工具"输入客服的名称。

附录

附录01　网店装修常用布局

网店的版式布局是可以根据店家装修风格进行变化的，不同的布局会给顾客不同的印象，也会突显出不同的主次关系，接下来我们就对网店首页装修图片常用的八种布局进行讲解。

🎈 版式01：分组清晰

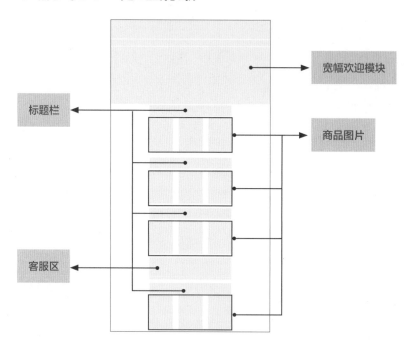

如左图所示的网店首页布局中，将店招、导航和欢迎模块都设计为宽幅的画面效果，可以扩展顾客的视野，给人广阔的视觉感。

在网店首页的其他区域中，通过使用标题栏对每组不同类型的商品进行分组，给人一种整齐利落的感觉，并且可以简单、正确地表达相关的商品信息，整个版式显得更具条理。在分组中适当添加客服区，有提示作用，但是不影响整体的布局，适当地运用留白和分割，能够让整个版式给人一种视觉上的舒适感，表现出清晰的分组效果。

🎈 版式02：展示形象

如右图所示的布局是将店招和导航设计为宽幅的效果，而将欢迎模块设计为标准的尺寸大小，由此来迎合下方的信息内容，应用这样的版式要注意背景的设计，尽量使用纯色和浅色底纹的图案，避免造成喧宾夺主的效果。

网店首页的下方使用大小相同的海报来对单个商品进行展示，让整个版式体现出强烈的秩序感，能够将各个商品的展示进行平衡，但是缺点是所能呈现的信息量有限，且较为单一，因此要注意整体色彩和风格的把握。

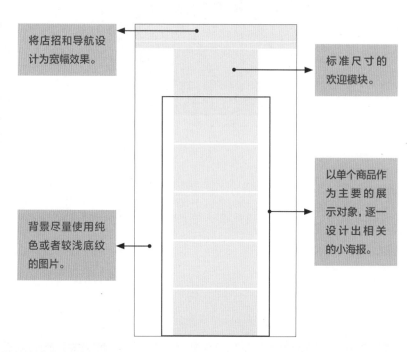

● 版式03：注重搭配

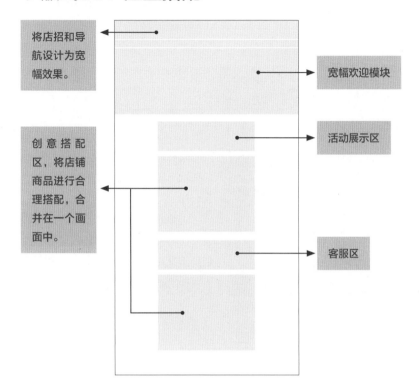

将店招和导航设计为宽幅效果。

创意搭配区，将店铺商品进行合理搭配，合并在一个画面中。

宽幅欢迎模块

活动展示区

客服区

如左图所示的网店首页的布局将店招、导航和欢迎模块都设计为宽幅的效果，值得注意的是，该布局中没有标题栏，而是将相关的商品进行有创意的、合理的搭配，组合在一个画面中，形成一个完整的效果。这样的设计对店铺中商品的种类要求较高。

此外，在首页中还添加了活动展示区和客服区，把两个搭配区域分割开，这样的版式和内容的设计让网店中的信息更具节奏感，让每组信息都能很好地展示出来，不会增加顾客阅读的负担。

● 版式04：引导视线

如右图所示的网店首页的布局，在设计中将文字信息与商品的图片进行对角线排列，形成S形效果，表达出一种自由奔放的感觉，并成功地营造出视觉上的动态感，能够让顾客的视线随着商品或者文字的走向进行自由的移动，看上去比较清爽利落。

在首页的底端，添加上客服区，对版式起着一种总结和收尾的作用，同时增添了布局的实用性，让顾客能够及时地询问客服，提升网店装修和布局的魅力。

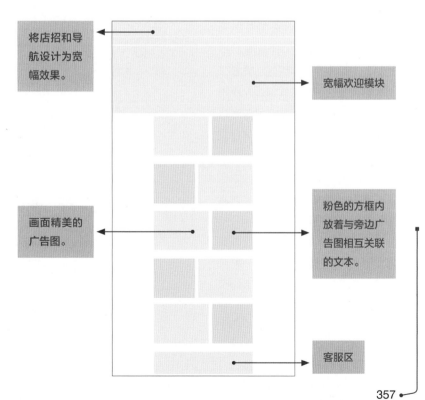

将店招和导航设计为宽幅效果。

画面精美的广告图。

宽幅欢迎模块

粉色的方框内放着与旁边广告图相互关联的文本。

客服区

● 版式05：集中视觉

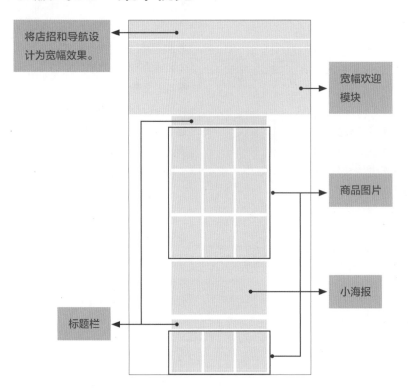

将店招和导航设计为宽幅效果。

宽幅欢迎模块

商品图片

小海报

标题栏

如左图所示的网店首页的布局设计中，使用九宫格的布局方式对商品图片进行展示，将众多的商品一次性、等大地展示在顾客的面前，能够有效地表现出各个商品的形象，顾客的视觉能够将画面在短时间内形成一个整体，从而形成一种统一感，把浏览者的视线集中到一处。

除此之外，还通过标题栏模块来让商品的信息分类更加清晰，并且通过小海报精致地展示出具有代表性的商品，有画龙点睛的作用。

● 版式06：信息丰富

如右图所示的网店首页布局中，包含了小海报、优惠券、标题栏、商品图片和客服区，将首页中能够放置的信息基本都合理地堆砌到了一起，使整个首页的信息相当丰富。对每个模块的大小进行观察，可以发现该布局是利用大小来营造出画面信息主次关系的。

布局中最大的亮点就是"商品图片"区域中的设计，利用递增的方式添加每行的商品数量，让顾客感受到商品的丰富，更加易于顾客接受，表现出一种安静而稳定的视觉感受。

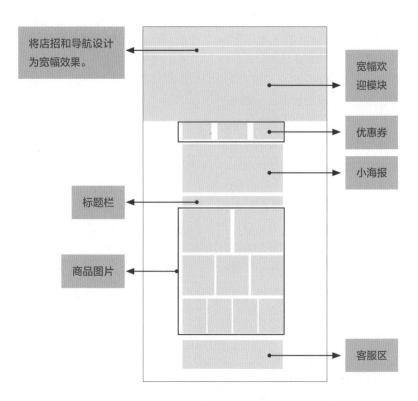

将店招和导航设计为宽幅效果。

宽幅欢迎模块

优惠券

小海报

标题栏

商品图片

客服区

● 版式07：对称页面

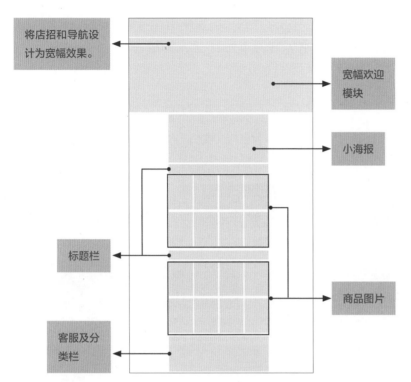

将店招和导航设计为宽幅效果。

宽幅欢迎模块

小海报

标题栏

客服及分类栏

商品图片

通过对如左图所示的网店首页进行观察，可以看到该布局将画面进行纵向分割，形成了左右对称的效果，体现出一种安静、稳定的氛围。这样的布局在运用的过程中，要特别注意设计图片的色彩搭配和信息的分量，尽量让整个画面形成和谐、统一的感觉，避免形成轻重不一的视觉效果。

左图所示的布局效果所包含的信息也非常的丰富，为了避免画面呆板，在设计中可以适当地添加修饰元素，丰富画面内容，避免完全对称给人一种单一的感觉。

● 版式08：金字塔型

如右图所示的网店首页布局中，将广告商品在小海报中呈现出来，利用递增的方式对推荐商品区的图片进行设计。同理，活动商品区的图片更多，由此逐一增加模块数量的方式打造出类似金字塔的布局效果，由于都是两组信息进行同时变化，给人一种自然的过渡效果，更加利于顾客的感官承受，能够给浏览者留下深刻的印象。

这样的布局想要体现出和谐、统一的感觉，可以从画面的背景和修饰元素的添加上多下工夫，自然而然地表现出成列商品的主次感。

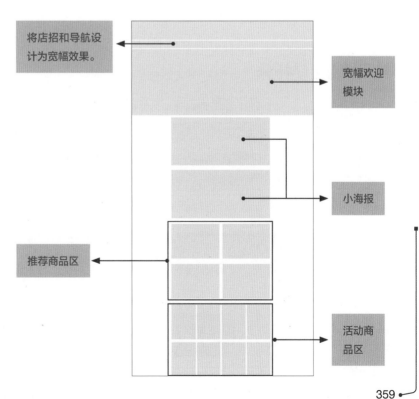

将店招和导航设计为宽幅效果。

宽幅欢迎模块

小海报

推荐商品区

活动商品区

附录02 网店装修常用配色

色彩可以为网店营造出一种特定的意境和氛围，当我们确定网店的基调后，可以根据选择的风格来选择配色，接下来我们对常用的、不同类型的配色进行归纳和总结，以便读者在具体的网店装修设计中能够参考这些配色进行创作，其具体如下。

风格01：高贵

高贵意象的配色通常以紫红、红和橘色为基调，在使用这类配色的过程中，常加入少量的白色进行调和，力求画面的优美动人，在化妆品、女式服装、饰品等店铺使用较为广泛。

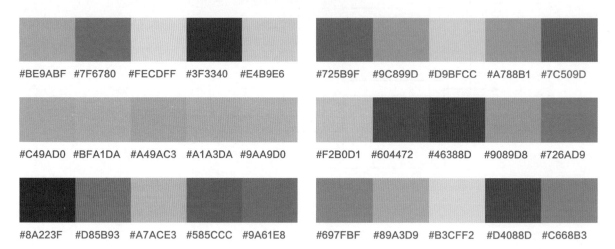

| #BE9ABF | #7F6780 | #FECDFF | #3F3340 | #E4B9E6 | | #725B9F | #9C899D | #D9BFCC | #A788B1 | #7C509D |

| #C49AD0 | #BFA1DA | #A49AC3 | #A1A3DA | #9AA9D0 | | #F2B0D1 | #604472 | #46388D | #9089D8 | #726AD9 |

| #8A223F | #D85B93 | #A7ACE3 | #585CCC | #9A61E8 | | #697FBF | #89A3D9 | #B3CFF2 | #D4088D | #C668B3 |

风格02：朴素

朴素的配色以淡弱的褐色、含蓄的黄绿色搭配冷灰色为基调，流露出一种淡泊的美感，具有平淡的亲和力，常用于森女风格店铺，以及家具家居和小商品店铺。

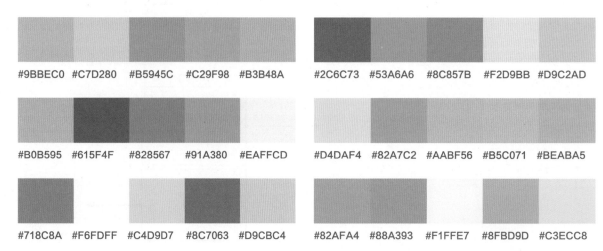

| #9BBEC0 | #C7D280 | #B5945C | #C29F98 | #B3B48A | | #2C6C73 | #53A6A6 | #8C857B | #F2D9BB | #D9C2AD |

| #B0B595 | #615F4F | #828567 | #91A380 | #EAFFCD | | #D4DAF4 | #82A7C2 | #AABF56 | #B5C071 | #BEABA5 |

| #718C8A | #F6FDFF | #C4D9D7 | #8C7063 | #D9CBC4 | | #82AFA4 | #88A393 | #F1FFE7 | #8FBD9D | #C3ECC8 |

● 风格03：复古

　　复古风格的配色通常以暗浊的暖色调为主，明度和纯度都比较低，容易让人产生怀旧的情绪，但是又会流露出含蓄的美感，在设计茶具、茶叶、收藏、户外等商品的店铺时会经常使用。

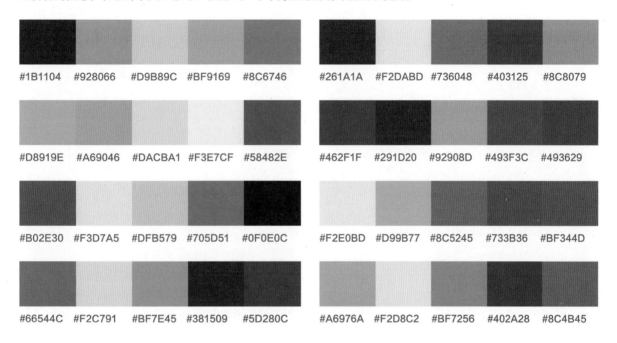

#1B1104	#928066	#D9B89C	#BF9169	#8C6746
#261A1A	#F2DABD	#736048	#403125	#8C8079
#D8919E	#A69046	#DACBA1	#F3E7CF	#58482E
#462F1F	#291D20	#92908D	#493F3C	#493629
#B02E30	#F3D7A5	#DFB579	#705D51	#0F0E0C
#F2E0BD	#D99B77	#8C5245	#733B36	#BF344D
#66544C	#F2C791	#BF7E45	#381509	#5D280C
#A6976A	#F2D8C2	#BF7256	#402A28	#8C4B45

● 风格04：自然

　　自然风格的画面主要由绿色、黄色等色相组成，色彩之间的对比较弱，给人舒适、宁静、平和的印象，这种配色与大自然的色彩相近，因此常在植物、家居、装修配件等商品店铺中使用。

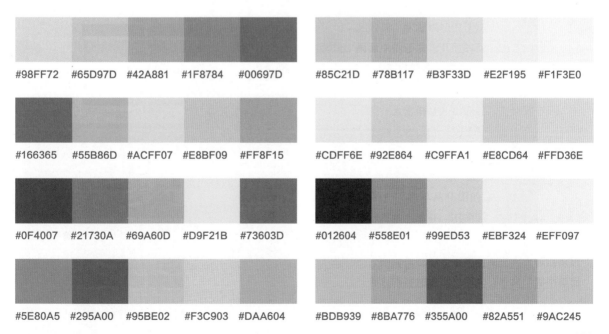

#98FF72	#65D97D	#42A881	#1F8784	#00697D
#85C21D	#78B117	#B3F33D	#E2F195	#F1F3E0
#166365	#55B86D	#ACFF07	#E8BF09	#FF8F15
#CDFF6E	#92E864	#C9FFA1	#E8CD64	#FFD36E
#0F4007	#21730A	#69A60D	#D9F21B	#73603D
#012604	#558E01	#99ED53	#EBF324	#EFF097
#5E80A5	#295A00	#95BE02	#F3C903	#DAA604
#BDB939	#8BA776	#355A00	#82A551	#9AC245

● 风格05：理智

理智风格的配色主要以蓝色系为主，明度和纯度适中，呈现出谨慎、保守的印象，给人稳定、可靠的感觉，常用于表现科技类的商品，例如数码产品、电器等商品店铺。

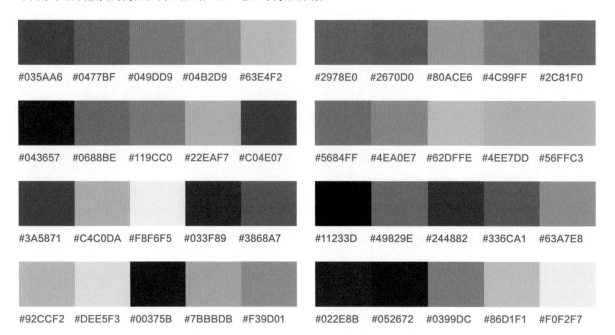

| #035AA6 | #0477BF | #049DD9 | #04B2D9 | #63E4F2 |
| #2978E0 | #2670D0 | #80ACE6 | #4C99FF | #2C81F0 |

| #043657 | #0688BE | #119CC0 | #22EAF7 | #C04E07 |
| #5684FF | #4EA0E7 | #62DFFE | #4EE7DD | #56FFC3 |

| #3A5871 | #C4C0DA | #F8F6F5 | #033F89 | #3868A7 |
| #11233D | #49829E | #244882 | #336CA1 | #63A7E8 |

| #92CCF2 | #DEE5F3 | #00375B | #7BBBDB | #F39D01 |
| #022E8B | #052672 | #0399DC | #86D1F1 | #F0F2F7 |

● 风格06：稚嫩

稚嫩风格的配色能够给人可爱、清爽、浪漫和甜蜜的感觉，搭配的色彩明度普遍偏高，带来神秘和虚无缥缈的感觉，常用于童装、化妆品、女鞋和婴幼儿商品类的店铺。

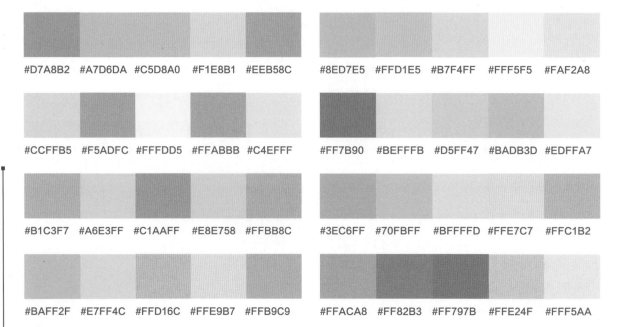

| #D7A8B2 | #A7D6DA | #C5D8A0 | #F1E8B1 | #EEB58C |
| #8ED7E5 | #FFD1E5 | #B7F4FF | #FFF5F5 | #FAF2A8 |

| #CCFFB5 | #F5ADFC | #FFFDD5 | #FFABBB | #C4EFFF |
| #FF7B90 | #BEFFFB | #D5FF47 | #BADB3D | #EDFFA7 |

| #B1C3F7 | #A6E3FF | #C1AAFF | #E8E758 | #FFBB8C |
| #3EC6FF | #70FBFF | #BFFFFD | #FFE7C7 | #FFC1B2 |

| #BAFF2F | #E7FF4C | #FFD16C | #FFE9B7 | #FFB9C9 |
| #FFACA8 | #FF82B3 | #FF797B | #FFE24F | #FFF5AA |

● 风格07：开放

　　开放风格的配色给人灿烂、开朗、爽口的感觉，明度适中、纯度较高的配色可以让画面明亮、活泼，给人以饱满的感觉，常用于水果、零食、体育用品类店铺的装修设计中。

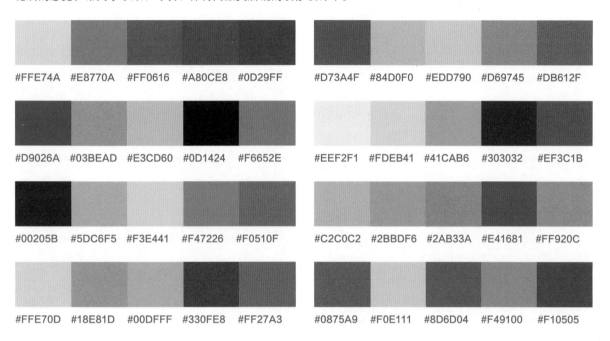

#FFE74A　#E8770A　#FF0616　#A80CE8　#0D29FF　　　#D73A4F　#84D0F0　#EDD790　#D69745　#DB612F

#D9026A　#03BEAD　#E3CD60　#0D1424　#F6652E　　　#EEF2F1　#FDEB41　#41CAB6　#303032　#EF3C1B

#00205B　#5DC6F5　#F3E441　#F47226　#F0510F　　　#C2C0C2　#2BBDF6　#2AB33A　#E41681　#FF920C

#FFE70D　#18E81D　#00DFFF　#330FE8　#FF27A3　　　#0875A9　#F0E111　#8D6D04　#F49100　#F10505

● 风格08：性感

　　性感风格配色的画面容易让人联想到诱惑、欲望、激情，色相以肤色、红色、紫色为主，明度适中，纯度较高，力求营造出妩媚和诱惑的感觉，常常在化妆品、内衣、食品等商品店铺中使用。

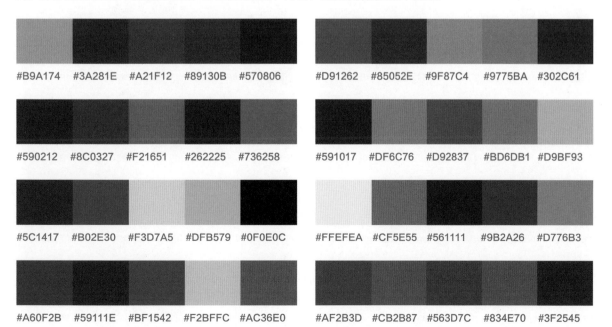

#B9A174　#3A281E　#A21F12　#89130B　#570806　　　#D91262　#85052E　#9F87C4　#9775BA　#302C61

#590212　#8C0327　#F21651　#262225　#736258　　　#591017　#DF6C76　#D92837　#BD6DB1　#D9BF93

#5C1417　#B02E30　#F3D7A5　#DFB579　#0F0E0C　　　#FFEFEA　#CF5E55　#561111　#9B2A26　#D776B3

#A60F2B　#59111E　#BF1542　#F2BFFC　#AC36E0　　　#AF2B3D　#CB2B87　#563D7C　#834E70　#3F2545

● 风格09：静谧

　　静谧风格的配色容易让人联想到黑暗、神秘等，色相以黑色、藏蓝色、深紫色为基调，明度较低、纯度低，给人深邃的感觉，常用于科技商品、女装、男装、手表等商品店铺的设计。

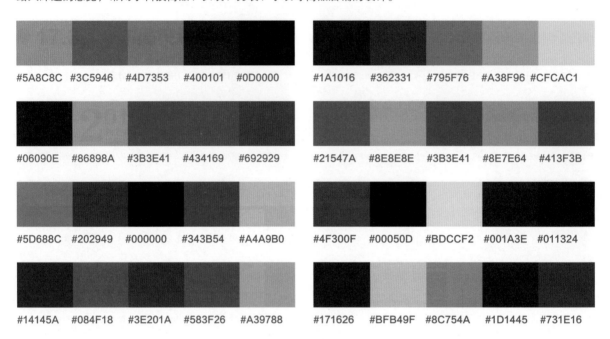

| #5A8C8C | #3C5946 | #4D7353 | #400101 | #0D0000 |
| #1A1016 | #362331 | #795F76 | #A38F96 | #CFCAC1 |

| #06090E | #86898A | #3B3E41 | #434169 | #692929 |
| #21547A | #8E8E8E | #3B3E41 | #8E7E64 | #413F3B |

| #5D688C | #202949 | #000000 | #343B54 | #A4A9B0 |
| #4F300F | #00050D | #BDCCF2 | #001A3E | #011324 |

| #14145A | #084F18 | #3E201A | #583F26 | #A39788 |
| #171626 | #BFB49F | #8C754A | #1D1445 | #731E16 |

● 风格10：阳光

　　阳光风格的配色会让画面显得明亮、温暖，传达出浓浓的暖意，画面以橘色、黄色、白色为主，纯度较高，体现出强烈的活力感，适合饮料、灯具、童装、泳装、家装等商品店铺的设计。

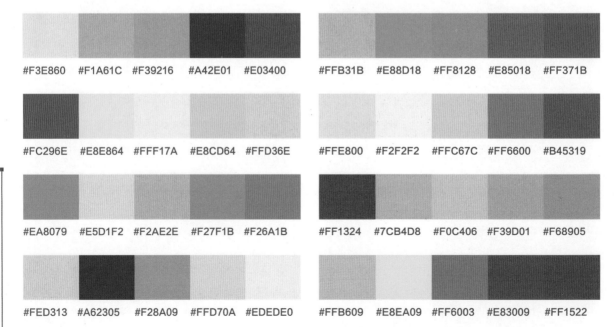

| #F3E860 | #F1A61C | #F39216 | #A42E01 | #E03400 |
| #FFB31B | #E88D18 | #FF8128 | #E85018 | #FF371B |

| #FC296E | #E8E864 | #FFF17A | #E8CD64 | #FFD36E |
| #FFE800 | #F2F2F2 | #FFC67C | #FF6600 | #B45319 |

| #EA8079 | #E5D1F2 | #F2AE2E | #F27F1B | #F26A1B |
| #FF1324 | #7CB4D8 | #F0C406 | #F39D01 | #F68905 |

| #FED313 | #A62305 | #F28A09 | #FFD70A | #EDEDE0 |
| #FFB609 | #E8EA09 | #FF6003 | #E83009 | #FF1522 |